EPC 工程总承包

项目管理手册及实践

范云龙　朱星宇　著

清华大学出版社

北　京

内 容 简 介

本书结合国外 EPC 项目管理的先进理念,并参考其他国内外知名企业的成功经验,遵照"科学性、前瞻性、兼容性、系统性、操作性"的要求撰写而成。本书涵盖了 EPC 项目涉及的所有管理过程,包含了 21 项 EPC 项目业务管理内容、管理流程图及过程和成果报表等内容。21 项 EPC 项目管理内容,涵盖了《PMBOK® 指南》第 5 版中项目管理所覆盖的 10 个知识领域、47 个项目管理过程;管理流程图采用纵向时间维度、横向功能维度,将所涉管理内容利用流程图的方式阐明;过程和成果报表,明确了工作阶段性报告、报表、台账或记录。

本书不仅适用于国际(国内)EPC 工程总承包项目的管理人员,对单独的设计合同、设备(材料)采购合同及施工合同的参与者均有一定的参考价值,同时也适合作为工程管理相关专业研究生的参考用书。

图书在版编目(CIP)数据

EPC 工程总承包项目管理手册及实践/范云龙,朱星宇著.--北京:清华大学出版社,2016(2023.4 重印)
ISBN 978-7-302-44841-9

Ⅰ.①E… Ⅱ.①范… ②朱… Ⅲ.①建筑工程-承包工程-项目管理-研究 Ⅳ.①TU723

中国版本图书馆 CIP 数据核字(2016)第 197169 号

责任编辑:刘向威 张爱华
封面设计:文 静
责任校对:胡伟民
责任印制:丛怀宇

出版发行:清华大学出版社
   网 址:http://www.tup.com.cn,http://www.wqbook.com
   地 址:北京清华大学学研大厦 A 座   邮 编:100084
   社 总 机:010-83470000   邮 购:010-62786544
   投稿与读者服务:010-62776969,c-service@tup.tsinghua.edu.cn
   质量反馈:010-62772015,zhiliang@tup.tsinghua.edu.cn
   课件下载:http://www.tup.com.cn,010-83470236
印 装 者:三河市龙大印装有限公司
经 销:全国新华书店
开 本:185mm×260mm 印 张:22.25 插 页:1 字 数:560 千字
版 次:2016 年 9 月第 1 版   印 次:2023 年 4 月第 15 次印刷
印 数:24001~25500
定 价:68.00 元

产品编号:070950-01

PREFACE

　　对外工程承包对我国的经济发展有着重要的意义,随着"一带一路"倡议逐渐落地实施,我国全社会固定资产投资额不断增加,对外承包工程业务新签合同额也屡创新高。近年来,中国企业对外承包工程建造模式已由传统的 DBB 模式,发展到工程总承包 DB、EPC、EPC ＋ Financing 模式,再到 BOT、PPP 等投融资模式,项目合同结构日趋复杂化,而 EPC 模式作为上述模式实施阶段的基本模式之一,得到越来越多企业的重视。EPC 工程总承包项目的管理,也是当前我国承包商面对新格局、新机遇以及新挑战亟需关注的关键问题之一。

　　EPC 工程总承包项目管理因企业及项目而异,但在实践中往往存在一些共性问题,如项目组织管理架构要摆脱传统 DBB 模式的影响,项目管理设计、采购及施工应为统一的整体而不应按照专业分割开来等。本书针对上述问题,有效地提供了适用于大中型 EPC 工程总承包项目的典型管理组织架构,覆盖了工程全过程管理相关内容,并重点分析了各专业之间的界面管理,有助于 EPC 工程总承包项目的科学管理。本书从组织管理角度提出了新的思路,并将管理内容流程化、数据表格具体化,具有非常强的实用价值。作者长期在国内外项目管理的一线工作,具有丰富的经验。希望本书的出版,能够为从事 EPC 工程总承包项目的企业提供有益的帮助。

中国对外工程承包商会会长

2016 年 6 月

PREFACE

　　在过去的 20 年里,国际工程建设模式已由传统的设计-招标-建造(DBB)模式向设计-采购-施工一体化的模式逐渐演变,形成了 DB、EPC 等工程总承包经典模式以及 EPCC、EPCM 等衍生模式,即使在 EPC+F、BOT、PPP 等投融资模式下,工程总承包模式也还是项目实施阶段的主要承发包模式。鉴于工程总承包模式应用的广泛性及复杂性,如何成功运作工程总承包项目也越来越得到广泛的关注。

　　我国政府部门也在大力推行工程总承包模式,出台了一系列相关的政策与文件。2016年 2 月,《中共中央国务院关于进一步加强城市规划建设管理工作的若干意见》要求深化建设项目组织实施方式改革,推广工程总承包制。2016 年 5 月,住房和城乡建设部印发了《关于进一步推进工程总承包发展的若干意见》,要求完善工程总承包管理制度,提升企业工程总承包的能力和水平,加强推进工程总承包发展的组织和实施。随着"丝绸之路经济带"和"21 世纪海上丝绸之路"战略的实施,我国国际工程事业进一步繁荣,也进入了"走出去"的新阶段。工程总承包模式是国际市场通行的建设项目组织实施方式,工程市场国际化以及全球工程市场竞争的日趋激烈,将进一步促进我国工程总承包的普及与发展。

　　由于 EPC 模式覆盖阶段更广,界面接口更多,因此在工程总承包模式中更具有复杂性,EPC 工程总承包项目的组织管理结构及运作也更为复杂。如何优化组织管理结构、提高项目管理水平,成为业界亟待解决的问题。天津大学校友范云龙、朱星宇结合多年实践经验,在针对这一问题进行深入研究的基础上撰写了此书。本书从承包商的视角出发,以 EPC 工程总承包项目组织管理架构为核心,以项目全过程管控为主线,对 EPC 工程总承包管理进行了深入而全面的阐述。相信本书对工程总承包项目,特别是大中型 EPC 工程总承包项目具有非常强的指导意义。

天津大学国际工程管理学院院长　张水波

2016 年 6 月

随着 EPC 及其衍生工程项目承包模式在国内外的流行，EPC 工程总承包项目管理受到了承包商越来越多的重视。然而在项目实施过程中，总承包商层面往往会出现许多问题，最主要的问题，就是忽视了设计、采购及施工（试运行）三者之间的联系而将其视为彼此独立的问题来对待。

本书坚持"理论与实践并重"的理念，针对 EPC 工程总承包项目的特点和当前中国总承包企业所面临的问题，在对传统的 EPC 管理模式进行研究探讨的基础上，建立适宜的组织管理架构，兼顾统筹与专项管理，使 EPC 项目管理成为有机的整体。本书对各项管理工作的内容、部门相互之间的关系通过流程图的方式进行阐明，同时通过表单的形式，力图真实地反映项目数据，便于企业采用现代化工具进行分析，进而形成项目进度、成本、资源及考核的基础资料。本书是作者根据完成的多项国内外 EPC 工程总承包项目咨询及培训总结应用编写而成。

本书分为 25 章（结构示意图见图 0-1），包含了 21 项 EPC 项目业务管理内容、管理流程图及过程和成果报表等内容。21 项 EPC 项目管理内容，涵盖了《PMBOK® 指南》第 5 版中项目管理所覆盖的 10 个知识领域、47 个项目管理过程；管理流程图采用纵向时间维度、横向功能维度，将所涉管理内容利用流程图的方式阐明；过程和成果报表，明确了工作阶段性报告、报表、台账或记录。这些内容对国内外大中型 EPC 项目均有较强的借鉴意义。

本书由范云龙、朱星宇合著，本书的核心思想及管理组织架构是作者范云龙从事国际工程近 30 年经验的结晶及总结，部分操作类表格及范例源自作者朱星宇参加项目的实践总结。全书由朱星宇统稿。

本书在成稿过程中，天津大学国际工程管理学院张水波教授、陈勇强教授、吕文学教授、中国港湾工程有限责任公司风险管理处张阳红处长先后对全书结构提出了修改建议，原 Oracle Primavera 大中华区首席技术顾问肖和平先生、项目控制专家张德义先生对项目进度管理、项目成本管理及项目风险管理 3 章内容进行了审阅。校友刘向威在成书过程中也提供了大量帮助。本书参考了当前国内外知名企业多个 EPC 工程总承包项目优秀管理经验以及 EPC 工程总承包项目相关的书籍和文献，在此对上述专家、企业以及作者一并表示衷心的感谢。同时还要感谢清华大学出版社的广大工作人员，在他们的帮助下，本书才得以顺利出版。

本书不仅适用于国际（国内）EPC 工程总承包项目的管理，对单独的设计合同、设备（材料）采购合同及施工合同参与者均有一定的参考价值，同时也适合作为工程管理相关专业研究生的参考用书。

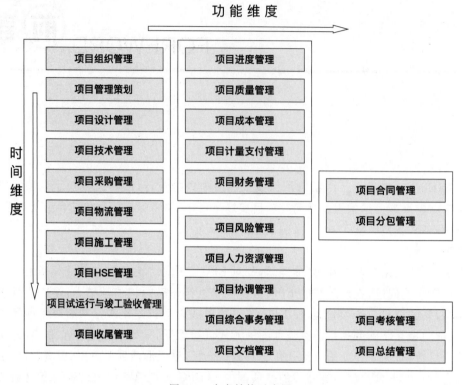

图 0-1 本书结构示意图

由于工程项目的特殊性及唯一性,撰写一本完全普适任何 EPC 工程总承包项目且涵盖所有管理内容的书籍是难以完成的事情,读者在应用或参考本书相关内容时,需要根据工程的实际情况进行调整和补充。本书难免存在不足之处,希望读者在使用过程中提出宝贵意见和建议,以使本书再版修订时加以完善和改进。作者的联系邮箱为:zhuxingyu1985@gmail.com。

作者:范云龙 朱星宇

2016 年 6 月 6 日于北京

CONTENTS 目录

第1章

绪 论

　　EPC 是设计（Engineering）、采购（Procurement）、施工（Construction）的 3 个英文单词第一个英文字母的缩写。EPC 模式是起源于西方国家私营建设单位的一种工程项目总承包模式，其核心目标是为了从建设单位角度控制造价和工期。进入 21 世纪以来，EPC 工程总承包项目逐渐成为国际工程承包市场的主流建设管理模式和趋势。这一模式的规范运作程序源于国际咨询工程师联合会（FIDIC）1995 年出版的《设计-建造总承包与交钥匙工程合同条件》，1999 年出版的《设计、采购和施工合同条件》以及《生产设备和设计-施工合同条件》等国际工程承包普遍使用的合同范本。按照 EPC 模式起源及普遍合同范本风险分担原则，EPC 工程总承包项目与设计-招标-施工项目相比，对承包商项目管理提出了更多的要求。

1.1　工程建设项目管理

1.1.1　工程建设项目管理概述

1.1.1.1　项目管理的定义

　　项目管理是以项目为对象的系统管理方法，通过一个临时性的专门的柔性组织，对项目进行高效率的计划、组织、指导和控制，以实现项目全过程的动态管理和项目目标的综合协调与优化。

　　项目管理是在项目活动中运用知识、技能、工具和技术，以便达到项目要求。项目管理通过应用下列过程得以完成：启动、计划、执行、控制和收尾。

1.1.1.2　项目管理的内容

　　美国项目管理协会（Project Management Institution，PMI）在《项目管理知识体系指南》（A Guide to the Project Management Body Of Knowledge，PMBOK® Guide，简称《PMBOK®指南》）第 5 版把项目管理划分为 10 个知识领域，即项目整合管理、项目范围管理、项目时间管理、项目成本管理、项目质量管理、项目人力资源管理、项目沟通管理、项目风险管理、项目采购管理及项目干系人管理。

项目整合管理包括为识别、定义、组合、统一和协调各项目管理过程组的各种过程和活动而开展的过程与活动。其包括制定项目章程、制订项目管理计划、指导与管理项目工作、监控项目工作、实施整体变更控制及结束项目或阶段6个过程。

项目范围管理包括确保项目做且只做所需的全部工作,以成功完成项目的各个过程。其包括规划范围管理、搜集需求、定义范围、创建WBS、确认范围及控制范围6个过程。

项目时间管理包括为管理项目按时完成所需的各个过程。其包括规划进度管理、定义活动、排列活动顺序、估算活动资源、估算活动持续时间、制订进度计划以及控制进度7个过程。

项目成本管理包含为使项目在批准的预算内完成而对成本进行规划、估算、预算、融资、筹资、管理和控制的各个过程,从而确保项目在批准的预算内完工。其包括规划成本管理、估算成本、制定预算及控制成本4个过程。

项目质量管理包括执行组织确定质量政策、目标与职责的过程和活动,从而使项目满足其预定的需求。其包括规划质量管理、实施质量保证及控制质量3个过程。

项目人力资源管理包括组织、管理与领导项目团队的各个过程。其包括规划人力资源管理、组建项目团队、建设项目团队及管理项目团队4个过程。

项目沟通管理包括为确保项目信息及时且恰当地规划、收集、生成、发布、存储、检索、管理、控制、监督和最终处置所需的各个过程。其包括规划沟通管理、管理沟通及控制沟通3个过程。

项目风险管理包括规划风险管理、识别风险、实施风险分析、规划风险应对和控制风险等各个过程,其目标在于提高项目中积极实践的概率和影响,降低项目中消极实践的概率和影响。

项目采购管理包括从项目团队外部采购或获得所需产品、服务或成果的各个过程。其包括规划采购管理、实施采购、控制采购以及结束采购4个过程。

项目干系人管理包括用于开展下列工作的各个过程:识别能影响项目或受项目影响的全部人员、群体或组织,分析干系人对项目的期望和影响,制定合适的管理策略来有效调动干系人参与项目决策和执行。其包括识别干系人、规划干系人管理、管理干系人参与以及控制干系人参与4个过程。

1.1.1.3 工程建设项目管理的条件

工程建设项目是最典型的项目类型,它属于投资项目中最重要的一类,是一种既有投资行为又有建设行为的项目的决策与实施活动。工程建设项目是以建筑物或构筑物为目标产出物的、由有开工时间和竣工时间的相互关联的活动所组成的特定过程。该过程要达到的最终目标应符合预定的使用要求,并满足标准(或业主)要求的进度、费用、质量和资源约束条件等。

工程建设项目管理是项目管理的一大类,是指项目管理者为了使项目取得成功(实现所要求的功能和质量、所规定的时限、所批准的费用预算),对工程建设项目用系统的观念、理论和方法进行有序、全面、科学、目标明确的管理,发挥计划职能、组织职能、控制职能、协调职能、监督职能的作用。其管理对象是各类工程建设项目,既可以是建设项目管理,又可以是设计项目管理和施工项目管理等。

工程建设项目管理应符合以下条件。

（1）在预定时间内完成项目的建设，及时地实现投资目的，达到预定的项目要求。

（2）在预算费用（成本或投资）范围内完成，尽可能地降低费用消耗，减少资金占用，保证项目经济性。

（3）满足预期的使用功能（包括质量、工程规模等），达到预定的生产能力或使用效果，能经济、安全、高效率地运行并提供较好的运行条件（如文件、操作、人员、运行准备工作等）。

（4）能为使用者（业主）接受、认可，同时又照顾到社会各积极参与方的利益，使得各方都感到满意。

（5）能合理、充分、有效地利用各种资源。

（6）项目实施按计划、有秩序地进行，变更较少，尽量避免发生事故或其他损失，较好地解决项目过程中出现的风险、困难和干扰。

（7）与环境协调一致，即项目必须为它的上层系统所接受，包括以下几点。

① 与自然环境的协调，没有破坏生态或恶化自然环境，具有好的审美效果。

② 与人文环境的协调，没有破坏或恶化优良的人文氛围和风俗习惯。

③ 项目的建设与运行和社会环境有良好的接口，为法律允许，或至少不能招致法律问题，有助于社会就业、社会经济发展。

1.1.2 工程建设项目管理体系

工程建设项目管理体系为在特定组织框架下，充分吸收和运用相关项目管理知识，在项目全生命周期内，为执行项目建立的全方位的制度与管理保障体系。

项目管理体系是企业管理体系的一部分，与其他管理体系，如质量管理体系（如 ISO 9001）、环境管理体系（如 ISO 14001）、职业健康安全管理体系（如 OHSAS 18001）等有重叠，例如质量计划，既属于质量管理体系的范畴，又属于项目管理体系的范畴。但是各种体系本身又是各自独立的和自成系统，各自实现各自功能。项目管理体系与企业管理体系及其他管理体系如图 1-1 所示。从图 1-1 可看出项目管理体系与企业管理体系及其他管理体系的区别和联系。

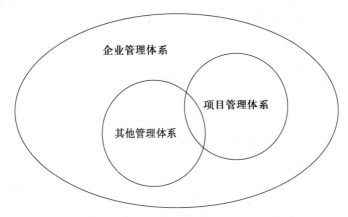

图 1-1 项目管理体系与企业管理体系及其他管理体系关系示意图

本书旨在编制 EPC 项目管理体系，在编制过程中，按照一般工程 EPC 模式总承包项目，即设计＋采购＋施工进行管理程序及文件的设立，参考了国际上先进的 EPC 管理模式，在行文过程中借鉴了国内若干知名企业 EPC 项目管理经验,并对重点章节绘制了流程图,横向维度为功能维度,纵向维度为时间维度。流程图连接线体现各个岗位工作流程,将项目管理内容维度化;将流程图各个工作流程与工作岗位相对应,使项目管理文件可视化;对应各管理部分编制表单,使管理具体化。在项目执行过程中可根据实际情况进行参照执行,并加以扩充完善。

1.2　工程项目承包模式

工程项目是我国国内固定资产投资和非金融类对外直接投资的载体,而工程项目建设模式是影响工程项目成功的重要因素之一。工程项目建设模式限定了工程项目执行过程中业主的管理职能,规定了项目各参与方在工程项目中的职责、风险分担以及业主拟采用的支付方式。工程项目建设模式,国际上多称为 Project Delivery System,也有称为 Project Delivery Method 或 Project Delivery and Contract Strategy;我国国内称其为工程项目承包模式,或项目管理模式。目前较常见的工程项目建设模式(以下简称 PDS)有设计-招标-建造(Design-Bid-Build, DBB)模式、设计-建造(Design-Build, DB)模式、设计-采购-施工(Engineering, Procurement and Construction, EPC)模式、设计-建造-运营(Design-Build-Operate, DBO)模式和设计-建造-运营-维护(Design-Build-Operate-Management, DBOM)模式等。PDS 的扩展形式还有带有融资性质的 PPP(Public-Private Partnership)、BOT(Build Operate and Transfer)和 DBFO(Design Build Finance and Operate)等,以及可和上述 PDS 组合使用的管理模式:CM(Construction Management)和 PMC(Project Management Contracting)等。各 PDS 之间的关系如图 1-2 所示,从图中可以看出,采用 PPP、BOT 和 DBFO 模式的项目在其建设过程中,同样有从 DBB、DB/EPC、DBO/DBOM 这 3 类模式中进行选择的问题。而相对其他 3 种模式而言,EPC 模式的应用更加广泛。

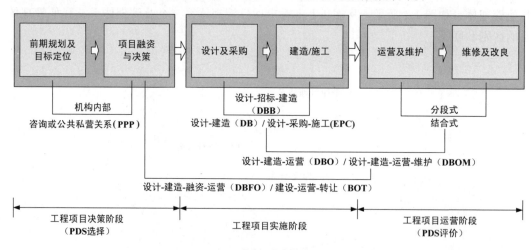

图 1-2　新建工程项目各 PDS 之间关系示意图

从承包商角度,EPC 工程总承包项目的不确定性较大,可变性强,承包商承担更多的责任,因此也意味着承担着更大的风险,这就要求承包商能够建立成熟完善的项目运营风险防范体系以及顺畅的项目融资能力和渠道,同时也要具有紧密、良好的战略合作伙伴。与此同时,承包商必须具有对项目有效的管控、组织协调以及建立严密的管理程序等方面的能力,因此 EPC 工程总承包项目的总承包商需要在建立有效的组织机构的基础上,通过科学的项目管理方法及工具,实现项目管理既定目标。

1.3　EPC 项目管理程序

根据 EPC 项目管理的特点,项目实施总体分为 4 个阶段。

1.3.1　项目启动阶段

本阶段通过组织项目管理策划组建项目部,任命项目经理,并准备项目对外所需保函、税务外经证等文件,国际工程还需取得中国驻项目所在国经参处支持函等。

1.3.2　项目初始阶段

本阶段主要任务是进行项目实施策划及各项管理计划,具体确定项目各业务工作目标;进行总承包合同交底,公司对项目业务管理目标(指标)提出意见或要求,项目部据此进行项目策划;并与项目部签订项目管理周期 KPI,明确项目主要管理目标和措施;建立营地等临时设施(如需要),编写项目整体预算书、设计管理计划、资金使用计划;选择确定设计、施工合作单位/分包商,与业主明确竣工资料实施细则及计量支付工作方案,编制项目施工组织设计方案报公司及业主审批。

1.3.3　项目设计、采购及施工阶段

本阶段落实项目管理目标及初始阶段制定的各项策划和计划,对项目管理各业务要素进行控制。项目部紧密结合设计、采购及施工 3 方面工作开展工期、质量及成本控制,紧密跟踪业务计划及项目目标的实现。公司通过对工程(商务)月报、工程季报及现场巡查进行监督和过程考核,定期监控风险管理状况。

1.3.4　项目试运行、验收及收尾阶段

项目试运行与验收阶段:进行试运行及培训等,开展竣工验收并移交工程资料,办理项目移交。

项目收尾阶段:进行现场清理、竣工结算,缺陷通知期限满后取得履约证书;办理项目资料归档,进行项目总结,对项目部人员进行考核评价,人员物资撤离,解散项目部。

1.4　EPC 工程总承包项目常见的组织架构

根据《PMBOK® 指南》第 5 版中对组织是对实体(人员和/或部门)的系统化安排,以便通过开展项目等方式实现某种目的。工程建设项目目标的实现,与适宜的组织架构是密不可分的。项目管理中,常见的组织形式有职能式、项目式和矩阵式。目前国内企业 EPC 项目采用较多的组织架构如图 1-3 所示。一般而言,整个组织结构可以分为企业支持层、总包管理层以及施工作业层。若为国际工程,还可分为国内、国外两部分。

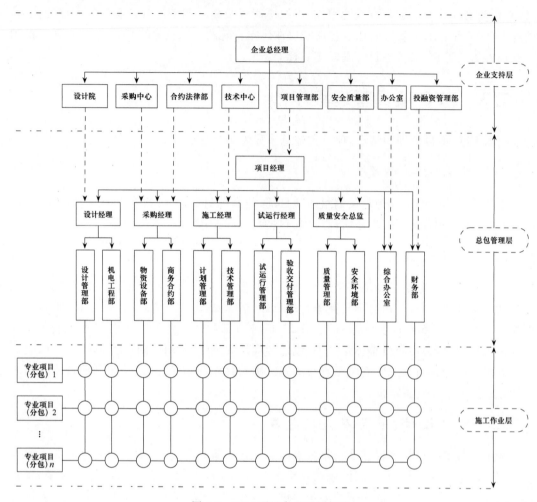

图 1-3　EPC 项目常见组织架构

　　企业支持层由企业管理层及企业总部各部门构成,为总包管理层提供管理、技术资源以及行使指导监督职能;总包管理层主要是指 EPC 项目的实施主体,即 EPC 项目部,EPC 项目部的核心团队组建和资源配置由企业总部完成(规模较大的项目部有一定自主人力聘用权利,国际工程中,外籍员工的聘任一般直接由项目部聘任),代表企业根据总承包合同组织和协调项目范围内的所有资源实现项目目标;施工作业层由各专业工程或分包组成,分包部分根据分包合同完成单项或单位工程,甚至分部分项工程。其中企业支持层及施工作业层因企业和项目而异,而总包管理层有一定的通用性,因此是本书重点讨论的内容之一。这种总包管理组织架构也存在一定问题,特别是当 EPC 项目规模较大时,项目的重点工作是设计、采购及施工的协调、监督和管理工作,而按照图 1-3 所示的组织架构,项目经理往往难以协调。特别是国际 EPC 项目,管理层次和环境更复杂,对组织架构也提出了新的要求。

第2章

项目组织管理

　　大中型 EPC 项目专业复杂、重点突出,且随着 EPC 项目的进行,工作重心是由设计向采购以及施工不断转变,设计、采购与施工在专业化作业的同时也存在交叉作业,因此只有统一协调指导,发挥管理优势,主合同才能有效的履行。本章依据大中型 EPC 项目特点及项目管理的要求,确定项目管理的组织架构。与 1.4 节的组织架构相比,增加了策划控制中心作为管理协调部门,如图 2-1 所示。项目经理对项目进行全面领导和风险管控,下设策划控制中心、信息及数据管理部、设计管理部、设备采购与管理部、施工监控部、HSE(Health, Safety and Enviroment,职业健康、安全与环境)安全环保部、财务部、人力资源管理部及办公室 9 个部门,以执行对现场项目管理的相应工作。

　　为了按照项目总承包合同要求,按期、保质、保量完成工程任务,加强对设计、采购及施工部门的监督、管理、控制及协调,项目管理组织架构设立策划控制中心,对项目总工期、总成本控制以及总承包合同进行集中管理。由于考虑大部分 EPC 项目具体实施大部分由分包商及供应商完成,因此项目管理重点在于项目设计、施工分包商及材料、设备供应商的管理。其中设计管理部负责本项目的所有设计工作,包括设计分包合同、设计代表,重点进行设计优化,管理和协调各设计单位按主合同要求或业主要求完成设计工作;设备采购与管理部负责永久机电设备、材料的采购、验收,协调供应商与现场的工作,场外运输协调以及总承包商采购的机电设备(包括施工或/和临时机电设备);施工监控部负责施工分包商的监督、管理、控制及协调,配合设备采购与管理部,完成设备、材料场内运输、调配、安装或/和使用。除策划控制中心、设计管理部、设备采购与管理部及施工监控部 4 个部门除外,项目还设置了辅助职能及服务部门,由于项目管理日趋于数字化管理,因此设立信息及数据管理部负责项目信息系统的开发、维护、管理以及项目信息管理,隶属于策划控制中心;设立 HSE安全环保部负责制定项目健康、安全、环保规章制度,并监督检查规章制度执行情况;设立财务部负责资金、税务以及支付管理;设立人力资源管理部负责人力资源管理及员工薪资福利,以及国际化人才及国际工程当地员工的引进与管理;设立办公室负责项目以及新闻报道、宣传、后勤服务等。本书将以此管理架构作为核心,并以此为基础对各项管理内容进行论述。

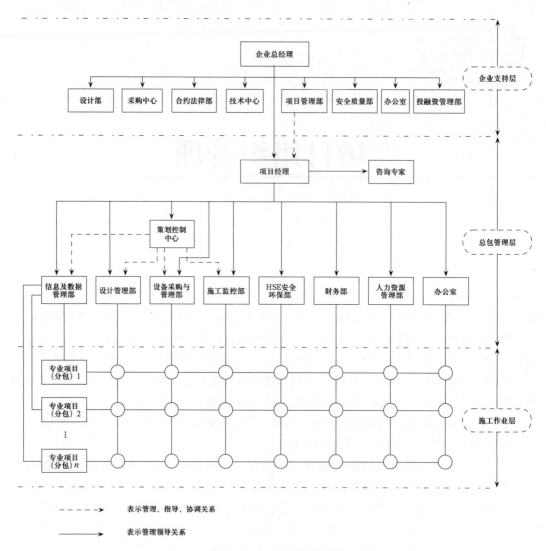

图 2-1   大中型 EPC 项目组织架构示意图

2.1   项目部工作职能

项目部是 EPC 项目的实施主体,作为项目的成本中心,负责在公司核定的成本、预算范围内,履行合同义务,完成各项经营指标。

公司应在总承包合同签署后,根据项目规模、项目特点、合同要求,组建项目部,任命主要负责人,在图 2-1 基础上,确定项目管理架构。

公司应按照本章及公司人力资源管理的要求,并根据项目实施各阶段的实际情况,为项目部配备具有资格的合适人员。

项目部的工作职能及建议责任岗位(部门主要职责及具体岗位设置详见 2.3.2 节)如表 2-1 所示。

表 2-1 项目部的工作职能及建议责任岗位

序号	工作职能	必要工作事项	时间期限	责任岗位
1	项目组织＆人力资源管理	项目组织机构及职责	项目部组建前	项目经理
		项目人员岗位职务说明书	人员到岗前	项目经理
		项目人力资源管理	项目实施过程	人力资源管理部
2	项目管理策划	编写《管理实践手册》	项目部组建后	策划控制中心
		《管理实践手册》交底	《管理实践手册》批准后	策划控制中心
3	项目设计管理	设计进度计划	设计工作启动前	设计管理部
		设计优化	设计过程中	设计相关人员
		施工图设计及图纸报审	设计过程中	设计相关人员
		设计与采购的交底与配合	设计过程中	设计相关人员
		现场施工服务与配合	设计过程中	设计相关人员
		设计分包商选择、管理	设计工作启动、过程中	设计管理部
		工程资料管理	按工程进度	策划控制中心
4	项目技术管理	设计方案研究	根据工程进度	设计管理部
		项目施工组织总设计编制	详细初步设计后	策划控制中心
		重大技术方案、措施和工艺评审或组织专家论证	根据工程进度	设计、采购及施工相关人员
		工程资料管理	按工程进度	策划控制中心
		"四新"技术应用与推广	项目开工前	设计相关人员
		检验、检测、试验与计量工作	按工程进度	设计、采购、施工相关人员
5	项目采购与物流管理	物资、设备计划与调拨①	项目实施过程中	设备采购与管理部
		工程物资、设备质量控制	按工程进度控制	设备采购与管理部
		物资计价核算管理①	按工程进度控制	设备采购与管理部
		运输管理	按现场实际情况	设备采购与管理部
		清关、靠泊、卸船、运输管理	按现场实际情况	设备采购与管理部
		材料进场验收及使用控制	按工程进度控制	施工监控部
		物资场站管理①	按工程进度控制	施工监控部
		设备配件管理①	按现场实际情况	施工监控部
6	项目 HSE 管理	质量管理	项目实施全过程	采购、施工相关人员
		安全及职业健康管理规章制度及监管	项目开工前	HSE 安全环保部
		现场安全及职业健康管理	项目实施全过程	施工监控部
7	项目试运行与竣工验收管理	试运行及培训等	项目竣工前	施工监控部
		竣工资料管理	项目实施全过程	施工监控部
		竣工验收方案	工程竣工前 3 个月	施工监控部
		竣工验收	项目竣工时	施工监控部
8	项目收尾管理	工程收尾方案	工程竣工前 3 个月	施工监控部
		工程交付	按合同规定	项目经理
		档案及资料移交	工程交付后	策划控制中心
		保修服务	合同保修期	项目经理

续表

序号	工作职能	必要工作事项	时间期限	责任岗位
9	项目进度管理	项目总控进度计划编制	项目开工前	策划控制中心
		进度计划的审核	项目开工前	策划控制中心
		总控进度纠偏	项目实施过程中	策划控制中心
		设计进度计划编制、控制及纠偏	项目实施过程中	设计管理部
		采购进度计划编制、控制及纠偏	项目实施过程中	设备采购与管理部
		施工进度计划编制、控制及纠偏	项目实施过程中	施工监控部
		项目月度报告	每月 30 日前	项目经理
		现场施工照片管理	按工程施工进度	施工监控部
10	项目成本管理	项目成本计划书	开工前	策划控制中心
		成本分析与盈亏测算	开工前及每季度	策划控制中心
11	项目合同与计量支付管理	总承包合同谈判、交底及责任分解	项目开工前	策划控制中心
		分包合同谈判	项目实施过程中	设计管理部、设备采购与管理部和/或施工监控部
		设计计量及变更	项目实施过程中	设计管理部
		采购计量计划变更	项目实施过程中	设备采购与管理部
		施工计量变更	项目实施过程中	施工监控部
		项目索赔与反索赔	项目开工前及过程中	策划控制中心
		工程进度报量及付款申请	按合同规定期限	策划控制中心
		竣工结算	项目竣工时	策划控制中心
12	项目财务管理	税务、内外账管理[②]	项目实施过程中	财务部
		资金管理及项目有关资金支付	项目实施过程中	财务部
		预算管理	项目实施过程中	财务部
		财务文档的管理	项目实施过程中	财务部
13	项目分包管理	设计分包商选择、管理及监控	项目开工前及过程中	设计管理部
		设备材料供应商选择、管理及监控	项目开工前及过程中	设备采购与管理部
		施工分包商选择、管理及监控	项目开工前及过程中	施工监控部
		分包现场管理	项目实施全过程	施工监控部
		分包结算	按分包合同	设计管理部、设备采购与管理部或施工监控部
14	项目风险管理	总承包合同风险识别、评估、应对、控制、预警	项目实施过程中	策划控制中心
		分包合同风险识别、评估、应对、控制、预警	项目实施过程中	设计管理部、设备采购与管理部或施工监控部
		风险报告	项目实施过程中	策划控制中心

序号	工作职能	必要工作事项	时间期限	责任岗位
15	项目综合事务管理	信息与沟通管理	项目实施过程中	信息及数据管理部
		安全保卫	项目实施过程中	办公室
		文秘工作	项目实施过程中	办公室
		行政后勤管理	项目实施过程中	办公室
		行政物资管理	项目实施过程中	办公室
		营地管理	项目实施过程中	办公室
		车辆管理	项目实施过程中	办公室
		品牌与形象管理	项目实施过程中	办公室
		重要活动管理	按项目具体情况	办公室
16	项目文档管理	业务文档管理	项目实施过程中	信息及数据管理部
		行政文档管理	项目实施过程中	办公室
17	项目考核管理	年度 KPI 考核	每年	人力资源管理部
		周期 KPI 考核	工程竣工交付后	人力资源管理部
18	项目总结管理	项目总结报告	工程竣工交付后	项目经理

注：① 适用于公司负责采购并管理物资情形；

② 适用于需在项目所在国（所在地）缴税情形。

2.2 《管理实践手册》业务制度组成及负责部门

根据有关规范的要求，《管理实践手册》规划 24 个项目管理业务制度，如表 2-2 所示。

表 2-2 《管理实践手册》规划的项目管理业务制度

序号	项目管理业务制度	负责部门
1	项目组织管理	策划控制中心
2	项目策划管理	策划控制中心
3	项目设计管理	设计管理部
4	项目技术管理	设计管理部、设备采购与管理部及施工监控部
5	项目采购管理	设备采购与管理部
6	项目物流管理	设备采购与管理部
7	项目施工管理	施工监控部
8	项目 HSE 管理	HSE 安全环保部、施工监控部
9	项目试运行与竣工验收管理	施工监控部
10	项目收尾管理	施工监控部
11	项目进度管理	策划控制中心
12	项目质量管理	设备采购与管理部、施工监控部
13	项目成本管理	策划控制中心
14	项目计量支付管理	策划控制中心
15	项目财务管理	财务部
16	项目合同管理	策划控制中心、设计管理部、设备采购与管理部及施工监控部

续表

序号	项目管理业务制度	负责部门
17	项目分包管理	设计管理部、设备采购与管理部及施工监控部
18	项目风险管理	策划控制中心
19	项目人力资源管理	人力资源管理部
20	项目协调管理	项目部
21	项目综合事务管理	办公室
22	项目文档管理	信息及数据管理部
23	项目考核管理	人力资源管理部
24	项目总结管理	策划控制中心

2.3　管理职责

2.3.1　项目部主要职责

作为EPC项目执行主体,项目部必须严格按照总承包合同要求,组织、协调和管理设计、采购、施工、试运行和保修等整个项目建设过程,完成合同规定的任务,实现合同约定的各项目标。按照合同约定,接受业主、监理(国际工程中为业主代表或工程师,本书下文相同,不再赘述)的全过程监督、协调和管理,并按规定程序向业主、监理报告工程进展情况。其主要职责如下。

(1)履行与业主签订的合同,负责项目设计、采购、施工、试运行、竣工验收和保修等各阶段的组织实施和管理工作,控制项目风险。

(2)建立完善的项目运行管理体系,按照公司管理制度或办法,制定项目管理各项管理办法和内部控制制度,负责项目部各项工作的规范化管理。

(3)负责项目部重大财务事项的决策工作。

(4)负责项目部预算管理及成本控制工作。

(5)协调设计工作,编制设计统一技术规定,负责对设计分包商的选择、评价、监督、检查、控制和管理。

(6)承担项目物资和设备采购、运输、质量保证工作,负责编制采购计划,负责调查、选择、评价供应商,推荐合格供应商,并对其运行监督、检查、控制和管理。

(7)编制项目各级进度计划和进度报告,并对计划执行情况进行跟踪、分析和控制,负责总承包合同、分包合同实施全过程的进度、费用、质量、HSE管理与控制。

(8)承担项目实施协调和技术管理工作,负责项目实施总体部署和资源的动态管理,负责竣工资料汇编、组卷等工作。

(9)负责项目实施全过程文件信息管理与控制。

(10)负责统一协调整个项目的试运行工作。

(11)负责正确处理和协调相关方关系、项目内外部各方利益关系,有效实施项目管理,确保项目顺利完成。

2.3.2　项目部各部门主要工作内容及主要职责

2.3.2.1　策划控制中心主要工作内容及主要职责（见表 2-3）

表 2-3　策划控制中心主要工作内容及主要职责

部门	主要工作内容	主要职责
策划控制中心	计划管理	(1) 根据项目设计、采购及施工组织计划书,牵头设计、采购、施工管理部门组织各自分包商编定年度/季度/月度项目质量计划、成本计划、施工进度计划、采购计划等,制订工程总进度计划,对设计计划、采购计划、施工计划及总计划的执行情况和控制目标进行监督检查,定期进行统计分析; (2) 负责项目执行过程中各类信息的沟通、传递,对信息的处理情况进行跟踪与落实; (3) 负责收集、审核设计、采购及施工管理部门相关信息,定期向业主上报月度工程旬报; (4) 负责组织召开项目部周工作会议,对会议的落实情况进行监督与检查; (5) 负责按照公司内控体系关于工程管理的流程、制度和文件要求,建立和完善相关体系文件,对执行情况进行监督与落实; (6) 负责牵头组织收集整理工程项目决算资料,并进行分类归档
	协调监督管理	(1) 协调设计、采购和施工管理部门之间的工作关系; (2) 建立项目管理制度、流程和标准体系,上报领导批准后组织实施,同时监督现行制度的执行情况并改进完善; (3) 监督好各部门月度重点工作,做好分包单位、项目部重点业务事项的督查督办工作,做好相关业务环节的落实、推进、跟踪工作,及时反馈各项重点工作的推进结果,并能对出现的问题进行协调、整改,确保各项重点工作有效推进
	合同管理	(1) 根据公司组织制定和实施项目合同管理制度,并监督执行; (2) 建立健全项目合同商务管理规定、操作流程,并组织实施; (3) 牵头组织进行总包合同的交底工作及责任分解,建立总包合同管理档案; (4) 对设计、采购及施工管理部门各类合同进行审批、负责合同文件管理; (5) 统一管理合同变更、备案等相关电子和书面资料; (7) 总承包合同风险控制,以及分包合同风险控制原则制定; (8) 指导监督项目合同执行情况; (9) 组织设备采购与管理部、施工监控部参与业主对设备供应商考察、试验见证以及验收等相关工作; (10) 配合设计、设备及施工管理部门相关工作
	变更和索赔工作管理	(1) 负责组织相关部门共同处理与业主的索赔工作; (2) 与现场相关部门共同处理业主的工程变更工作; (3) 负责向相关部门收集、整理项目索赔证据,起草向业主的索赔报告; (4) 审核供应商及分包商提出的索赔报告

部门	主要工作内容	主要职责
策划控制中心	保函及保险理赔管理	(1) 根据主合同要求及时通知并协助公司财务资产部办理各类保函,按时向业主提交; (2) 根据分包合同要求,通过各相关部门督促和检查材料、设备供应商,分包商办理相关保函; (3) 负责项目工程保险合同; (4) 现场发生保险纠纷时,组织相关部门共同收集、审核、编制并提交保险理赔所需资料
	法务工作管理	(1) 负责收集整理与本项目相关的法律、法规及政策等,并与公司相关部门及本项目咨询公司进行沟通对接,及时规避项目执行过程中的风险,同时为项目经营管理提供法律咨询和建议; (2) 提前规划相关经济类、劳务类法律纠纷的应对措施,在项目执行过程中出现当地法律纠纷时,及时地按照相关应对措施处理; (3) 负责与公司对接处理现场项目部内部人员的授权变更工作
	资金支付管理	(1) 建立总承包合同支付管理台账并及时更新维护; (2) 组织对设计、施工分包商工程款申请的审核; (3) 组织对咨询服务合作方(如有)付款申请的审核,并办理相关支付手续; (4) 组织对材料、设备供应商支付申请的审核; (5) 组织填报合同计量月报及相关报表
	总承包合同的计量工作管理	(1) 根据总承包合同付款进度规定,负责对业主的现场计量工作,及时向业主提交计量计价报告,申请工程进度款,办理相关付款手续,确保各项工程款按时收回; (2) 集中收集、核对、发送项目对业主的账单; (3) 根据项目部要求,与相关部门共同办理对业主的竣工结算工作; (4) 组织设计、采购及施工管理部门填报合同计量月报及相关报表
	风险管理	(1) 依据公司风险管理相关制度,牵头组织项目各部门开展项目风险管理工作; (2) 牵头组织项目各部门在其职责范围内开展风险识别、评估和应对,监控风险事件的变化状态,建立适度预警体系,在项目实施全过程中履行报告职责

2.3.2.2 信息及数据管理部主要工作内容及主要职责(见表2-4)

表2-4 信息及数据管理部主要工作内容及主要职责

部门	主要工作内容	主要职责
信息及数据管理部	技术管理	(1) 根据项目信息化管理和IT设备管理等制度,制定项目IT设备、网络安全管理制度,建立管理信息系统,并负责日常软件及硬件维护; (2) 建立视频音像监控系统,并组织监督执行,通过定期检查、维护,来确保视频音像监控系统使用的合理性与安全性

续表

部门	主要工作内容	主　要　职　责
信息及数据管理部	文档信息管理	(1) 负责做好与业主之间的沟通、商谈、合同履约工作； (2) 建立健全与业主的商务合同文件管理规定、操作流程； (3) 进行业务文档收集和管理,并通过信息及数据管理部负责项目信息系统的管理工作； (4) 统一管理商务合同变更、备案等相关电子和书面资料
	业务资料归档管理	(1) 建立项目档案管理制度,完成档案及各类文件的分类、整理、编号、登记、保存和借阅登记工作,统一归口管理,并确保档案资料的安全与应用,防止丢失、泄密,维护档案的安全； (2) 建立和实施项目文件流转、控制程序及项目文件统一编码方案； (3) 负责管理所有施工组织设计、专项方案、技术资料、技术成果的电子文档、影像等收集工作； (4) 负责项目竣工资料归档及保管； (5) 负责项目行政文档的归档及保管

2.3.2.3　设计管理部主要工作内容及主要职责(见表 2-5)

表 2-5　设计管理部主要工作内容及主要职责

部门	主要工作内容	主　要　职　责
设计管理部	设计管理	(1) 编制、修订并组织实施项目部《管理实践手册》中有关设计管理、技术管理工作的内容,对实施过程进行监督； (2) 审核项目设计/技术策划； (3) 参与重大技术方案论证,组织审核并备案重大技术方案论证报告及其附属证明材料； (4) 参与项目设计管理模式的研究工作； (5) 编制项目初步设计施工组织方案中的相关内容； (6) 明确设计工作范围,确定设计依据、设计的原则和要求、设计标准与规范； (7) 根据设计单位编制图纸、资料提供进度计划(包括各设计节点、各专业、各阶段的施工图),设计管理部进行计划执行的监督、落实和管理； (8) 负责组织设计优化工作,在满足用户使用功能和安全可靠的前提下,优化设计方案,降低工程成本； (9) 组织实施初步设计、施工图设计等各阶段设计工作及图纸报审工作； (10) 参加施工监控部组织的图纸内审,对各部门、分包商及合作单位提出的修改意见,应从项目整体利益角度进行修改；参加监理组织的图纸会审； (11) 负责设计变更的初步审核及批准,抄送策划控制中心报备； (12) 派设代进驻各施工区域/施工标段及其他需要的机构和区域,并管理设代； (13) 负责收集相关行业的正版技术规范、标准； (14) 参与设计单位设备设计优化和模拟验证工作,组织设备试验,确保设备试验一次通过用户鉴定； (15) 制订新技术、新工艺、新材料、新设备(以下简称"四新")应用与开发计划； (16) 提供采购、施工和试运行、考核、验收、质保等阶段技术服务； (17) 协助科技成果的评审及对外申报工作

部门	主要工作内容	主 要 职 责
设计管理部	设计分包商管理	(1) 组织设计分包合同的草拟、谈判,并提交策划控制中心进行审批; (2) 编制设计分包商招标文件,负责设计分包单位的招标及谈判工作; (3) 督促和检查设计分包商办理各类保函; (4) 监督、管理并控制设计分包商设计进度及质量; (5) 负责对设计分包商工作的计量,并向策划控制中心提交支付申请
	与采购的工作配合	(1) 负责向设备采购与管理部提供材料、设备采购的清单和经评审的技术规范书; (2) 评审所有技术协议; (3) 协助图纸的报审工作,解决在监造等过程中有关技术问题(如分包单位负责采购则监督分包单位在监造过程中的有关技术问题); (4) 配合设备采购与管理部完成材料、设备的采购、监造管理工作,并对重点产品进行产地见证试验(如分包负责采购则参与分包单位相关见证试验); (5) 负责与设计相关的材料和设备的技术资料管理工作

2.3.2.4 设备采购与管理部主要工作内容及主要职责(见表 2-6)

表 2-6 设备采购与管理部主要工作内容及主要职责

部门	主要工作内容	主 要 职 责
设备采购与管理部	编制采购规划,确定技术方案	(1) 按工程总进度计划要求,制定项目物资采购规划及保障体系,组织设备、材料的招标、评标、定标; (2) 根据设计管理部提供的物资采购清单和项目总体计划,组织制订设备、材料的采购计划; (3) 负责组织所有采购设备、材料供应商的考察、选择和评价,建立合格供方目录,做好荐标工作; (4) 根据设计单位提供的设备及材料规范书,编制所采购设备、材料的招标文件,并组织评审
	供应商招标管理	(1) 编制各类招标书,组织设备、材料的招标、谈判等工作; (2) 根据招标结果,由评标委员会推荐 3 家及以上合格供应商,提供业主审核选择; (3) 负责组织设备、材料最终评标和定标工作
	履行合同,跟踪管理	(1) 建立物资采购台账,定期与设备、材料供货方协调沟通,落实制造进度; (2) 制订产品监造计划,负责设备、材料的催交、检验、监制等工作; (3) 督促和检查供应商办理各类保函; (4) 负责审核供应商支付申请,办理供货方的货款; (5) 统一制订设备、材料的发运计划; (6) 配合业主对重大物资制造过程及发货前的检验工作; (7) 严格把控供应材料、设备质量,定期对供应商进行考核、评价; (8) 负责协调供应商进行现场售后、技术指导、安装等工作,并管理相关人员

部门	主要工作内容	主 要 职 责
设备采购与管理部	接收物资管理（国际工程适用）	（1）及时了解工程项下物资到港情况，提前办理清关所需文件（如Master List，免税函以及清关保函等），并向业主或其指定的清关公司递交进口清关材料，积极配合业主做好工程物资清关工作； （2）严格遵守工程所在国的进出境货物管理政策及相关法规，确保向业主或其代理清关公司递交的各类清关单据及文件的准确性，真实性，不伪报、瞒报、藏匿等； （3）及时催促业主或其代理清关公司清关，待我方代缴清关税费（如有）后，将海关出具的缴税证明或票据递交业主审核、批准，以便及时请款； （4）清关单据、文件格式、语言等符合工程所在国进口清关要求
	配送物资管理	（1）对工程项下物资严格履行审查，严把外包装质量关、数量关，验收合格后方可配送现场材料站/料场； （2）熟悉工程现场及道路，积极与供应商、分包商、物流公司沟通，根据配送货物情况，如需进行道路维护，桥梁加固等情况，应及时向策划控制中心汇报； （3）根据现场装卸操作能力等情况，本着配送物资安全、运输周期短、运输路况良好、使用方便的原则，做好运输线路的选择； （4）若工程项下物资出现质量、外包装缺陷等情况，做好清单备注
	物资交接管理	（1）做好与合作单位、分包商各项工程物资的交接工作，严格按照工程物资明细清单交接，待交接完毕后双方在交接清单上签字确认； （2）建立项目物资物流管理台账，按批次进行货物配送统计、记录。根据物资实际状况，及时核对、完备物流管理台账，保持单、账、货三者一致
	对分包单位采购的管理	（1）对分包单位根据物资采购清单和项目总体计划，制订的设备、材料的采购计划进行评审； （2）参与分包单位对永久设备及重要材料供应商的选择及采购合同的签订； （3）对分包单位制订的产品监造计划，设备、材料的催交、检验、监制等工作进行监督； （4）对分包单位制订的设备、材料的发运计划进行审批； （5）做好业主对重大物资制造过程及发货前的检验工作； （6）协助施工监控部，参与分包单位供应商进行现场售后、技术指导、安装、调试、试运行及验收等工作

2.3.2.5　施工监控部主要工作内容及主要职责（见表2-7）

表 2-7　施工监控部主要工作内容及主要职责

部门	主要工作内容	主 要 职 责
施工监控部	业主/监理工程师管理	（1）按总承包合同条款，组织核实并接受业主提供的施工条件及资料，如坐标点、场地移交等； （2）参加业主/工程师召开的与工程施工有关的定期会议； （3）负责准备业主所需要的与工程有关的资料、报表及报告，经策划控制中心提交

部门	主要工作内容	主 要 职 责
施工监控部	计划与实施控制	(1) 参与编制项目实施阶段施工组织设计、施工方案及专项方案,经策划控制中心上报监理工程师审批; (2) 在项目履约过程中负责实施阶段施工组织设计及各项方案的修改及优化; (3) 编制施工进度计划、阶段性进度计划并对其实施进度进行监督和指导,并定期将情况上报策划控制中心; (4) 对出现的进度偏差,应上报策划控制中心进行分析和决策,并执行相应处理措施; (5) 定期召开现场协调会议,分析现场进度、质量、安全等方面问题,研究处理措施; (6) 管理测量、实验等相关工作
	分包商管理	(1) 编制施工类招标书,组织施工分包商的招标、资质评审及谈判等工作,选择合格的分包商队伍; (2) 对分包商提交的施工组织方案进行审核,监督检查分包商的人员、施工机械、施工材料配置是否合理和及时到位; (3) 对分包商施工进度、安全、质量、健康环境的控制; (4) 协调各分包商的冲突,解决分包商施工中遇到的技术难题; (5) 定期召开现场协调会议,分析现场进度、质量、安全等方面问题,研究处理措施; (6) 负责审核施工分包商支付申请,提交策划控制中心批准后,办理相应支付手续
	分包商质量管理	(1) 根据项目 HSE 安全环保部关于质量、环境及职业健康安全体系要求,监督各分包商三大管理体系建立、运行; (2) 检查各分包商施工质量实施情况,监督、确认设备、材料和施工工程质量; (3) 在施工过程中对各分包商材料使用进行全方位的监督; (4) 参与重特大质量事故调查、分析和处理工作,指导、监督各分包商制定的纠正和预防措施并验证其实施效果
	分包商安全、健康、环境管理	(1) 配合 HSE 安全环保部组织分包商编制项目安全、健康环境的控制和预防措施; (2) 协助 HSE 安全环保部监督并指导(规定范围内)各分包商施工安全、文明施工及环境保护管理的执行情况; (3) 协助 HSE 安全环保部反馈现场出现的安全、健康及环境相关问题,并在第一时间向相关部门反馈 HSE 责任事故
	工程移交管理	(1) 组织和协调各分包商、供应商进行工程的验收、调试和移交工作; (2) 组织和协调各分包商、供应商竣工资料的移交工作

2.3.2.6　HSE 安全环保部主要工作内容及主要职责（见表 2-8）

表 2-8　HSE 安全环保部主要工作内容及主要职责

部门	主要工作内容	主要职责
HSE 安全环保部	安全、健康及环境制度设立及监督考核	(1) 协助项目经理建立和完善项目部 HSE 管理目标、管理制度和实施细则，并分别组织设计、采购、施工管理部门进行实施； (2) 拟定项目 HSE 管理考核指标，经公司审批后组织落实；审批分包单位提交的 HSE 专项管理方案并监督实施；建立项目部 HSE 管理文件台账，并定期向策划控制中心提交，完成文件归档； (3) 协助项目经理及时、如实报告 HSE 责任事故，指导分包单位进行事故现场保护和伤员救护工作，配合事故调查和处理； (4) 组织动态识别项目存在的危险源和环境因素，确定重大危险源和重大环境因素；组织设计、采购、施工管理部门对各自分包单位存在和潜在的职业病进行识别，制定管理方案和防治措施并督促落实； (5) 监督检查设计、采购、施工及相应分包单位贯彻落实项目部 HSE 管理制度和要求，并对执行情况组织进行评比考核
	分包商安全、健康、环境管理	(1) 组织分包商编制项目安全、健康环境的控制和预防措施； (2) 监督并指导（规定范围内）各分包商施工安全、文明施工及环境保护管理的执行情况； (3) 负责受理和解释业主在质量、安全、环保及安保方面的问题和投诉； (4) 负责各分包商施工安全、文明施工及环境保护管理的日常工作并提出整改意见，监督整改落实
	应急预案	协助项目经理制定及实施项目各类突发事件应急预案，并组织设计、采购及施工管理部门对分包交底和进行演练

2.3.2.7　人力资源管理部主要工作内容及主要职责（见表 2-9）

表 2-9　人力资源管理部主要工作内容及主要职责

部门	主要工作内容	主要职责
人力资源管理部	人力资源管理	(1) 建立项目人力资源管理制度、流程和标准体系，并组织实施，同时监督现行制度的执行情况并改进完善； (2) 建立项目人力资源管理体系，规划项目组织机构、岗位设置、人员定编、人员需求、岗位说明书、招聘标准编制等。制定新员工招聘标准要求，跟踪进行新员工的面试以及岗位竞聘工作，要求严格执行公司相关规定和需求选拔人才； (3) 编制季度人力资源现状分析报告，并提出改进意见，保证组织长期持续发展和员工个人利益的实现； (4) 建立项目绩效管理制度，设立绩效指标，开展绩效考核等工作，并对绩效实施过程进行监控，对存在的问题进行总结和分析上报； (5) 开展年度培训需求调研，结合公司人力资源发展规划，编制年度培训计划，满足员工职业发展需求及公司对组织能力发展的要求。分解年度培训计划至月度并有效实施，组织调研、分析，发现培训过程中的问题，提出解决方案并推动执行； (6) 管理项目所有员工的考勤记录、上报工作；监督执行好员工的休假管理制度；负责项目外聘员工劳资、福利管理；负责项目员工职称评审材料上报工作； (7) 负责与公司相关部门及人员就人力资源事项的沟通与对接； (8) 据项目现场的实际需要开展当地临时员工、商务、技术人员的招聘，并按照项目所在国的相关法律法规对外籍员工进行管理； (9) 现场员工的稳定、劳务纠纷的处理； (10) 人员培训

2.3.2.8 办公室主要工作内容及主要职责(见表2-10)

表2-10 办公室主要工作内容及主要职责

部门	主要工作内容	主要职责
办公室	行政管理	(1) 依据公司的规章制度及领导的指示,进行项目部行政类公文的起草、下发、归档;根据公司的要求,对各类重要行政文件进行处理、分发及落实。同时组织起草项目综合性讲话稿、汇报文件、会议纪要和组织编制项目定期工作计划、工作总结和各通知、通报、请示报告类等其他日常文件,审核项目各部门、各分包商报文格式、文字准确性、内容完整性; (2) 根据项目部经营计划要求,进行每月行政类工作会议及每周行政类例会内容的记录,整理、下发会议纪要,监督落实经办及承办部门对会议纪要内容的处理及推进工作;依据公司、项目部的工作安排,下发各类会议通知; (3) 根据公司行政印章管理制度,对经审批后的文件、资料加盖公章,对外开具相关证明,并进行详细登记
	新闻宣传	(1) 贯彻执行公司企业文化要求,开展员工企业文化的培训和教育,推广公司战略、经营理念和核心价值观,加强员工职业道德建设; (2) 定期总结项目大事记,发布项目周报及月报,挖掘项目典型人物和典型事迹,进行宣传,为公司创造和谐积极的外部舆论环境,提高品牌价值以及全员的凝聚力和向心力
	行政事务管理	(1) 根据项目部各项工作要求,协助领导处理、督办现场各项行政事务;落实公司各类重要文件处理及分发情况,确保行政公文上传下达工作顺利有序进行; (2) 负责现场各项宣传报道,组织现场各部门做好各项重大的事件的宣传报道工作,确保项目员工对整个项目进度的全方面了解,提高员工的积极性; (3) 当地医疗机构及政府机构关系维护与建立,确保紧急情况时可以及时地就医和营救
	行政物资管理	(1) 负责固定资产和低值品易耗品的实物管理,日常物资需求统计与采购,并对行政物资进行清点接收、入库管理; (2) 商务礼品的管理; (3) 日常药物用品的管理; (4) 各项行政物资仓储、调拨、配送、出库管理
	车队管理	对项目部车辆和司机实施统一管理,确保安全、合理、有效地调配和使用车辆,合理控制燃油成本,提高用车服务水平,保障项目部各项业务的顺利开展
	营地管理	(1) 负责项目部办公区域和生活区域的租赁搭建; (2) 项目营地日常维护管理工作,包括环境绿化及养护、房屋、水电、网络通信设备维护管理; (3) 办公区域和生活区域的卫生监督以及安全管理; (4) 营地安全的保卫防范,与驻地警察局、保安公司共同维护整个项目部治安; (5) 驻地政府部门日常关系的建立及维护

续表

部门	主要工作内容	主要职责
办公室	接待管理	(1) 建立项目接待管理制度、流程和标准体系,并组织实施,同时监督现行制度的执行情况并改进完善; (2) 组织策划各类接待方案,调配公司资源,设立接待小组,组织相关人员,做好接待工作;监督各模块接待任务的执行情况,建立接待中的沟通与反馈机制,把握接待过程的各个节点和步骤,协调相关方,保证信息畅通,各模块交接有序合理;总结接待过程中出现的问题,提出改进措施,规范完善接待管理办法,不断提高接待水平与能力; (3) 编制接待费用预算,指导各模块严格按照费用预算执行,不允许超出预算费用(特殊情况除外),控制监督费用支出,保证费用支出的属实性; (4) 负责项目车辆申请调度、协调管理,负责对司机人员的安全驾驶教育、考勤等日常管理; (5) 负责项目各类会议的前期筹备工作,组织协调资源,确保会议圆满完成
	内务管理	(1) 负责项目办公用品、接待用品的管理工作,建立相应管理制度,并组织实施,同时监督现行制度的执行情况并改进完善;确保办公用品、接待用品的采购与发放领用符合管理制度要求,建立出入库台账,账务相实; (2) 负责项目人员机票订制工作的实施,确保机票的订制及时、信息准确; (3) 展开部门员工的温馨工程并组织实施,从工作中、生活上、物质层面精神层面、切实做好员工人文关怀工作,不断总结经验,保证员工沟通渠道的畅通,帮助解决员工的思想和生活负担,最大限度地凝聚人心,提高企业的竞争力,保证自我价值的实现; (4) 内务工作管理,如:办公场所 6S 管理,环境卫生区域的监督清扫等工作,确保工作环境干净、整洁

2.3.2.9　财务部主要工作内容及主要职责（见表 2-11）

表 2-11　财务部主要工作内容及主要职责

部门	主要工作内容	主要职责
财务部	税务筹划及内外账管理	(1) 根据项目情况及所在地(所在国)情况就需缴纳的所得税、增值税、印花税及其他税费进行合理安排,充分利用税收优惠政策等制定有效的税收筹划方案和措施,并按期缴纳相应税费; (2) 驻地(项目所在国)税务部门日常关系的建立及维护; (3) 制定的财务管理制度及实施细则对内外账进行管理; (4) 相关税法变化后,应积极研究,并从财务角度制定相应对策

续表

部门	主要工作内容	主要职责
财务部	费用管理	(1) 根据公司经营目标与发展规划,结合项目进展情况,编制完成本年度费用预算,要求预算编制全面、及时、合理;根据费用预算,严格控制各项费用的支出情况,并对执行情况进行监督,将费用控制在计划之内; (2) 根据业务发展需要,参照同行及公司内部的费用制度管理办法,并调研项目所在地的消费水平差异,结合市场实际需求及日常费用管理中的经验,修订完善财务制度; (3) 根据预算指标,严格控制每项资金费用支出,执行审批流程,确保资源的有效利用,每月按时借支,提出整改建议,做到费用管控心中有数;根据公司费用报账制度要求,严格执行报账流程,认真审核各项费用的支出情况,严禁出现假报、瞒报、不合规现象,每月按时报账,并公示个人借支、报账情况,要求个人费用数据库内容完善,条目清晰,便于查阅; (4) 根据年度费用预算与支出情况,统计分析各项费用的支出及结余情况,并提出改进措施,每月编制费用分析报告,作为预算编制和费用借支的依据及领导决策的依据,要求改进措施可操作性强; (5) 严格把控现场各部门费用支出,本着费用提前预算、费用事前申请、费用事后审批的原则,通过费用的前端控制、过程控制、事后反馈等措施,确保费用支出合理,使成本得到有效控制,降低项目部经营成本
	资金管理及项目有关资金支付	(1) 协助策划控制中心及各部门完成总承包合同及分包合同的计量; (2) 根据项目的需求,完成有关资金的管理及支付; (3) 项目固定及临时员工薪资、福利的发放
	财务管理	(1) 负责建立专用财务账户,做好财务核算工作; (2) 负责建立符合项目情况的财务账簿; (3) 负责会计凭证管理; (4) 负责发票管理; (5) 负责编制项目执行报表和专项财务分析; (6) 牵头组织项目各项审计工作
	固定资产管理	负责项目固定资产管理,并负责定期盘点、维修及保养工作,确保固定资产使用的安全有序

与一般 EPC 项目组织框架相比,上述 EPC 项目组织框架适合大中型 EPC 项目,各组织工作内容和职责仅涵盖了 EPC 项目必要的工作内容,由于每个项目都有自己的独特性,加之内部与外部环境的不同,因此在参考本书内容时,应对上述工作内容进行修改。为了便于读者参考,本书还列举了项目主要岗位管理责任矩阵,详见表 2-12。

表2-12 项目部主要管理岗位责任矩阵

工作职能	必要工作事项	项目经理	项目常务副经理	策划控制中心·主任	费控工程师	合同工程师	计划控制工程师	设计管理部·部长	内部设计工程师	设计分包工程师	设备采购与管理部·部长	设备工程师	施工监控部·部长	计量合同工程师	测量工程师	进度工程师	质量工程师	标段工程师	HSE安全环保部·部长	安全工程师	信息及数据管理部·部长	文控工程师	财务部·会计&税务	出纳	人力资源管理部·部长	人力资源管理师	办公室·主任	经办
1 项目组织&人力资源管理	项目组织机构及职责	■	□	△				△			△		△						△		△				★	☆	△	
	项目人员岗位职务说明书	■	□	△				△			△		△						△		△				★	☆	△	
	项目人力资源管理	■	□	△				△			△		△						△		△				★	☆	△	
2 项目管理策划	编写《管理实践手册》	■	■	★	☆	☆	☆	△			△		△						△		△						△	
	《管理实践手册》交底	■	■	★	☆	☆	☆	△			△		△						△		△						△	
3 项目设计管理	设计进度计划	□	■	△				★	☆	☆	△		△															
	设计优化	□	■	△				★	☆	☆	△	△	△															
	施工图设计及图纸报审	□	■	△				★	☆	☆	△		△															
	设计与采购的交底	□	■	△				★	☆	☆	△		△															
	设计与采购配合	□	■	△				★	☆	☆	△		△								△							
	现场施工服务与配合	□	■	△				★	☆	☆	△		△						△									
	设计分包商选择、管理	□	■	△				★	☆	☆	△		△															
	工程资料管理		■	△				★	☆	☆												△						

续表

序号	工作职能	必要工作事项	项目经理	项目常务副经理	策划控制中心				设计管理部			设备采购与管理部		施工监控部						HSE安全环保部		信息及数据管理部		财务部		人力资源管理部		办公室	
					主任	费控工程师	合同工程师	计划控制工程师	部长	内部设计工程师	设计分包工程师	部长	设备工程师	部长	计量合同工程师	测量工程师	进度工程师	质量工程师	标段工程师	部长	安全工程师	部长	文控工程师	会计&税务	出纳	部长	人力资源管理师	主任	经办
4	项目技术管理	设计方案研究	□	■	△				★	☆	☆	△		△						△		△		△					
		项目施工组织总设计编制	■	□	△				△			△		△						△		△		△					
		重大技术和工艺方案、措施评审或组织专家论证	□	■	△				△			△		★	☆	☆	☆	☆	☆	△		△		△					
		工程资料管理	□	■	△				△			△		★	☆	☆	☆	☆	☆	△		△							
		"四新"技术应用与推广	□	■	△				△			△		★	☆	☆	☆	☆	☆	△		△		△					
		检验、检测、试验与计量工作	□	■	△				△			△		★	☆	☆	☆	☆	☆	△		△		△					
5	项目采购物资与物流管理	物资、设备计划与调拨	□	■	△				△			★	☆	△						△		△							
		工程物资设备质量控制	□	■	△				△			★	☆	△						△		△							
		物资设计价核算管理	□	■	△				△			★	☆	△						△		△		△					
		运输管理	□	■	△				△			★	☆	△						△	△	△							
		清关、靠泊、卸船	□	■	△				△			★	☆	△						△	△	△							
		材料进场验收使用控制	□	■	△				△			★	☆	△						△		△							
		物资场站管理	□	■	△				△			★	☆	△						△		△	△						
		设备配件管理		■	△				△			★	☆	△						△		△	△						

续表

序号	工作职能	必要工作事项	项目经理	项目常务副经理	策划控制中心 主任	策划控制中心 费控工程师	策划控制中心 合同工程师	策划控制中心 计划控制工程师	设计管理部 部长	设计管理部 内部设计工程师	设计管理部 设计分包工程师	设备采购与管理部 部长	设备采购与管理部 设备工程师	施工监控部 部长	施工监控部 计量合同工程师	施工监控部 测量工程师	施工监控部 进度工程师	施工监控部 质量工程师	施工监控部 标段工程师	HSE安全环保部 部长	HSE安全环保部 安全工程师	信息及数据管理部 部长	信息及数据管理部 文控工程师	财务部 会计&税务	财务部 出纳	人力资源管理部 部长	人力资源管理部 人力资源管理师	办公室 主任	办公室 经办
6	项目HSE管理	质量管理	■	□	△				△			△		★				☆				△						△	
		安全及职业健康管理	■	□	△				△			△		△						★	☆	△		★	☆	△		△	
		安全及职业健康制度规章及监管	■	□	△				△			△		△						★	☆	△		★	☆	△		△	
		现场安全及职业健康管理	□	□	△				△			△		★						△		△		△				△	
7	项目试运行与竣工验收管理	试运行及培训等	□	△	△				△			△		★	☆	☆	☆	☆	☆	△		△		△				△	
		竣工资料管理	□	△	△				△			△		★	☆	☆	☆	☆	☆	△		△		△				△	
		竣工验收方案	□	△	△				△			△		★	☆	☆	☆	☆	☆	△		△		△				△	
		竣工验收	□	△	△				△			△		★	☆	☆	☆	☆	☆	△		△		△				△	
8	项目收尾管理	工程收尾方案	□	■	★				△			△		★	☆	☆	☆	☆	☆	△		△		△				△	
		工程支付	□	■	★				△			△		★	☆	☆	☆	☆	☆	△		△		△				△	
		档案及资料移交	□	■	★				△			△		△	☆	☆	☆	☆	☆	△		★	★	△				△	
		保修服务	■	■	★				△			△		★	☆	☆	☆	☆	☆	△		△		△				△	
9	项目进度管理	项目总控进度计划编制		■	△		☆	☆	△			△		△	☆	☆	☆	☆	☆			△		△				△	
		进度计划的审核	□	■	△		☆	☆	△			△		△	☆	☆	☆	☆	☆			△		△				△	
		总控进度进度纠偏	□	■	△		☆	☆	△			△		△	☆	☆	☆	☆	☆			△		△				△	
		设计进度计划编制、控制及纠偏	□	■	△		☆	☆	△			△										△		△					

序号	工作职能	必要工作事项	项目经理	项目常务副经理	策划控制中心 主任	费控工程师	合同工程师	计划控制工程师	设计管理部 部长	内部设计工程师	设计分包工程师	设备采购与管理部 部长	设备工程师	施工监控部 部长	计量合同工程师	测量工程师	进度工程师	质量工程师	标段工程师	HSE安全环保部 部长	安全工程师	信息及数据管理部 部长	文控工程师	财务部 会计&税务	出纳	人力资源管理部 部长	人力资源管理师	办公室 主任	经办
9	项目进度管理	采购进度计划编制,控制及纠偏	□	■	★			☆				△										△							
		施工进度计划编制,控制及纠偏	□	■	★			☆						△								△							
		项目月度报告	□	■	★			☆	△			△		△						△		△		△					
		现场施工照片管理	■	■	△									★					☆	△	△	△	△						
10	项目成本管理	项目成本计划书	■	★	☆	☆		△																					□
		成本分析与盈亏测算	■	★	☆	☆		△																					□
11	项目合同与计量支付管理	总承包合同谈判,交底及责任分解	□	■	★	☆	☆	☆	△		△	△	△	△					△	△	△	△	△	△		△		△	
		分包合同谈判	□	■	★	☆	☆				△		△						△	△	△	△	△	△		△		△	
		设计计量及变更	□	■	△	☆			★	☆				△								△		△					
		采购计量计划变更	□	■	△				△	☆		★	☆	△								△							
		施工计量变更	□	■	☆	☆			△			△		△						△		△		△					
		项目索赔与反索赔	□	■	★	☆	☆	☆	△			△		★	☆				☆	△		△		△					
		工程进度报量及付款申请	□	■	★	☆	☆	☆	△			△		△						△		△		△					
		竣工结算	□	■	★	☆	☆	☆	△			△		△						△		△		△					

续表

序号	工作职能	必要工作事项	项目经理	项目常务副经理	策划控制中心 主任	费控工程师	合同工程师	计划控制工程师	设计管理部 部长	内部设计工程师	设计分包工程师	设备采购与管理部 部长	设备工程师	施工监控部 部长	计量合同工程师	测量工程师	进度工程师	质量工程师	标段工程师	HSE安全环保部 部长	安全工程师	信息及数据管理部 部长	文控工程师	财务部 会计&税务	出纳	人力资源管理部 部长	人力资源管理师	办公室 主任	经办
12	项目财务管理	税务内外账管理	■	□	△				△			△		△						△		△		★	☆				
		资金管理及项目有关资金支付	■	□	△				△			△		△						△		△		★	☆				
		预算管理	■	□	△				△			△		△						△		△		★	☆				
		财务文档的管理	■	□	△				△			△		△						△		△		★	☆				
13	项目分包管理	设计分包商选择、管理	□	■	△				△		☆	△		△						△		△		△					
		设备材料供应商选择、管理	□	■	△				△			★	☆	△						△		△							
		施工分包商选择、管理	□	■	△				△			△		★						△		△		△					
		分包现场管理	□	■	△		☆		△			△		★	☆					△		△		△					
		分包结算	□	■	★	☆	☆	☆	△			△		△	☆	☆	☆	☆	☆	△		△		△					
14	项目风险管理	总承包合同风险识别、评估、应对、控制、预警	□	■	★	☆	☆	☆	△	☆	☆	△	☆	△	☆	☆	☆	☆	☆	△		△		△					
		分包合同风险识别、评估、应对、控制、预警	□	■	△	☆	☆		★		☆	★	☆	★	☆	☆	☆	☆	☆	△		△		△					
		风险报告	□	■	★	☆	☆	☆	△			△		△						△		△		△					

续表

序号	工作职能	必要工作事项	项目经理	项目常务副经理	策划控制中心·主任	策划控制中心·费控工程师	策划控制中心·合同工程师	策划控制中心·计划控制工程师	设计管理部·部长	设计管理部·内部设计工程师	设计管理部·设计分包工程师	设备采购与管理部·部长	设备采购与管理部·设备工程师	施工监控部·部长	施工监控部·计量合同工程师	施工监控部·测量工程师	施工监控部·进度工程师	施工监控部·质量工程师	施工监控部·标段工程师	HSE安全环保部·部长	HSE安全环保部·安全工程师	信息及数据管理部·部长	信息及数据管理部·文控工程师	财务部·会计&税务	财务部·出纳	人力资源管理部·部长	人力资源管理部·人力资源管理师	办公室·主任	办公室·经办
15	项目综合事务管理	信息与沟通管理	■	□	△				△			△		△						△		△		△				★	☆
		安全保卫工作	■	□																△	△							★	☆
		文秘工作	■																									★	☆
		行政后勤管理	■	□	△				△			△		△						△		△		△				★	☆
		行政物资管理	■	□	△				△			△		△						△		△		△				★	☆
		营地管理	■	□	△				△			△		△						△		△		△				★	☆
		车辆管理	■	□	△				△			△		△						△		△		△				★	☆
		品牌与形象管理	■	□	△				△			△		△						△		△		△				★	☆
		重要活动管理	□	■	△				△			△		△						△		△		△				★	☆
16	项目文档管理	业务文档管理	□	□	△				△			△		△						△		★	☆	△				△	
		行政文档管理	■	□																								★	☆
17	项目考核管理	年度KPI考核	■	□	△				△			△		△						△		△		△		★	☆	△	
		周期KPI考核	■	□	△				△			△		△						△		△		△		★	☆	△	
18	项目总结管理	项目总结报告	■	□	★	☆	☆	☆	△			△		△						△		△		△				△	

注：■为主责领导，□为参与领导，★为主责部门工作负责人，☆为主责部门工作配合人，△为参与部门。

第3章

项目管理策划

为规范 EPC 项目策划工作，统筹安排和系统管理项目生命周期的活动及要素，确保项目管理工作的计划性、指导性、纲领性和可实施性，实现项目管理的各项目标，项目管理策划制定至关重要。本章通过对管理策划的阐述，对管理实践手册编写框架和职责进行说明。

3.1 策划职责与策划的启动

公司按第 2 章"项目组织管理"及第 20 章"项目人力资源管理"的程序，成立项目部并任命项目主要管理人员后，确定对项目部业务管理目标(指标)，详见附件 3-1。项目部根据总承包合同和项目管理主要目标(指标)，及时制定《管理实践手册》编制计划表(详见附件 3-2)，并向公司进行报备。

策划控制中心负责组织编制《管理实践手册》(模板详见附件 3-3)，并报公司批准。项目部各部门按照管理手册的编制要求，编写项目过程的管理内容。在《管理实践手册》经公司审批后，策划控制中心应结合各业务工作制度要求，负责组织制订各项工作计划、方案或细则，并配合公司的考核工作。策划控制中心负责组织按第 25 章"项目总结管理"的要求对项目进行全面总结，项目部各部门按照"项目总结管理"编制要求，编写各部门项目总结。

3.2 《管理实践手册》编制

《管理实践手册》
结构流程图如图 3-1 所示。

3.2.1 编制依据

《管理实践手册》的编制依据如下。
(1) 总承包合同及附件。
(2) 业主的要求与期望。
(3) 项目情况和实施条件。

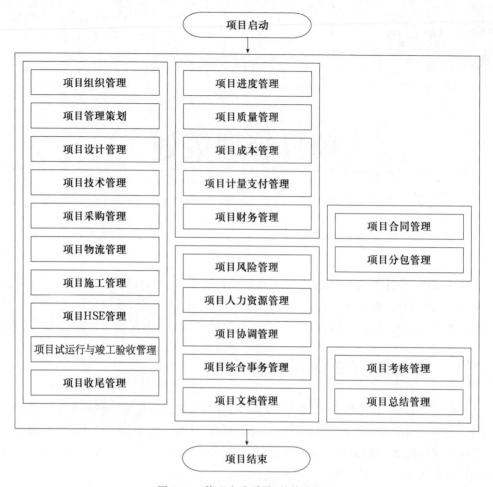

图 3-1 《管理实践手册》结构流程图

（4）业主提供的信息和资料。

（5）项目组织策划文件。

（6）项目管理主要目标（指标）。

（7）相关市场信息。

（8）相关法律法规。

（9）类似项目的历史数据。

3.2.2 编制内容

《管理实践手册》的编制内容如下。

（1）项目概况。

（2）项目管理目标。

（3）项目组织管理。

（4）项目设计管理。

（5）项目技术管理。

（6）项目采购管理。

（7）项目物流管理。

（8）项目施工管理。

（9）项目 HSE 管理。

（10）项目试运行及竣工验收管理。

（11）项目收尾管理。

（12）项目进度管理。

（13）项目质量管理。

（14）项目成本管理。

（15）项目计量支付管理。

（16）项目财务管理。

（17）项目合同管理。

（18）项目分包管理。

（19）项目风险管理。

（20）项目人力资源管理。

（21）项目协调管理。

（22）项目综合事务管理。

（23）项目文档管理。

（24）项目考核管理。

（25）项目总结管理。

3.2.3　批准

《管理实践手册》编制完成后,由项目部策划控制中心报送公司领导批准。

3.3　《管理实践手册》实施

《管理实践手册》经公司批准后,由项目部策划控制中心发到项目部各部门实施。项目实际情况发生影响项目周期 KPI 执行等的重大变化时,项目部策划控制中心应及时提出相应变更申请并报公司。

3.3.1　项目初始阶段

策划控制中心按第 14 章"项目成本管理"程序,组织相关人员对《管理实践手册》中项目成本策划的内容进行细化,编制完成项目整体预算,进一步明确项目设计分包成本、设备采购分包成本、工程施工安装分包成本、试车及培训分包成本、其他分包成本以及项目部管理成本等。

项目部按《管理实践手册》要求及第 24 章"项目考核管理"程序,与公司签订年度 KPI,进一步明确项目实现营业收入、实现利润率、项目部管理费用控制、工资成本总额控制等主要管理指标。

项目部设计管理部、设备采购与管理部及施工监控部按第 17 章"项目合同管理"、第 18 章"项目分包管理"、第 6 章"项目采购管理"及第 7 章"项目物流管理"程序,负责组织合作单位/分包商或供货商招标或谈判,择优选定合作单位/分包商或供货商,报公司批准后,签订合作合同。

人力资源管理部按《管理实践手册》要求,按第20章"项目人力资源管理"及第14章"项目成本管理"程序,负责组织建立营地等临时设施,并经公司批准合理配置管理人员。

设计管理部按《管理实践手册》要求,按第4章"项目设计管理"程序,负责组织编写设计管理计划。

策划控制中心按第17章"项目合同管理"程序,负责组织编写项目合同管理细则。

策划控制中心及施工监控部负责与业主及监理等相关方建立起沟通机制,按第10章"项目试运行及竣工验收管理"竣工资料管理的要求,在工程开工前编制并与业主(监理)确认竣工资料实施细则,进一步明确项目竣工资料的流程、范围、内容、表单样式、执行标准等内容。

工程开工前,策划控制中心按第15章"项目计量支付管理"程序与业主(监理)协商确认计量计价与支付时间、原则、标准、流程、各类表单格式及所需提交资料等内容,据此编制计量支付管理实施细则,进一步明确对业主的计量支付管理要求。

3.3.2 项目设计、采购及施工阶段

设计管理部及施工监控部按设计管理计划完成项目初步设计或扩大初步设计完成后,按照第5章"项目技术管理"中项目施工组织总设计的要求,对《管理实践手册》中有关项目的设计、采购、施工(包括进度、质量、职业健康安全及环境保护)及试运行等策划内容进行深化,形成实施阶段项目施工组织设计文件。

项目部各部门依据《管理实践手册》、项目成本计划书、设计管理计划、项目合同管理细则、竣工资料实施细则、工程价款管理实施细则以及项目施工组织总设计等相关文件有序展开项目的设计、采购、技术、进度、质量、职业健康、安全与环境、财务(税务)、成本、合同、风险及综合事务等管理工作,并采取各项控制措施,保证项目管理目标的实现。

项目实施过程中,策划控制中心要根据第12章"项目进度管理"中工程月度报告及第14章"项目成本管理"中月度成本报告格式的要求,及时向公司报告项目进展情况。

3.3.3 项目试运行及收尾阶段

试运行前3个月,施工监控部应根据《管理实践手册》及项目施工组织总设计的要求,参照第10章"项目试运行与竣工验收管理"程序,进一步深化并编制项目试运行方案及竣工验收方案。在按合同约定和设计要求完成项目土建及安装工程后,项目部按方案要求组织实施项目试车、性能试验、培训及竣工验收等工作,由业主确认并签发接受证书。

工程正式移交前3个月,施工监控部应按第11章"项目收尾管理"程序组织编制项目收尾工作计划,经项目经理批准后组织完成现场清理、竣工结算、人员撤离、物资撤离、回访保修等工作。

策划控制中心负责组织按第25章"项目总结管理"要求对项目的实施情况进行全面总结。

3.4 考核

项目实施过程中及收尾阶段,公司按第24章"项目考核管理"程序对项目的实施情况组织开展年度KPI考核及周期KPI考核。

3.5 附件

附件 3-1：项目管理主要目标（指标）
附件 3-2：《管理实践手册》编制计划表
附件 3-3：项目策划模板

附件 3-1：项目管理主要目标（指标）

项目管理主要目标（指标）

项目名称及编码		
收益指标	营业收入指标	
	成本指标	
	利润	
	利润率	
工程款回收率		
工期目标		
质量目标		
职业健康、安全与环境管理目标		
技术目标		
制度执行目标		
信息化目标		
人才培养目标		
遵纪守法目标		
其他目标		
财务部意见		
办公室意见		
项目部主管领导意见		
公司领导意见		

附件 3-2：《管理实践手册》编制计划表

《管理实践手册》编制计划表

序号	策划项目	要点	责任部门或人员	完成期限
1	项目概况			
2	项目管理目标			
3	项目组织管理			
4	项目设计管理			
5	项目技术管理			
6	项目采购管理			
7	项目物流采购			
8	项目施工管理			
9	项目 HSE 管理			
10	项目试运行与竣工验收管理			
11	项目收尾管理			

续表

序号	策划项目	要点	责任部门或人员	完成期限
12	项目进度管理			
13	项目质量管理			
14	项目成本管理			
15	项目计量支付管理			
16	项目财务管理			
17	项目合同管理			
18	项目分包管理			
19	项目风险管理			
20	项目人力资源管理			
21	项目协调管理			
22	项目综合事务管理			
23	项目文档管理			
24	项目考核管理			
25	项目总结管理			

附件 3-3：项目策划模板

项目策划模板

目录

(1) 项目概况；

(2) 项目管理目标；

(3) 项目组织管理；

(4) 项目设计管理；

(5) 项目技术管理；

(6) 项目采购管理；

(7) 项目物流管理；

(8) 项目施工管理；

(9) 项目 HSE 管理；

(10) 项目试运行及竣工验收管理；

(11) 项目收尾管理；

(12) 项目进度管理；

(13) 项目质量管理；

(14) 项目成本管理；

(15) 项目计量支付管理；

(16) 项目财务管理；

(17) 项目合同管理；

(18) 项目分包管理；

(19) 项目风险管理；

(20) 项目人力资源管理；

(21) 项目协调管理；

(22) 项目综合事务管理；

(23) 项目文档管理；

(24) 项目考核管理；

(25) 项目总结管理。

项 目 策 划		
1. 项目概况	表格编号	
项目名称及编码		
项目概况	(1) 项目背景介绍 (2) 项目概况(中标及签约日期、合同额、工期、项目类型及使用功能、规模、工程结构与构造等) (3) 项目目前进展情况(预付款到位、现场准备情况等) (4) 合同是否生效? 如未生效,请说明合同生效条件	
项目范围	总承包合同约定的工作范围,如项目分期或分阶段建设,需说明本期(准备实施部分)的工作范围或内容	
合同类型		
项目特点		
补充说明	以上内容未包含,但需着重强调的其他内容	

填表		审核		批准	
时间		时间		时间	

项目策划		
2. 项目管理目标 & 考核管理		表格编号
项目名称及编码		
收益目标	营业收入	
	成本	
	利润	
	利润率	
工程款回收率		
工期目标		
质量目标		
HSE目标		
技术目标		
制度执行目标		
信息化目标		
人才培养目标		
遵纪守法目标		
其他目标		
各项指标考核标准		

填表		审核		批准	
时间		时间		时间	

项目策划		
3. 项目组织 & 人力资源管理 & 协调管理		表格编号
项目名称及编码		
组织管理	组织架构的建立及职能确定	
薪酬与绩效	薪酬标准及发放方式等	
人员管理	人员招聘、考勤规定、休假计划	
人才培养与培训	人才培养与培训计划	
证件管理	通行证等管理措施	
协调管理	项目对外、对内关系协调	
其他说明		

填表		审核		批准	
时间		时间		时间	

	项 目 策 划	
	4. 项目设计管理	表格编号
项 目 名 称 及 编码		
设 计 工 作 范 围 与设计委托书	通过对合同文件的研究,明确设计工作范围,制定统一的设计原则和要求,编制设计委托书	
设 计 原 则、要 求、标准与规范	列明设计原则、要求、标准与规范	
技术方案论证	EPC总承包项目设计工作全面展开之前,需进行全面技术分析,必要时可召开专家论证会	
技术/设计管理团队及设计管理模式	团队人员构成及资质水平,拟采用的设计管理模式(团队组织机构,组织合作伙伴开展工作的方式,其他设计资源配合方式)	
技术/设计分包合作单位选择	填写EPC项目投标单位资格预审审核表或EPC项目荐标审批表(见附件18-2、18-3),并提供本书4.4.3节列出的相关附属证明材料,经项目部内部审核后,报公司审批	
设计评审计划	列明主要评审控制点及评审资源	
设 计 工 作 主 要节点计划	主要设计工作里程碑	
其他说明	其他未尽事宜	

填表		审核		批准	
时间		时间		时间	

项 目 策 划		
5. 项目技术管理	表格编号	
项 目 名 称 及编码		
技术管理工作联系人	姓名、联系方式	
项目实施阶段施工组织设计	(1) 该项工作负责人及联系人 (2) 编制、报审时间计划 (3) 编制主要内容(可参考项目施工组织设计编制大纲)	
现场实验室规模及设立(如需要)	现场试验室设立规模、层次及管理方式	
计量器具管理	项目部需购买哪些? 或全部由合作单位自带? 管控措施	
项目竣工资料编制	(1) 竣工资料编制依据 (2) 是否有竣工资料实施细则,指导项目据此形成项目工程资料 (3) 竣工验收资料编制内容及方法 (4) 何时编制并与业主确认	
其他说明		

填表		审核		批准	
时间		时间		时间	

项目策划			
6. 项目采购 & 物流管理			表格编号
项目名称及编码			
物资采购策略	(1) 采购事项一	物资分类、采购类型(集中采购/项目部控制采购/业主指定/合作单位和/或分包商自购)、技术标准、采购地、采购方式(招标或其他)、运输方式及付款方式、拟选供应商等	
	(2) 采购事项二		
本地设备租赁方案	拟租赁设备的种类、数量、时间、租金支付方式及保险等		
物资设备物流计划	设备物资各批次何时进场等		
拟建场站	拟生产材料种类、生产规模、场站地址、投资额、资金回收方式等		
其他说明	如国际工程,还须考虑清关等事项		

填表		审核		批准	
时间		时间		时间	

项目策划		
7. 项目 HSE 管理	表格编号	
项目名称及编码		
HSE 管控目标		
HSE 管理组织机构	组织机构及相关部门、岗位和合作单位 HSE 管理人员配置及职责	
HSE 制度建设计划	HSE 制度包含哪些具体的制度（如 HSE 教育培训制度，HSE 专项方案管理制度，安全技术交底和危险因素告知制度，持证上岗制度，设备管理制度，HSE 管理检查及奖惩制度等），各项编制计划	
健康安全危险源的识别计划		
环境因素的识别计划		
职业健康及教育培训		
分包商施工设备管理及作业安全监控		
隐患排查与治理		
环境管控措施		
应急小组建立与应急预案编制计划		
事故报告及处理		
其他说明		

填表		审核		批准	
时间		时间		时间	

项目策划	
8. 项目试运行、竣工验收及收尾管理	表格编号

项目名称及编码		
试运行与竣工验收	(1) 项目试运行与竣工验收应具备的条件 (2) 项目试运行与竣工验收的主要内容 (3) 项目试运行与竣工验收的标准和目标 (4) 项目试运行与竣工验收的程序和进度安排 (5) 项目试运行与竣工验收的资源配置 (6) 培训计划	
收尾管理	现场清理	
	竣工结算	
	人员、物资撤离	
	回访保修	
	项目部撤销	
其他说明		

填表		审核		批准	
时间		时间		时间	

项目策划				
9. 项目进度管理			表格编号	
项目名称及编码				
项目重要里程碑节点计划	发表项目总进度计划	.	关键设备材料到场	
	发表项目设计计划		取得项目施工许可证/开工令	
	发表项目采购计划		开始施工	
	发表项目施工/安装计划		竣工	
	发表项目试运行计划		开始试运行	
	签订主要分包合同		考试考核	
	发表项目施工图设计文件		交付施工	
	完成项目成本估算和预算		其他	
工期控制措施	项目所需各类资源保证措施			
	各分包合作单位工作进度之间的协调与控制措施			
	项目月、周、日进度统计			
	项目进度调整程序			
	进度考核与评价			
	其他			
填表		审核		批准	
时间		时间		时间	

项 目 策 划		
10. 项目质量控制		表格编号

项 目 名 称 及 编码	
项 目 质 量 目 标 和质量指标	列出项目的质量目标、质量指标和质量要求。质量指标包括项目应执行的标准、规范、规程,以及有关阶段适用的试验、检查、检验、验证和评审依据
项 目 质 量 管 理 体 系 及 组 织 机 构	以质量目标为基础,根据项目的工作范围和质量要求,确定项目的质量管理体系和组织结构
设 计 质 量 保 证 措施	保证项目设计工作质量的措施
物 资 采 购 质 量 保证措施	保证项目物资采购工作质量的措施
土建/安装质量 保证措施	保证项目土建/安装工作质量的措施
项 目 试 运 行 质 量保证措施	保证项目试运行工作质量的措施
项 目 质 量 事 故 处 理 程 序 和 规定	项目发生质量事故时项目部的处理程序和相关规定要求
其他说明	

填表		审核		批准	
时间		时间		时间	

项 目 策 划		
11. 项目成本管理 & 计量支付管理		表格编号
项 目 名 称 及 编码		
直接成本测算		
工程分包	填写金额、主要工作内容、测算依据及合作单位数量	
机械设备	填写金额、主要内容、测算依据及合作单位数量	
材料费	填写金额、主要内容、测算依据及合作单位数量	
设计勘察费	填写金额、主要工作内容、测算依据及合作单位数量	
工程咨询	填写金额、主要工作内容、测算依据及合作单位数量	
工程保险	填写金额、保险内容	
其他直接成本	填写金额、主要内容、测算依据	
工程税费	填写金额、主要内容、测算依据	
不可预见费	填写金额、主要内容、测算依据	
直接成本小计	各项直接成本测算之和及分包商数量之和	
间接成本测算		
人工成本	分别填写中外方管理人员及辅助人员的平均数量、平均工作时间和金额	
临建设施	临时设施的类型、标准、数量及金额	
固定资产购置	交通工具购置的数量、规格及金额 施工设备购置的数量、规格及金额 电子设备购置的数量、规格及金额 办公设备及其他购置的数量、规格及金额	
其他管理费用	填写金额、主要内容、测算依据	
未 完 待 续		

项目策划	
12. 项目成本管理 & 计量支付管理(续)	表格编号

财务费用

保函费用		其他财务费用	（贷款利息等）

项目预算利率

合同额		项目成本测算	（直接成本＋间接成本＋财务费用）
项目利润		利润率	

计量支付管理

工程价款管理要点	(1) 何时办理各种预付款,申请额度及方式 (2) 何时与业主协商确定计量计价时间、原则标准、流程、各类表单格式、所需提供资料等以及价款调整项目(包括调价公式、调价时间、计量支付时间安排等) (3) 向分包合作单位就计量计价事宜的交底时间,如何进行等 (4) 就工程进行中发生的设计变更、索赔等有关价款调整项目如何进行管理

合同执行预测

变更索赔预测	以合同额为基数,填百分比及金额
物价上涨预测	以合同额为基数,填百分比及金额
项目的增收机会	以合同额为基数,填百分比及金额

成本控制的措施

其他说明	

填表		审核		批准	
时间		时间		时间	

	项 目 策 划		
	13. 项目财务管理	表格编号	
项目名称及编码			
现场资金管理			
预算、结算	组织机构及相关部门、岗位和合作单位 HSE 管理人员配置及职责		
固定资产管理			
财务档案管理			
现金管理			
税务管理	税务筹划及税务交纳		
事故报告及处理			
其他说明			
填表		审核		批准	
时间		时间		时间	

项目策划	
14. 项目合同管理	表格编号

项目名称及编码	
合同管理范围及要点	(1) 总承包合同管理 (2) 总承包合同下各类合同的管理
拟签订的分包及委托合同与合同版本	(1) 设计分包合同、设计咨询合同 (2) 采购分包合同 (3) 土建、安装施工分包合同 (4) 咨询服务合同 (5) 保险合同 (6) 联合体合作协议(如有) (7) 设备采购合同 (8) 运输合同
合同交底(含责任分解)	(1) 总包合同交底和责任分解 (2) 总包合同下各类合同的交底和责任分解
变更与索赔规划	(1) 变更 (2) 索赔
合同纠纷及法律事务	(1) 诉讼 (2) 仲裁
合作单位履约情况评估办法	
其他说明	

填表		审核		批准	
时间		时间		时间	

项目策划				
15. 项目分包管理				表格编号
项目名称及编码				
分包合作单位选择建议	分包内容和范围	选择方式	分包原因	拟采用的合同模式	
		（招标选定）			
		（标前协议约定）			
		（业主指定）			
		（其他方式确定）			
备选的分包合作单位	公司名称	企业资质和经营资格	公司信誉	履约能力	是否在合格工程分包合作单位名录和合作经历
			财务状况、银行资信等级和社会信誉	包括同类工程项目的业绩和经验	
分包主要节点计划	主要分包合作单位计划确定时间、合同签订时间				
其他说明	对于不计划采用指标方式选择的合作单位，需说明价格确定的方法及理由				
填表		审核		批准	
时间		时间		时间	

项 目 策 划	
16. 项目风险管理	表格编号

项 目 名 称 及编码	
项目风险管控体系及职责	
主 要 风 险 点识别	根据风险的来源等特征对风险因素进行统计,并对风险的各种影响因素加以分类整理。风险识别包括识别内在风险和外在风险,内在风险指公司能加以控制和影响的风险,外在风险指超出公司控制力和影响力的风险
风险评估	(1) 风险发生的概率 (2) 风险事件对项目的影响评价(如风险发生后果严重程度和影响范围) (3) 风险事件发生时间估计 (4) 不同风险间的交互作用 (5) 风险事件的级别,识别出主要风险,如果能以概率指标定量分析最好。如果只能进行定性分析,风险等级评定一般包括"风险发生的可能性"和"对公司的影响程度",均分为 5 级。"风险发生的可能性"分为:1-低、2-较低、3-中等、4-高、5-极高;"对公司的影响程度"分为:1-小、2-较小、3-中等、4-大、5-重大
风险应对	对项目风险事件制定应对策略和措施(或方案),如风险规避、风险降低、风险分担和风险承受,以及这些策略的组合,以消除、减小、转移或接受风险
风险控制	风险控制的范围和原则;风险控制程序
风险预警	项目风险预警体系或指标
风险意识教育与培训	风险意识教育与培训
定期项目风险管控报告计划	月度项目风险信息监控表、专项风险管理报告以及风险管理快报等报送计划
其他说明	

填表		审核		批准	
时间		时间		时间	

项目策划		
17. 项目综合事务管理	表格编号	
项目名称及编码		
办公制度管理	办公室消防安全制度、办公环境 6S 管理、办公设施管理等规定	
生活服务管理	宿舍管理制度	
接待及重大活动管理	接待及重大活动方案	
档案管理	档案管理制度	
车辆管理	车辆管理及调度制度	
行政物资管理	行政物资管理制度	
新闻宣传及公共关系管理	进行新闻宣传报道,并处理干系人关系	
安全保卫管理	安全保卫管理措施	
现场安全管理	建立安全应急预案及紧急情况下撤离预案,实行安全责任制	
会议管理	会议管理措施	
公文管理	公文管理措施	
印章管理	印章管理措施	
其他说明		

填表		审核		批准	
时间		时间		时间	

	项 目 策 划	
	18. 项目文档管理	表格编号
项 目 名 称 及 编码		
业务文档管理	文档管理制度	
文档编码	文档编码制度	
来文管理		
发文管理		
文档归档		
文档借阅		
管理信息系统		
其他说明		

填表		审核		批准	
时间		时间		时间	

第4章

项目设计管理

4.1 目的

设计是 EPC 总承包项目中心工作之一。设计单位交付的文件,是采购、施工、试运行、考核、竣工验收和质保开展工作的基础。设计管理的质量直接决定着整个项目的进度、成本以及质量。EPC 总承包商应按照合同约定,在满足合同规定的业主期望的功能和进度计划的要求基础上,与业主配合完成设计工作,并将设计与采购、施工、试运行、考核、竣工验收和质保管理有机结合,实现项目的增值,提高项目的经济效益。本章的目的是规范项目的设计管理程序,保证设计质量,使设计工作可控,为项目的成功实施奠定一个良好基础,提高项目的经济效益。

4.2 管理职责

项目设计部的职责如下。

(1) 负责编制和实施《管理实践手册》中有关设计管理内容。

(2) 参与重大技术方案论证,编制和汇总重大技术方案论证报告及其附属证明材料。

(3) 参与项目设计管理模式的研究工作,编制和汇总 EPC 项目投标单位资格预审审核表或 EPC 项目荐标审批表及其附属证明材料。

(4) 监控项目设计工作的进展及过程控制状况,参与项目重大设计变更方案的研究和审查工作,组织审核并备案重大设计变更报告。

(5) 制定设计策划并纳入项目施工组织总设计,报项目部审批。

(6) 确定设计工作范围、设计依据、设计原则、设计要求、设计标准和设计规范,设计管理部编制设计委托书,参与设计单位的选定工作及分包合同签署工作。

(7) 负责对设计单位及设计分包图纸、资料提交计划和进度,进行监督管理。

(8) 在满足用户使用功能和安全可靠的前提下,协助设计单位完成优化工作。

(9) 负责组织施工图报审工作。

（10）参加施工监控部组织的图纸内审，并根据反馈信息对设计进行修改。

（11）负责收集技术方案、技术资料、技术成果、影像资料的电子文档，并定期提交策划控制中心存档。

（12）负责收集行业（正版）技术规范、标准。

（13）参与项目的关键材料、设备的现场见证试验工作。

（14）协助科技成果的申报工作。

策划控制中心负责设计单位选择的审批及设计分包合同执行的监督、管控工作。

4.3　流程

项目设计管理流程图详见附件4-1。

4.4　设计策划

设计策划应根据工程的特点、规模和要求，在项目立项、投标阶段已完成的技术方案论证、设计资源组织等基础上，由设计管理部人员完成，项目部负责组织评审。

4.4.1　明确设计工作范围，编制设计委托书

认真研究和熟悉合同文件中与设计工作有关的内容，如：工程承包范围，设计工作任务，工程项目建设的基础资料和设计数据，采用的标准规范，工程进度，合同价款，考核验收以及违约责任等。通过对合同文件的研究，明确设计工作范围，制定统一的设计原则和要求，编制设计委托书，用以规范设计单位的工作。

4.4.2　组织重大技术方案论证

在原则设计前，如有重大技术方案需评审，需依重大技术方案论证报告评审表详见附件4-2的要求，编写重大技术方案论证报告，经设计管理部内部评审后报策划控制中心、项目经理及公司审查。报告应随附如下证明材料（包括但不限于），以确保项目能够顺利达到合同要求的功能/产能指标。

（1）成功应用案例。

（2）可获取性、应用许可。

（3）可供选择的技术和设计合作单位。

（4）核心工艺、技术及重要设备的成熟性、可靠性、经济性。

（5）可施工性、可维修性、可操作性。

（6）对设备和材料的依赖性及可获取性等。

（7）自动化水平与项目需求的一致性。

（8）对项目所在地环境、标准、原材料、操作人员水平及习惯的适应性等。

（9）技术风险评估和控制措施。

（10）技术优化计划及风险，风险规避、降低、转移措施。

设计过程中的技术管理对项目顺利实施至关重要，对于需要设计密切参与管理的采购

设备选型、建筑工程方案选择与设计等工作，也应加强技术管理，具体要求可参考第 5 章"项目技术管理"。

4.4.3　组织技术/设计资源，确定设计管理模式，制订设计评审计划

引进设计专业人才，组建技术/设计管理团队。以投标人的业绩、信誉和勘察、设计人员的能力以及勘察、设计方案的优劣为依据，进行综合评定，选择行业设计能力强、信誉好，具有国家规定的相应行业设计资质、业绩和经验的单位作为设计单位。填写 EPC 项目技术单位资格预审审核表或 EPC 项目荐标审核表（见附件 18-2、18-3），并提供如下附属证明材料，经设计管理部评审后报策划控制中心、项目经理及公司组织评审。证明材料包括但不限于：

（1）从事该项目设计活动的资质等级和业务范围许可。

（2）成功运用项目拟采用工艺、技术和设备的业绩。

（3）工程所在地（国）的设计经验。

（4）对工程所用标准的熟悉程度或消化吸收能力。

（5）配备人员资质水平及队伍稳定性承诺。

（6）价格确定依据及方式等。

选定设计单位后，应依据第 17 章"项目合同管理"相关内容签订委托合同，并选择恰当的设计管理模式。

委托合同或合作协议的制定和签署，应充分考虑根据项目设计标准与规范进行设计转化的工作量，根据已签署或拟签署的项目总承包合同将所涉及设计任务内容细化、分解，除了保证项目的功能/产能指标外，重点分析总承包合同中涉及核心工艺设备和重大装备技术和成本论证、结构计算、重大施工方案设计配合、结构试验等内容的设计责任，在设计分包合同或合作协议中进行合理分解和委托。

委托合同或合作协议中应对竣工图编制等收尾工作进行合理分解和委托。在设计实施过程及收尾阶段，如有需要，设计单位将相关人员使用的软硬件进行指导培训，并将相关责任和义务在委托合同和合作协议中进行合理分解和委托。

委托合同或合作协议中应约定造价控制基准，设计单位应建立完备的工程造价管理体系，保证工程造价在基础设计、详细设计、工程施工各个阶段均得到有效控制。若设计单位不负责采购和/或施工时，当设计单位使得工程造价超出控制基准，需制定相应罚款措施。在双方明确设计优化的定义、范围以及造价节约计算标准的基础上，若设计单位的设计优化使得工程造价降低，建议给予其适当比例的奖励。

委托合同或合作协议还应明确不同类型的设计变更双方彼此应承担的责任与义务，在工作范围不增加的情况下，合作单位不得要求增加费用，以避免合作单位涉及设计变更必索赔的局面。对合作单位错误引起的进度、费用损失，应由其负责制定挽救措施，并由其给予适当经济赔偿。

结合项目特点，制订评审计划，有选择性地组织第三方评审，并列明主要控制点，以加强对设计进度计划和设计质量的控制。

4.4.4 制订设计主要节点计划

设计策划阶段,应该制订设计主要节点计划。

4.5 设计管理计划

设计策划批准后,首先应确定工作分解结构及其编码,这将成为编制设计进度计划、人力资源使用情况的重要依据。设计策划批准后,不仅要制订设计进度计划,还需联合业主、设计单位、设计管理部及其他部门,建立协调程序,编制本项目的设计管理计划。

协调程序需明确 EPC 总承包商与业主、设计单位、项目部在设计工作方面的关系、联络方式和报告制度。设计工作应按设计计划与采购、施工等进行有序的衔接并处理好接口关系。必要时参与质量检验,进行可施工性分析并满足其要求。

设计管理计划中,除了明确内部和外部接口关系,还需确定设计输入/输出、设计评审、设计变更/工程洽商等管理办法,并建立限额设计和质量保证控制程序。

设计计划作为设计管理计划的重要内容,可联合设计单位共同编制。设计计划编制的依据应包括:

(1) 合同文件。

(2) 本项目的有关批准文件。

(3) 项目计划。

(4) 项目的具体特性。

(5) 国家或行业的有关规定和要求。

(6) 公司管理体系的有关要求。

设计计划应包括如下内容:

(1) 设计依据。

(2) 设计范围。

(3) 设计的原则和要求。

(4) 组织机构及职责分工。

(5) 标准规范。

(6) 质量保证程序和要求。

(7) 进度计划和主要控制点。

(8) 技术经济要求。

(9) 安全、职业健康和环境保护要求。

(10) 与采购、施工和试运行的接口关系及要求。

设计计划应满足合同约定的质量目标与要求、相关的质量规定和标准,同时应满足公司的质量方针与质量管理体系及相关管理体系的要求。

设计进度应符合项目总进度计划的要求,充分考虑设计工作的内部逻辑关系及资源分配、外部约束等条件,并应与工程勘察(如有)、采购、施工、试运行等的进度协调。

在设计工作全面展开前,设计单位需召开设计开工会,发布项目设计管理计划,说明设计协调程序、设计任务的范围、内容、目标、实施原则、设计工作计划安排、业主对设计的要求以及工程设计中的特殊规定等,宣布项目设计正式启动。设计开工会应发布或提出如下文件:

(1)项目设计管理计划。

(2)主要的项目设计人员名单。

(3)工程设计统一规定。

根据第 5 章"项目技术管理"的要求,(扩大)初步设计文件经业主审批确认后,设计管理部需编制项目施工组织总方案中设计相关内容。其中的设计组织与实施可以以上述设计管理计划为基础细化并补充完善。

4.6 设计实施及过程控制

4.6.1 设计输入管理

设计工作开展前,首先应确定设计输入的要求,对不完整的、含糊的或矛盾的要求,应会同业主、设计单位一起解决。所有的设计输入均应组织评审,以确保设计输入的有效性和完整性。设计输入评审过程要保留记录。

1. 输入内容

设计输入文件应包括如下主要内容。

(1)设计依据,包括合同/委托书、设计基础资料、项目批准文件、强制性标准、国家行业规定的设计深度要求等。

(2)由业主明示的、通常隐含的法律法规、标准规范要求转化的质量特性要求,包括功能性、可信性、安全性、可实施性、适应性、经济性、时间性等要求。

(3)同一项目前期设计输出、设计确认结果。

(4)以前类似设计提供的经验教训。

(5)设计所必需的其他要求(如特殊的专业技术要求)。

各设计阶段应汇总统一的项目基础资料,作为统一的设计输入。基础资料应包含地形、区域规划、工程地质、气象、水文、铁路运输、汽车运输、大件运输和施工运输要求、土建及施工、征地与城建、环保与绿化、安全与工业卫生、原料及产品、概算、技术经济等方面的内容,并在各个设计阶段不断深化并补充完善。

2. 输入程序

设计输入的程序如下:

(1)熟悉和确认合同中所提供的技术要求。

(2)为了能使设计达到最佳结果,设计管理部有权建议对原有的设计输入进行修改或补充。经设计单位的相关专业及总负责书面提出并经项目经理批准后,应立即通知业主,并提出相应的技术和经济方面的评价。当接到业主发出的承认有效的书面通知后,所建议采用的修改和补充便应成为设计输入的条件。执行过程可参照附件4-4:设计变更管理程序第(一)部分2.4款。

(3) 在业主提供的资料中没有包括的某些特殊方面,应根据项目需要,列出项目使用的标准、规范,经设计单位总负责人和项目经理批准后,报业主审批,经同意后编入设计文件内。

(4) 若设计单位认为业主提供的信息存在不完善、含糊不清或有争议的地方,则应请业主解释和澄清,用澄清确认的资料做输入条件。若用不完善、含糊不清或有争议的资料做输入条件,应经双方共同确认。

(5) 在文件编制过程中,如果对合同进行修订,或业主的要求发生变化时,均应将其变化内容转化为新的设计输入文件。

(6) 项目设计输入文件应发至相关合作单位,发送过程要保留记录。

4.6.2 设计过程控制

4.6.2.1 内部和外部接口的控制

1. 内部接口控制

内部接口是指设计单位各专业之间的接口,设计单位与采购、施工、试运行、考核与验收等各部门之间的接口。前者主要内容包括:各专业之间的协作要求、设计资料互提过程、设计文件发放之前的会签工作等;后者是EPC项目总承包管理的重点,包括重大技术方案论证与重大变更评估、进度协调、采购文件的编制、报价技术评审和技术谈判、供货厂商图纸资料的审查和确认、可施工性审查、施工、试运行、考核与验收阶段技术服务等工作。

设计单位出具的原则设计或基础工程设计文件,应当满足编制施工招标文件、主要设备材料订货和编制施工图设计或详细工程设计文件的需要。编制施工图设计或详细工程设计文件,应当满足设备材料采购、非标准设备制作和施工、试运行、考核以及验收的需要。

设备材料确定后,设计选用的设备材料,应在设计文件中注明其规格、型号、性能、数量等,其质量要求必须符合现行标准的有关规定。

将采购控制纳入设计程序是总承包项目设计管理的重要特点之一,设计管理部应依照第6章"项目采购管理"的要求,联合设计单位,准确统计设备材料数量,及时提出设备材料清册及技术规范书。请购文件应包括以下内容。

① 请购单。

② 设备材料规格书和数据表。

③ 设计图纸。

④ 采购说明书。

⑤ 适用的标准规范。

⑥ 其他有关的资料、文件。

在施工前,施工监控部应配合设计单位向施工单位进行设计交底,说明设计意图,解释设计文件,明确设计要求。

施工监控部还应联合设计单位提供施工、试运行、考核以及验收阶段的技术支持和服务。

（1）设计管理部与设备采购和管理部的接口。

① 针对项目核心工艺设备和重大设备，应在原则设计前，由设计管理部牵头、设备采购与管理部协助组织相关供货商开展技术和商务交流，从技术和成本等方面综合论证，确定项目基本工艺和原则设计方案。

② 设计管理部向设备采购与管理部提出设备、材料采购的设备材料清册及技术规范书，由设备采购与管理部加上商务文件汇集成完整的询价文件后发出询价。

③ 设计管理部负责对供货厂（商）的投标文件提出技术评审意见，供设备采购与管理部选择或确定供货厂（商）。

④ 设计管理部派人员参加供货厂（商）协调会，参与技术协商。

⑤ 由设备采购与管理部负责催交供货厂（商）返回的限期确认图纸及最终确认图纸，转交设计单位审查。审查意见应及时反馈。审查确认后，该图即作为开展详细工程设计的正式条件图，并是制造厂（商）制造设备的正式依据。

⑥ 设备主进度计划中的设计进度计划和采购进度计划，由设计和采购双方协商确认其中的关键控制点（如：提交采购文件日期，厂商返回图纸日期等）。

⑦ 在设备制造过程中，设计管理部应派人员协助设备采购与管理部处理有关设计问题或技术问题。

⑧ 设备、材料的检验工作由设备采购与管理部负责组织，必要时可请设计管理部参加。

（2）施工监控部与施工部门的接口。

① 施工进度计划由施工监控部和施工方协商确认其中的关键控制点（如分专业分阶段的施工图纸交付时间等）。

② 施工监控部组织各专业向施工管理对口人员进行设计交底。

③ 及时处理现场提出的有关设计问题。

④ 工程设计阶段，设计单位应从现场规划和布置、预装、建筑、土建及钢结构环境等多方面进行分析，施工应在对现场进行调查的基础上向设计单位提出重大施工方案，使设计方案与施工方案协调一致。

⑤ 严格按程序执行设计变更与工程洽商（价值工程），并分别归档相关文件。

（3）设计单位与试运行部门的接口。

① 设计单位提出运行操作原则，负责编制和提交操作手册。

② 工程设计阶段，设计即应与试运行部门洽商，提出必要的设计资料。

③ 试运行部门通过审查工艺设计，向设计单位提出设计中应考虑操作和试运行需要的意见。

④ 设计单位应派人员参加试运行方案的讨论。

⑤ 试运行阶段，设计单位负责处理试运行中出现的有关设计问题。

2. 外部接口控制

外部接口指业主、设计管理部与设计单位等方面的接口，主要内容包括：业主的要求、需要与业主进行交涉的所有问题、与各设计合作单位间的资料来往等。

4.6.2.2　项目设计基础资料的管理

项目设计基础资料由业主准备和提供，通常应在项目招标阶段或在项目中标后项目开工会议之前提供。如果经审查发现完整性、有效性存在问题，应及时向业主提出。

项目设计基础资料由设计管理部集中统一管理，原件不分发各有关单位/部门；必要时，应经项目经理批准复印。

当业主提出修改项目设计基础资料时，项目经理应联合设计单位组织有关专业，对修改内容进行审查和评估。

项目经理应将经批准的设计基础资料修改情况发放给所有受影响的单位和部门。

4.6.2.3　项目设计数据的管理

项目设计数据通常以业主提供的项目设计基础资料为基础，由设计单位各专业负责人进行整理和汇总，编制成项目设计数据表，并经总负责人审核，项目经理批准，送业主确认后发表。

在项目实施过程中，如必须修改项目设计数据时，应列入变更之中，按规定程序批准后，项目经理应及时联合设计单位修改项目设计数据表，另行发表。

4.6.2.4　设计标准和规范的管理

项目采用的设计标准和规范，应在合同文件中规定，并附项目设计采用的标准、规范清单。如果合同文件中没有相应的标准、规范清单，则应在项目开工会议之前，由设计管理部联合设计单位编制一份设计采用的标准、规范清单，经策划控制中心及项目经理批准后，送业主审查批准。

项目开工之后，设计单位各专业负责人负责编制本专业采用的设计标准、规范清单，经设计单位各专业部室审核后，交设计管理部审核并汇总后，并经策划控制中心送交业主审查同意。

在设计过程中禁止采用过期、失效、作废的标准和规范。

4.6.2.5　项目设计统一规定

项目开始之后，通常在设计开工会议之前，由设计管理部联合设计单位组织各专业负责人编制项目设计统一规定，作为各专业开展工程设计的依据之一。

项目设计统一规定包括业主提供的项目设计基础资料和工程总承包企业内部的有关规定，项目设计统一规定应经项目经理审核批准，并送业主确认后发表执行。

项目设计统一规定分总体部分和专业部分。总体部分由设计单位总负责人编写，设计管理部组织审核；专业部分由设计单位各专业负责人编写，总负责人审核，之后分发到每一个专业负责人。

在设计过程中若需要对项目设计统一规定中的某些规定进行修改，则应提出报告，批准后进行修改。修改后的项目设计统一规定应按原程序签署，并分发到每一个专业负责人，同时收回修改前的统一规定。

4.6.2.6　设计变更

项目实施过程中,原定的任务、范围、技术要求、工程进度、质量、费用往往发生变化。鉴于设计在 EPC 工程总承包项目中的龙头作用,要管理好设计变更,尤其是重大设计变更非常重要。设计变更可以分为业主变更(又称用户变更)和内部变更(又称项目变更)。所有的设计变更均要保留记录,可参照附件 4-3:设计变更单执行。设计变更管理程序可参考附件4-4:设计变更管理程序。由于合同项目的任务范围(内容、质量、标准等)的变更从而导致的项目总费用和(或)项目总进度计划发生了变化,称为重大设计变更,需以附件 4-3:设计变更单为基础,编制重大设计变更报告,详细说明变更的原因、内容及其对质量、工期、成本等的影响,经设计管理部内部审核后报项目部领导,由策划控制中心组织评审。设计变更流程见附件 4-5。

设计变更若涉及价款调整,则需建立台账,格式可参考第 15 章"项目计量支付管理"的附件 15-6。若涉及索赔,参照第 17 章"项目合同管理"要求,配合相关部门完成索赔报告。

4.6.2.7　工程洽商(价值工程)

EPC 总承包项目中,为加强总体管理,设计阶段总承包商即需组织施工合作单位与设计合作单位就重大设计项目施工方案进行沟通。设计文件经业主批准后,工程洽商(价值工程)一般由施工合作单位提出,在不改变项目使用功能、建设规模、标准、质量等级及安全可靠性大原则下,提出提高施工可行性、降本增效的合理化设计优化建议。

EPC 总承包商应设计恰当的激励机制,鼓励施工合作伙伴在设计阶段与设计单位或分包商加强沟通的基础上,合理化地提出工程洽商(价值工程),以加快施工进度,降本增效。

工程洽商经设计管理部审核批准后,应向业主提交详细书面说明变更理由和技术经济比较资料,经批准后实施。价值工程若涉及价款调整,亦需建立台账,格式可参考第 15 章"项目计量支付管理"的附件 15-6。若涉及索赔,参照第 17 章"项目合同管理"相关要求,配合相关部门完成索赔报告。

4.6.2.8　设计进度/费用控制

设计管理部要配合相关人员对项目的进度计划进行跟踪,掌握项目设计阶段各专业主要里程碑的实现,了解各阶段的设计评审、验证工作情况,并按规定及时形成周报或月报,上报策划控制中心及项目经理。

策划控制中心相关人员应组织检查设计计划的执行情况,分析进度偏差,制定有效措施。设计进度的主要控制点应包括:

(1) 设计各专业间的条件关系及其进度。

(2) 原则设计或基础工程设计完成和提交时间。

(3) 关键设备和材料采购文件的提交时间。

(4) 进度关键线路上的设计文件提交时间。

(5) 施工图设计或详细工程设计完成和提交时间。

(6) 设计工作结束时间。

设计管理部应在策划控制中心的指导下,联合设计单位总负责人及各专业负责人,配合控制人员进行设计费用进度综合检测和趋势预测,分析偏差原因,提出纠正措施,进行有效控制。

4.6.2.9　限额设计

当设计与施工由不同的合作单位或分包商负责时,需考虑限额设计。限额设计是总价合同控制工程造价的一种重要手段。它是按批准的费用限额控制设计,而且在设计中以控制工程量为主要内容。设计管理部宜建立限额设计控制程序,明确各阶段及整个项目的限额设计目标,通过优化设计方案实现对项目费用的有效控制。

限额设计的基本程序是:

(1)将项目控制估算按照项目工作分解结构,对各专业的设计工程量和工程费用进行分解,编制限额设计投资及工程量表,确定控制基准。

(2)设计专业负责人根据各专业特点编制各设计专业投资核算点表,确定各设计专业投资控制点的计划完成时间。

(3)设计人员根据项目成本计划中的控制基准开展限额设计。在设计过程中,设计相关人员应对各专业投资核算点进行跟踪核算,比较实际设计工程量与限额设计工程量、实际设计费用与限额设计费用的偏差,并分析偏差原因。如果实际设计工程量超过限额设计的工程量,应尽量通过优化设计加以解决;如确定后,仍然要超过,设计管理部需编制详细的限额设计工程量变更报告,说明原因,相关设计人员估算发生的费用并由设计管理部负责人审核确认。

(4)编写限额设计费用分析报告。采购文件应由设计管理部提出,经专业负责人和设计管理部负责人确认后提交策划控制中心费用控制人员组织审核,审核通过后提交采购,作为采购的依据。

4.6.2.10　设计质量控制

1. 质量控制内容

质量控制的内容如下。

(1)设计管理部应建立质量管理体系,根据总承包项目的特点编制项目质量计划,设计管理部及时填写规定的质量记录,按照《质量管理手册》的规定及时向项目部反馈设计质量信息,并负责该计划的正常运行。

(2)设计管理部应对所有设计人员进行资质的审核,并对设计阶段的项目设计策划、技术方案、设计输入文件进行审核,对设计文件进行校审与会签,控制设计输出和变更,以保证项目执行过程能够满足业主的要求,适应所承包项目的实际情况,确保项目设计计划的可实施性。

(3)整个设计过程中应按照项目质量计划的要求,定期进行质量抽查,对设计过程和产品进行质量监督,及时发现并纠正不合格产品,以保证设计产品的合格率,保证设计质量。

2. 质量控制措施

设计内部的质量控制措施有以下几个方面。

（1）设计评审。设计评审是对项目设计阶段成果所做的综合的、系统的检查，以评价设计结果满足要求的能力，识别问题并提出必要的措施。项目设计计划中应根据设计的成熟程度、技术复杂程度，确定设计评审的级别、方式和时机，并按程序组织各设计阶段的设计评审。

设计评审过程要保留记录，并建立登记表跟踪处理状态，可参考附件4-6：设计评审记录单和附件4-7：设计评审记录单登记表。评审时需考虑项目的可施工性、设备材料的可获得性以及是否符合HSE要求，如设备布置、逃生路线、员工办公及住宿区安置、危险区域隔离带等。

（2）设计验证。设计文件在输出前需要进行设计验证，设计验证是确保设计输出满足设计输入要求的重要手段。设计评审是设计验证的主要方法，除此之外，设计验证还可采用校对、审核、审定及结合设计文件的质量检查/抽查方式完成。校对人、审核人应严格按照有关规定进行设计验证，认真填写设计文件校审记录。设计人员应按校审意见进行修改。完成修改并经检查确认的设计文件才能进入下一步工作。

（3）设计确认。设计文件输出后，为了确保项目满足规定要求，应进行设计确认，该项工作应在项目设计计划中做出明确安排。设计确认方式包括：可行性研究报告，环境评价报告，方案设计审查，原则设计审批，施工图设计会审、审查等。业主、监理和设计管理部三方都应参加设计确认活动。

（4）设计成品放行、交付和交付后的服务。设计管理部要按照合同和有关文件，对设计成品的放行和交付做出规定，包括：设计成品在项目内部的交接过程；出图专用章及有关印章的使用；设计成品交付后的服务，如设计交底、施工现场服务、服务的验证和服务报告、考核与验收阶段的技术服务等。

4.6.2.11　设计合同管理

设计合同管理体现在以下几方面。

（1）设计管理部负责对设计单位的审查、合同技术条款的编制，同时参与设计资料的验收工作。

（2）在项目实施过程中，设计管理部要了解和掌握合同的执行情况，监督设计合作单位的进程，负责设计合作单位合同款项的确认及支付。

（3）设计管理部收集、记录、保存对合同条款的修订信息、重大设计变更的文字资料，并负责落实新条款和变更的实施情况，为后续的合同结算工作准备可靠依据。

4.6.2.12　设计文件控制

对设计文件的控制应从以下几个方面进行。

（1）设计管理过程中所有需要外发的文件、资料、图纸，应根据项目档案管理相关规定和"项目设计统一规定"的指导对其进行编号、登记，经设计管理部签字后才可放行，将文件、资料存档备案。

（2）设计单位内部图纸资料的分配和发送由发出资料的专业负责。

（3）对于设计阶段的会议，设计管理部要负责整理、备案、下发会议纪要。

4.6.3　设计输出

在设计过程中,将设计输入转变为设计输出。设计输出是指设计成品,主要由图纸、规格表、说明书、操作指导书等文件组成。设计管理部应对设计输出的内容、深度、格式做出规定。设计输出应:

(1) 满足设计输入的要求和项目设计统一规定的要求。

(2) 为采购、施工及试运行提供信息(如设备材料表、施工注意事项、操作指导书)。

(3) 包含或引用施工、试运行及验收规范,重要设备材料接收准则。设计输出文件在放行前应由授权人批准,批准前应进行设计验证和设计评审。参与设计的各级设计、校、审人员,应做好编制、校对、审核、审定工作,保证设计输出文件合格。

(4) 设计输出发送过程要保留记录。

4.7　设计收尾

设计收尾应从以下几个方面进行。

1. 合同要求的全部设计文件

配合设计单位,根据设计计划的要求,除应按时完成全部设计文件外,还应根据合同约定准备或配合完成为关闭合同所需要的相关设计文件。

2. 文件编目存档

根据施工监控部、施工合作单位、工代在施工过程中收集整理的设计问题,设计单位应进行竣工图纸的换版形成竣工图。设计单位根据规定收集、整理设计图纸、资料和有关记录,在全部设计文件完成后,组织编制项目设计文件总目录并存档。

3. 设计工作总结

项目竣工(完工)后,应依据第25章"项目总结管理"相关要求进行设计工作总结,将项目设计的经验与教训反馈给设计管理部,进行持续改进。

设计收尾工作完成,标志着设计管理工作结束。

4.8　附件

附件4-1:项目设计管理流程图

附件4-2:重大技术方案论证报告评审表

附件4-3:设计变更单

附件4-4:设计变更管理程序

附件4-5:设计变更流程图

附件4-6:设计评审记录单

附件4-7:设计评审记录单登记表

附件 4-1：项目设计管理流程图

项目设计管理流程图

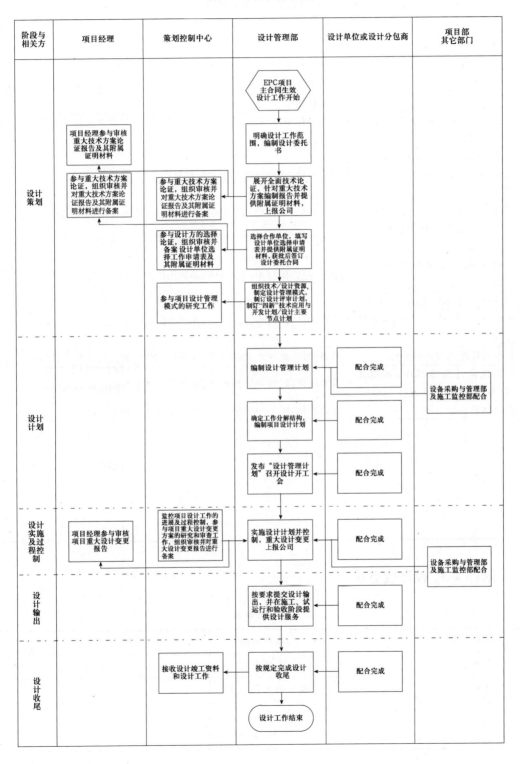

附件4-2：重大技术方案论证报告评审表

EPC项目重大技术方案论证报告评审表

××年××月××日

合同编码	
成功应用案例	简要列出案例，并列出附件中相关的证明文件清单
可获取性及应用许可	简要评估该技术可否获得，是否有应用许可，并列出附件中相关的证明文件清单
可供选择的技术和设计合作单位	列出合作单位清单，简要评估各合作单位，并列出附件中相关的证明文件清单
涉及的核心工艺、重大技术及重要设备的成熟性、可靠性、经济性	简要评估，并列出附件中相关的证明文件清单
可施工性、可维修性、可操作性	简要评估，附件中详细说明，并列出附件中相关的证明文件清单
对国内外设备和材料的依赖性及可获取性	简要评估，附件中详细说明，并列出附件中相关的证明文件清单
自动化水平与项目需求的一致性	简要评估，附件中详细说明，并列出附件中相关的证明文件清单
对现有项目环境、标准、原材料、操作人员水平及习惯的适应性等	简要评估，附件中详细说明，并列出附件中相关的证明文件清单
技术风险评估和控制措施	简要评估，附件中详细说明，并列出附件中相关的证明文件清单
技术优化计划及风险、风险规避、降低和转移措施	简要评估，附件中详细说明，并列出附件中相关的证明文件清单
补充材料	简要评估，附件中详细说明，并列出附件中相关的证明文件清单
项目部意见	

附件4-3：设计变更单

设计变更单

项目名称		项目编码	
变更编号		变更日期	
变更位置		是否重大设计变更	
变更提出方		附件 （名称、数量）	

变更原因及内容：
若空间不够,此处可简要列出,再另附页。设计合作伙伴负责人(签字)：

变更对质量、成本、工期等的影响：
若空间不够,此处可简要列出,再另附页。 设计单位负责人(签字)：

有关变更的其他说明：
如若空间不够,此处可简要列出,再另附页。 设计单位负责人(签字)：

项目部意见：
设计管理负责人(签字)： 项目经理(签字)：

设计变更单分发单位(设计管理负责人勾选)

项目部内部门及相关合作单位

设计管理部	设备采购 与管理部	施工监控部	设计单位	策划控制中心	其他

附件 4-4：设计变更管理程序

设计变更管理程序

(一) 业主变更的定义、编制方法、批准程序和要求

1 定义

1.1 业主变更的定义

由于业主要求(或同意),修改项目任务范围或内容而导致批准的项目费用和(或)进度计划发生变化,此种变更称为业主变更。

1.2 待定的业主变更的定义

业主尚未书面认可,但项目经理已批准(即提前预批准和发表)的业主变更。

1.3 认定的业主变更的定义

业主已书面认可,并经项目经理批准的业主变更。

业主变更单的编制和审批程序。

2 批准程序

所有业主变更均满足(二)1.2中重大设计变更的定义,在变更报业主审批前,需提交重大设计变更报告上报公司审核。

2.1 常规审批程序

(1)业主提出变更要求;

(2)项目经理为评估此项变更对费用和进度产生的影响而提交业主变更单;

(3)进度、费用相关控制人员估算其对进度、费用产生的影响;

(4)影响上报项目经理批准后,送业主审查和认可;

(5)项目经理在收到业主的书面认可后尽快批准并发表业主变更单。

2.2 按业主要求提前审批的程序

(1)业主提出紧急或特殊变更要求,并以书面方式授权总承包商在进行估算和认可变更所需费用之前,即可着手进行变更工作;

(2)项目经理收到业主上述变更要求并审批后,变更通知一经发表,各专业及相关部门即可据此进行工作;

(3)为使项目部全体成员了解变更对进度和费用的影响,在首次业主变更通知发表后两周内,项目经理将经过估算和进度分析后的业主变更(通知)单经业主认可后再次发表。

2.3 按内部建议提前审批(即待定的业主变更)的程序

(1)项目经理预计不久即可得到业主书面认可(一般应得到业主口头认可时,可以提前批准和发表业主变更单;

(2)未经业主正式认可的变更不具有正式的合同效力,项目经理在批准这种变更后,为使项目部全体成员及时了解进度和费用的变化情况,在首次发表业主变更单,尽快得到业主正式认可后,项目经理应再次发表业主变更单。

2.4 非常规审批程序

(1)业主变更通常由业主要求才发生;

(2)根据变更的需要,由提出变更的职能组或部门报告项目经理审批,并说明变更的理由;

(3)项目经理将情况通知业主。若业主同意或提出修正意见,则项目经理应根据业主的意见将变更予以完善,然后再次通知业主。在取得业主的书面认可后,将此变更以业主变更方式发表并执行;

(4)若业主不同意,通常项目经理应取消此变更。如项目经理认为不能取消,则将此变更作为内部变更予以处理;

(5)对变更所需的费用进行估算,并以账单形式通知业主。

3 业主变更单编制方法

(1)详尽说明业主变更的内容,以便对所需费用进行估算,并使项目内所有受影响的部门能够按照变更的要求完成其变更任务;

(2)详细说明变更的理由;

(3)所有受影响的部门和专业据此提出编制变更估算所需的基础资料和数据(包括人工时),并由费用控制部门编制变更费用估算;

(4)着手评估变更对进度产生的影响;

(5) 经业主正式认可和批准后,作为有关部门实施业主变更的依据和指导文件。

(二) 内部变更的定义、编制方法、批准程序和要求

1 定义

1.1 内部变更的定义

不是由业主提出的变更,而是项目中的重大变更,或是项目中次要变更积累到一定程度时而形成的重大变更。这种变更将造成项目预算费用的变动,从而导致有关部门的预算和(或)项目进度的变更。

1.2 重大内部变更的定义

第一次成本计划(非固定总价合同项目为初期项目成本计划,固定总价合同项目为批准的成本计划)发表之前,当组成报价估算基础资料的设备表、工艺流程图(如有)和(或)其他原始重要文件发生任何变更,或对原先属于待定现已确定的原始重要文件进行了增补或修改时,此种变更即为重大内部变更。

在第一次成本计划发表之后,以下范围属于重大内部变更。

(1) 对设备表内容的变更;

(2) 对其他原始重要文件的任何变更,其结果导致内部总费用的变化达到项目规定的某一金额(视工程规模由项目自定,本手册未做规定,以下同)以上时;

(3) 不是直接由原始重要文件而是由项目内部其他原因引起项目任务范围的变更,此种变更导致项目总费用增加或减少到项目规定的某一金额以上时;

(4) 项目总进度计划和装置主进度计划(如有)中标注的关键控制点(里程碑)的计划进度发生一周以上变动的任何变更。

2 重大内部变更审批程序

(1) 相关部门书面提出重要内部变更的要求,并尽快着手进行有关工作和估算,并由项目经理审批;

(2) 如果重大内部变更满足 1.2 中重大设计变更的定义,需提交重大设计变更报告上报公司审核;

(3) 根据经审核批准的内部变更,调整所有受影响部门的预算。

3 内部变更单要求

项目经理应根据项目情况制定内部变更单,用以记录不是由业主提出(或认可)的所有重大变更。内部变更单应填写以下主要内容。

(1) 详细说明由于次要变更逐渐积累而形成重大变更的情况;

(2) 详细说明变更的内容,以便有关部门根据需要对费用估算以及变更执行情况进行分析;

(3) 详细说明变更理由及其处理措施;

(4) 指出此种变更是强制性变更或是选择性变更;

(5) 说明对进度影响的情况;

(6) 项目经理应确认变更单中对变更的评价,包括技术、合同、管理、财务和进度等各方面的影响,以批准或者否定内部变更,并促进将内部变更可能转化为业主变更的工作,并将结果予以记录;

(7) 当一项变更对进度和(或)费用的影响未达到重要内部变更的规定而不成为内部变更时,仍需进行分类汇总并记录,以便积累达到重要内部变更规定时再作处理。

附件 4-5：设计变更流程图

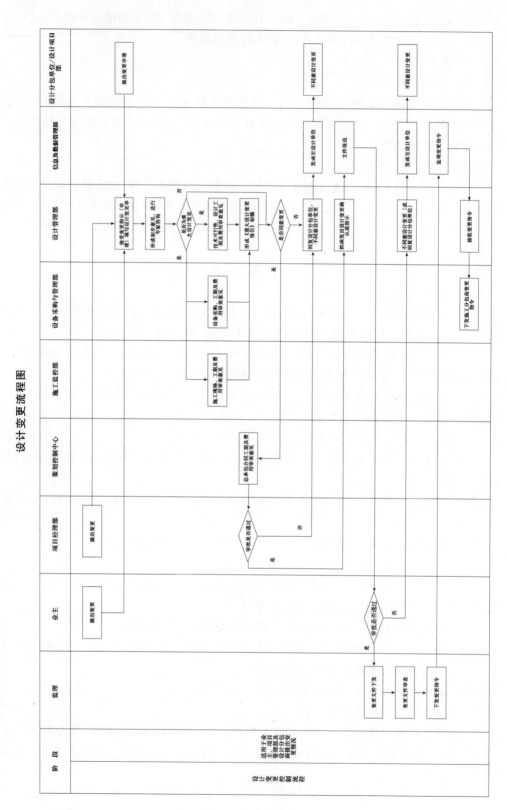

设计变更流程图

附件4-6：设计评审记录单

设计评审记录单

编号：

序号	文件类型	设计单位	文件名称	文件编号	版本号	评审意见	设计院处理意见	设计管理负责人意见	项目经理意见	状态
1										
2										
3										
4										
5										

附件4-7：设计评审记录单登记表

设计评审记录单登记表

序号	编号（不含版本号）	版本号	项目部评审联络人	评审单位/评审人	状态
1					
2					
3					
4					
5					
6					
7					
8					
9					
10					
11					
12					
13					
14					
15					
16					
17					
18					
19					
20					

注：1. 本表中的序号即为设计评审记录单中的"编号"；

2. 版本号及其含义：S-Sending EPC,送审；R-Review,评审意见；F-Feedback,设计院反馈；D-Dealing EPC,处理；C-Close,评审意见落实完毕。

第5章

项目技术管理

5.1　目的

项目技术管理的目的是为项目实施提供技术保障,防范技术风险,确保优质、安全、快速、高效地完成合同约定的建设任务,不断提升核心竞争力。

5.2　管理职责

5.2.1　设计管理部职责

设计管理部职责具体如下所示。

(1) 负责建立技术管理制度,梳理工作流程。

(2) 在项目经理组织领导下,负责牵头编制、审核项目施工组织总设计方案,并监督执行。

(3) 按照项目施工组织总设计方案的要求进行项目技术管理策划。

(4) 参与项目重大技术方案的论证,指导协助解决项目重大技术问题。

(5) 负责收集相关行业技术规范、标准。

(6) 负责项目竣工资料的归档及保管。

(7) 协助科技成果的评审及对外申报工作。

(8) 负责项目勘察设计管理、协助设备采购与管理部进行材料设备采购工作。

(9) 协助完成项目科研成果的申报。

(10) 按第25章"项目总结管理"的要求完成项目技术总结。

5.2.2　施工监控部职责

施工监控部职责具体如下所示。

(1) 配合设计管理部,完成施工组织总设计方案的编制。

(2) 严格执行项目合同约定和工程相关技术规范、标准等要求。

(3) 负责项目施工安装及试运行的技术管理工作。

（4）负责组织施工图会审和技术交底。

（5）负责对施工、安装合作单位报送的实施性施工组织设计或专项方案进行审批。

（6）负责组织编制项目竣工资料。

（7）组织和参加项目竣工验收。

5.3 技术管理流程

技术管理工作贯穿于项目设计、采购、施工全过程，包括项目施工组织总设计（包含设计、施工组织设计）的编制审批、设计、采购阶段技术管理、项目施工准备阶段、项目施工阶段及项目收尾阶段技术管理。

具体管理流程图详见附件5-1。

5.4 项目施工组织总设计及实施性施工组织设计

在实施施工前先要编制项目施工组织总设计方案，下面介绍方案的编制依据、编制主要内容、编制及审批流程。

5.4.1 编制依据

项目施工组织总设计方案的编制依据如下。

（1）招标投标文件、总承包合同或协议书。

（2）相关法律、法规和文件。

（3）合同约定采用的规范、规程、标准、规章，有关技术规定和技术经济指标。

（4）项目条件及环境分析资料。

（5）经审查的工程设计文件，包括批准的初步设计、设计说明书、总概算或修正概算、可行性研究报告、环境评价报告。

（6）工程所在地区（国）的勘察资料和调查资料。

（7）项目部（公司）管理文件及制度。

（8）同类项目相关资料。

5.4.2 编制主要内容

项目施工组织总设计方案的编制内容应符合《建筑施工组织设计规范》（GB/T 50502—2009）中有关施工组织总设计的要求。本书提及的施工组织设计均指实施性施工组织设计。

5.4.3 编制

项目施工组织总设计方案一般应在项目原则设计完成后，由项目经理组织，设计管理部、施工监控部、设备采购与管理部以及其他相关部门编制，相应的大纲可参考附件5-2。实施性施工组织设计应由项目技术负责人指导施工监控部组织各施工分包商/合作单位编写。

5.4.4 审批流程

相应的设计方案和设计完成后还要进行审批，具体流程如下。

（1）项目施工组织总设计方案及实施性施工组织设计经内部评审后，填写 EPC 项目施工组织设计方案审核表（详见附件 5-3）报由公司审批。审批流程应符合《建筑施工组织设计规范》（GB/T 50502—2009）中相关规定。

（2）各施工合作单位报项目部审批的项目施工方案，公司审批定稿后留存，并建立台账，以电子文档形式每半年向项目部报备一次。

详细流程图见附件 5-4。

5.5　采购过程的技术控制

采购过程的技术控制体现在如下方面：

（1）若公司负责采购，在采购过程中，应对需购买的主要设备、材料提出技术和商务要求，发相关生产厂商询价。设计管理部组织内部设计单位及设计分包商向设备采购与管理部提供设备、材料请购文件及相关技术要求及技术指标，协助设备采购与管理部完成询价文件中的技术文件。

（2）内部设计及设计分包商提供（材料）设备技术规范书、（材料）设备清册，设计管理部对设备技术规范书、（材料）设备清册提出评审意见。

（3）若公司负责采购，设计管理部应配合设备采购与管理部与制造厂商进行技术协商，为详细工程设计提供必要条件。在设备制造过程中，设计管理部应及时处理有关设计问题或技术问题，参与设备监造。

（4）关键设备、材料进场验收由项目设备采购与管理部组织实施，设计管理部配合完成。

5.6　施工技术管理

5.6.1　内部会审

在设计管理部设计蓝图出图前，施工监控部应组织各施工分包商或合作单位会审设计图纸，发现问题应及时反馈设计管理部。

5.6.2　施工图会审

施工图会审应分专业、分系统由监理组织施工合作单位会审施工图，发现问题及时反馈设计管理部。

设计单位、各施工单位总工程师及专业技术人员应出席参加监理组织召开的施工图会审会议。会议分专业就图纸中存在的问题进行沟通和协商，达成一致意见。

施工图会审应形成记录并存档，施工图纸会审内容详见附件 5-5，施工图发放流程详见附件 5-6。

5.6.3　技术交底

设计交底包括设计概况、设计意图、设计要求、设计中采用技术标准，明确项目建设的各项技术规范、验收标准、工艺流程、结构尺寸和标高、材料规格、工程数量、施工过程中的特殊安全要求等，确保设计方案合理，施工组织可行，资源配置可靠，形成交底记录。

施工监控部应建立交底制度要求各合作单位及时进行设计、方案技术交底,并定期检查交底执行情况。

交底记录应有交底人员及接受交底的所有人员签字。

5.6.4　设计变更和工程洽商(价值工程)

设计变更及工程洽商(价值工程)的管理和控制流程详见第 4 章"项目设计管理"。

项目部接到业主确认后的设计变更、工程洽商后应组织合作单位、各施工、安装合作单位制订施工计划及方案,尽快落实。

由于业主变更引起的工期延误、费用增加情况的处理,详见第 17 章"项目合同管理"。

5.7　技术资料管理

5.7.1　技术资料管理范围

技术资料除竣工资料外,还包括不纳入竣工资料范围的各阶段设计文件、设计论证评审记录、项目施工组织设计方案、施工管理日志、技术标准、技术总结等。

5.7.2　技术资料管理的要求

设计管理部负责技术资料管理,建立项目技术资料管理责任制,逐层管理,保证技术资料的完整性、真实性和连续性。项目部和各施工、安装合作单位均应指定专人负责技术资料的管理工作。

项目竣工资料的管理详见第 10 章"项目试运行与竣工验收管理"中对竣工资料编制的要求。

5.7.3　技术标准、规范管理

1. 标准、规范的购置、下发及使用

应购置行业颁布的适用的技术标准及规范。技术管理部收集、整理各项目已掌握规范的清单及文本,逐步积累形成规范库。

设计管理部负责技术标准、规范的识别,建立和发布技术规范有效版本目录清单,及时更新有关技术标准、规范,并根据实际需要购买,组织项目部人员学习,并将收集的规范目录或电子文本提交策划控制中心归档。

2. 标准、规范变更、作废

有效标准、规范文件清单应定期更新、公布。作废文件应及时收回加盖作废章后集中销毁。

5.8　附件

附件 5-1:项目技术管理流程图
附件 5-2:项目施工组织总设计方案编写大纲(参考)
附件 5-3:EPC 项目施工组织设计方案审核表
附件 5-4:项目施工组织设计方案审批流程图
附件 5-5:施工图纸会审主要内容及记录
附件 5-6:施工图发放流程图

附件 5-1：项目技术管理流程图

项目技术管理流程图（由公司负责采购）

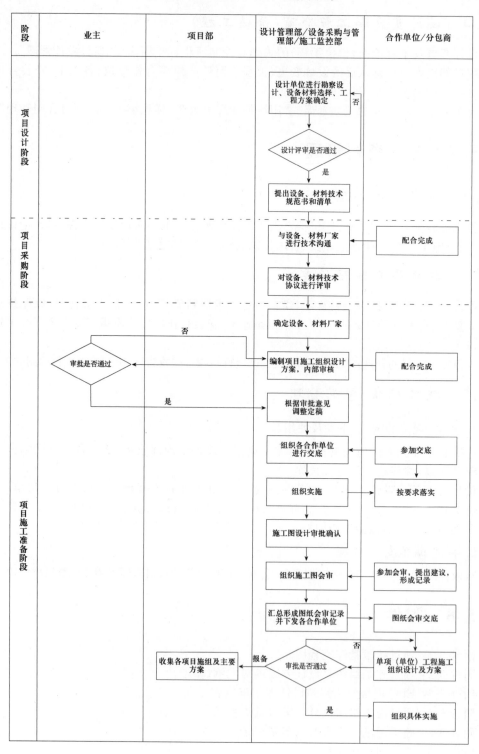

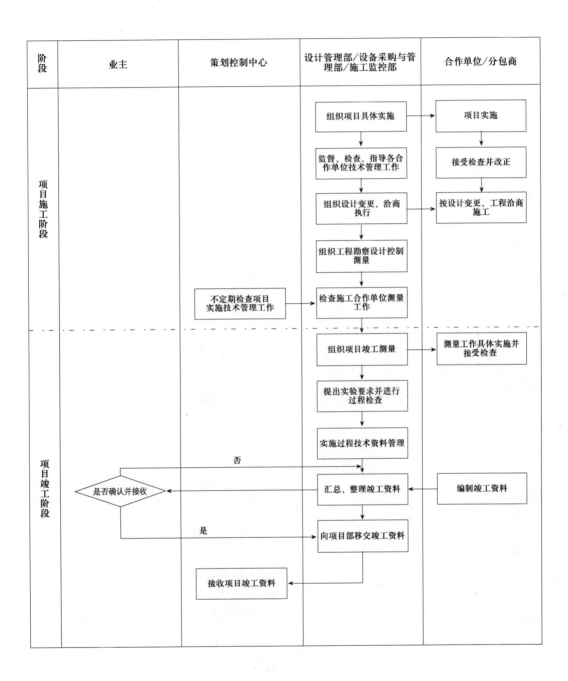

项目技术管理流程图（由合作单位负责采购）

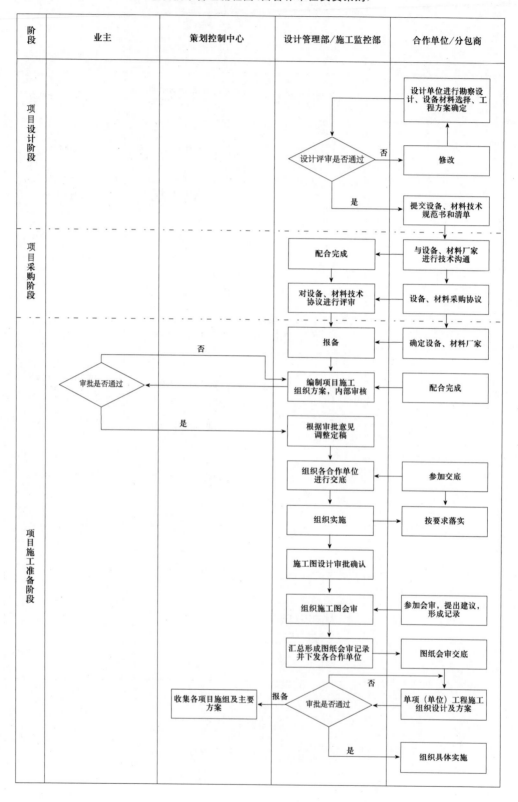

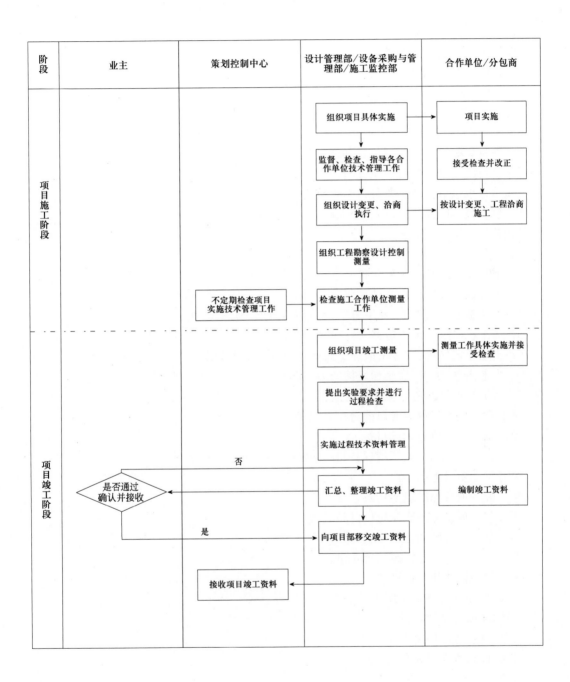

阶段	业主	策划控制中心	设计管理部/设备采购与管理部/施工监控部	合作单位/分包商

附件 5-2：项目施工组织总设计方案编写大纲（参考）

项目施工组织总设计方案编写大纲（参考）

第一章　编制说明

第一节　采用规范、标准

第二节　编制依据

第三节　编制原则

第二章　工程概况

第一节　项目主要情况

1. 项目名称、性质、地理位置和建设规模

2. 项目建设、勘察设计、主要施工合作等相关单位的情况

3. 项目承包范围及主要分包工程范围

4. 总承包合同或招投标文件对项目设计、施工的重点要求

5. 其他应说明的情况

第二节　项目实施条件

1. 项目建设地点的气象条件

2. 项目地形和工程水文地质状况

3. 项目施工区域地上、地下管线及相邻的地上、地下建（构）筑物情况

4. 与工程实施有关的道路、河流等状况

5. 当地建筑材料、设备供应和交通运输等服务能力状况

6. 当地供电、供水、供热和通信能力状况

7. 其他与项目实施有关的主要因素

第三章　项目建设主要风险分析及对策

第四章　工程项目建设目标

质量目标、安全目标、环境保护目标、成本目标、工期目标等

第五章　项目组织架构

第一节　项目部组织架构及职责

第二节　项目部各职能组（部门）设置及职责

第六章　项目设计组织与实施

第一节　设计工作资源配置及组织

第二节　设计基本思路

1. 业主方已完成设计深度

2. 建设项目设计目标

3. 建设项目设计原则

4. 设计总体规划和布局

5. 原则设计方案

第三节　施工图设计工作主要内容

1. 施工图设计工作的主要内容

2. 施工图设计工作阶段划分

3. 各阶段主要工作

第四节 施工图设计工作进度安排

1. 施工图设计总体进度计划

2. 设计与采购、施工的接口计划

说明：此部分内容可与采购总体进度计划、施工总体进度计划、试运行总体进度安排合并以附件形式在此文件中体现。

第五节 设计工作的管理与控制

1. 设计质量管理与控制

2. 设计进度管理与控制

3. 设计优化与投资（成本）控制

4. 设计变更与索赔控制程序

5. 专业施工图深化设计

6. 设计交底、图纸会审管理

7. 设计现场配合与服务

第七章 项目采购组织与实施

第一节 采购工作资源配置及组织

第二节 采购工作范围划分

第三节 主要设备材料规格

第四节 主要材料、设备采购计划

1. 主要材料、设备采购总体进度计划

2. 采购接口计划

说明：此部分内容可与采购总体进度计划、施工总体进度计划、试运行总体进度安排合并以附件形式在此文件中体现。

3. 采购工作流程

第五节 采购工作的管理及控制

1. 采购过程的质量管理与控制

2. 供货进度管理与控制

3. 材料、设备进场检验与控制程序

4. 不合格材料、设备的处理措施

5. 现场设备、材料保管要求

6. 物流管理

7. 运输管理

第八章 项目施工组织与实施

第一节 施工总体部署

1. 项目施工总目标，包括进度、质量、安全、环境等目标

2. 根据施工总目标的要求，确定项目分阶段（期）交付计划

3. 确定项目分阶段（期）施工的合理顺序及空间组织

4. 对于在施工中开发和使用的新技术、新工艺应做出部署

第二节 总平面布置

1. 施工总平面布置

2. 临建布置

3. 各标段平面布置要求

第三节 施工资源组织和配置

1. 项目施工资源的总体安排

2. 劳动力投入计划

3. 主要周转材料需求计划

4. 主要机械设备需求计划

第四节 施工进度管理

1. 施工总体进度计划

说明：此部分内容可与采购总体进度计划、施工总体进度计划、试运行总体进度安排合并以附件形式在此文件中体现。

2. 施工配套保证计划

第五节 施工准备

1. 施工技术准备

2. 施工现场准备

3. 劳动力准备

4. 物资准备

第六节 主要施工方案

拟定一些工程量大、施工难度大、工期长，对整个项目的建成起关键作用的建筑物（或构筑物），以及全场范围内工程量大、影响全局的特殊分项工程的施工方案。

第七节 检测实验方案

1. 检测实验机构的确定

2. 采购原材料、半成品及成品的检测实验

3. 现场检测实验的管理手段

第八节 季节性施工措施

第九节 施工工作管理与控制

1. 深化设计管理

2. 施工质量管理与控制

3. 施工进度管理与控制

4. 职业健康安全管理与控制

5. 环境保护管理与控制

第九章 项目试运行与竣工验收管理计划

1. 项目试运行与竣工验收应具备的条件

2. 项目试运行与竣工验收的标准和目标

3. 项目试运行与竣工验收的资源配置

4. 项目试运行与竣工验收的主要内容

5. 项目试运行与竣工验收的进度安排

说明：此部分内容可与采购总体进度计划、施工总体进度计划、试运行总体进度安排合并以附件形式在此文件中体现。

6. 项目试运行与竣工验收的程序

7. 培训计划

附件 5-3：EPC 项目施工组织设计方案审核表

EPC 项目施工组织设计方案审核表

工程名称		建设单位	
编制单位		设计院	
监理单位		报审日期	
方案名称			
编制人			

项目主要内容及指标介绍(内容过多可另附页)：

1. 项目概况(工程内容、规模、范围、工程承包模式、采用标准等)
2. 项目实施组织策划(项目管理模式、合同段划分、人员组织等)
3. 主要结构形式、工艺特点及拟采用的主要方法/方案
4. 主要保证措施

项目部技术负责人签字：

项目部审核意见(内容过多可另附页)：

项目经理签字：　　　　　　　　　　　　　　　日期：

项目部盖章(如有)

附件 5-4：项目施工组织设计方案审批流程图

项目施工组织设计方案审批流程图

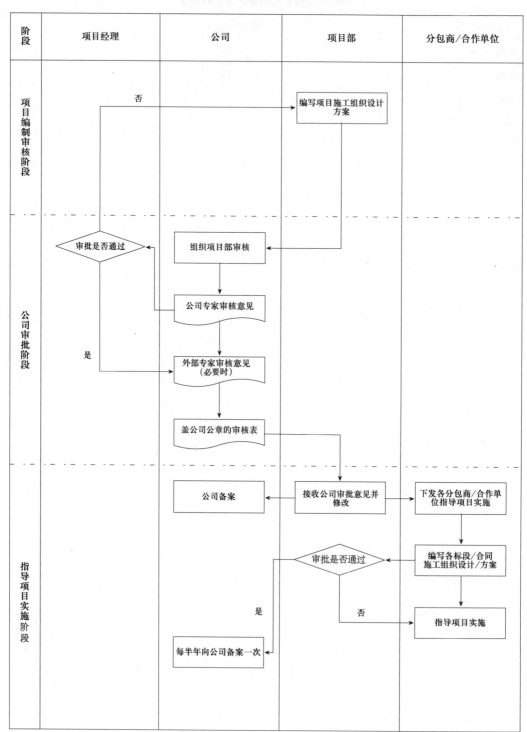

附件5-5：施工图纸会审主要内容及记录

施工图纸会审主要内容及记录

项目名称	
文件编号	
发送	
抄送	

图纸会审主要内容	图纸会审记录
1. 现场环境是否与勘察、设计文件一致	
2. 地基处理方法是否合理	
3. 是否存在不能施工、不便于施工的技术问题或容易导致质量、安全工程费用增加等方面问题	
4. 总平面与施工图的几何尺寸、平面位置、标高等是否一致	
5. 专业图、系统图、平立剖面图之间有无矛盾、错漏	
6. 工艺管道、电气线路、设备装置、运输道路与建筑物之间或相互间有无矛盾，布置是否合理	
7. 其他	

设计单位	
设计分包商	
施工单位	
分包商	
总承包单位	

附件5-6：施工图发放流程图

施工图发放流程图

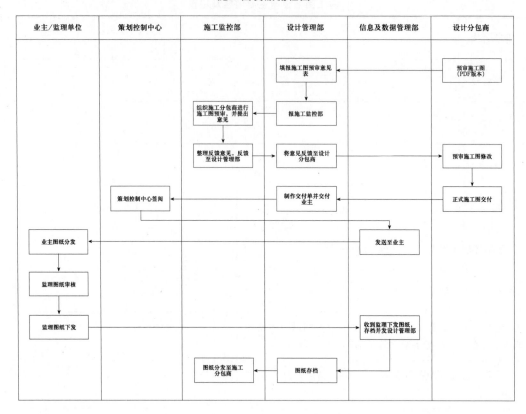

第6章

项目采购管理

6.1 目的

若由公司负责项目采购,项目采购管理的目的是统一和规范 EPC 项目的设备及材料采购及管理工作,实现公司对工程类物资采购的统一管理,规范项目部物资采购行为,明确公司和项目部在采购管理、价格管理、付款财务、质量控制等方面的关系。

项目对物资采购应实行分类管理,物资采购中遵循"公开公平、有效竞争、公司利益至上"的原则。

若采购由合作单位/分包商负责,则项目采购管理的目的主要是对采购过程进行控制和监督。

6.2 管理职责

6.2.1 设备采购与管理部职责

1. 公司负责项目采购

若由公司负责项目采购,设备采购与管理部职责如下。

(1)根据物资采购清单和项目总体计划,按照第 12 章"项目进度管理"制订的设备、材料的采购计划,并定期为策划控制中心提供采购进展情况。

(2)根据第 14 章"项目成本管理"相关内容,定期为策划控制中心提供相应成本信息。

(3)负责制定项目部物资采购管理制度、流程并组织贯彻实施。

(4)负责物资采购管理人员日常工作管理和考核。

(5)负责收集物资市场信息,建立适合项目部特点的供应商名册,组织对合格供应商进行考察、评价及更新。

(6)结合第 4 章"项目设计管理"中设计与采购的工作接口要求,根据设计单位提供并经设计管理部确认的物资清单,负责编制物资采购计划,并报项目部领导审核。

（7）负责项目设备、材料采购的招标邀请函和招标书的编制、审核、发放。

（8）组织各项目按计划进行开标，邀请公司及项目部评标委员会成员参加评标谈判，并对各评委评标记录进行收集归档。

（9）根据开标结果，由评标委员会推荐3家及以上合格供应商，提供业主进行审核。

（10）根据业主审核情况，及时上报公司进行所采购项目的评标和定标。

（11）组织进行采购合同的评审工作。

（12）签订采购合同后，及时将合同转交信息及数据管理部存档。

（13）根据采购合同，监督供应商的合同执行情况，及时反馈制造信息状态。

（14）制订产品监造计划，组织对所采购设备、材料进行检验、监制。

（15）制订产品发货计划，对接供货商做好发货准备和信息传递。

（16）根据采购合同，督促和检查供货商办理各类保函，对供货商支付申请进行审核，及时办理供货方的货款手续。

（17）负责收集整理物资质量标准、验收规范及所需的质量证明文件要求等，配合施工监控部对进场材料的报验工作。

（18）组织供应商提供及时的现场安装、调试、质保等技术服务。

（19）国际项目还需对清关所需文件（如 Master List、免税函）及清关保函进行办理和管理。

2. 合作单位/分包商负责项目采购

若由合作单位/分包商负责项目采购，设备采购与管理部职责如下。

（1）对合作单位/分包商根据物资采购清单和项目总体计划，制订的设备、材料的采购计划进行评审。

（2）参与合作单位/分包商对供应商的选择及采购合同的签订。

（3）对合作单位/分包商制订的产品监造计划，设备、材料的催交、检验、监制等工作进行监督。

（4）对合作单位/分包商制订的设备、材料的发运计划进行审批。

（5）配合策划控制中心做好业主对重大物资制造过程及发货前的检验工作。

（6）参与合作单位/分包商供应商进行现场售后、技术指导、安装等工作。

（7）国际项目还需对清关所需文件（如 Master List、免税函）及清关保函进行办理和管理。

6.2.2 公司职能部门职责

1. 公司负责项目采购

若由公司负责项目采购，公司各职能部门职责如下。

（1）公司负责经营开发部门按照公司相关规定，对招标采购、评标、合同评审等业务实行全面监督管理。

（2）公司负责监察审计部门按照纪检监察制度要求对物资采购业务进行监督并参与采购过程。

（3）公司法务人员应参与采购合同法律条款谈判，物资采购合同的评审，并对采购业务进行监督。

（4）公司负责财务资产部门应参与采购合同付款风险谈判，负责物资采购合同相关财税方面的评审，参照公司收、付款及财务审批流程管理办法支付物资采购款。

2. 合作单位负责项目采购

若由合作单位负责项目采购，公司各职能部门职责如下。

（1）公司法务人员、经营开发部门应参与合作单位采购合同法律条款谈判，物资采购合同的评审。

（2）公司财务资产部门应参与合作单位物资采购合同相关财税方面的评审。

6.3　编制物资采购策划

设备采购与管理部根据项目施工组织总设计，对项目所在地物资生产供应能力、市场供应价格、采购周期、物流周期、技术标准等级以及上述不同产地物资的经济对比等物资供应情况进行进一步调查，编制物资采购计划表，详见附件 6-1。

6.4　物资需求计划

若由公司负责采购，根据批复的物资采购计划表及项目所在地物流运输周期情况，设计管理部、施工监控部审核设计单位材料清单，对拟购物资的技术、质量要求以及采购数量等进行审核，设备采购与管理部按照清单和技术要求采购。

物资需求计划需要充分考虑项目设备采购与管理部招标及合同评审时间、物资加工制作周期、物流运输周期等时间，以保证通过合理的工作时间来满足现场项目部对物资的使用需求。

若由合作单位负责采购，合作单位应制作物资需求计划（项目物资需求计划表详见附件 6-2），并提交至设备采购与管理部进行评审，设备采购与管理部应从设备、物资制作，运输周期重点考虑，予以审批。

6.5　供应商管理（由公司负责采购）

设备采购与管理部负责对项目工程所需主要材料建立供应商档案，负责物资供应商的评审工作。对首次接触的新供应商负责登记和资格预审工作，评审合格后纳入供应商档案及名录，EPC 项目投资单位资格预审审核表见附件 6-3。

每年对合格供应商供货质量、供货价格、资质情况、市场信誉、履约能力、售后服务等方面进行一次评价（供方评价表见附件 6-4），对不符合要求的供应商及时从合格供应商名录中剔除；对技术、质量等方面有特殊要求的物资，安排专业技术人员进入评审小组参加评定，经评定确定为合格的供应商。合格供方名单（年度）见附件 6-5。

当供应商不在企业合格供应商名册中，或对物资有特殊要求或相关方对供应商评定尚未包括的内容或产品提出调查要求时，设备采购与管理部在采购前组织相关人员对供应商进行考察，考察结果列入供应商考察报告。

物资采购应优先从合格供应商中选择,如合格供应商不能满足需求时,可临时增加相应供应商。

项目部对项目实施过程中所使用物资的供应商建立数据库,以满足物资管理及工程保修的要求。

6.6　物资采购

根据物资分类及业主授权范围,设备采购与管理部负责除合作单位/分包商负责采购的物资外剩余全部工程物资的采购。

物资采购的程序严格按公司相关管理制度执行,物资采购采用公开/邀请招标、议标、询价采购相结合方式,物资采购时公司各部门、项目部采购人员及技术、工程管理人员等人员共同参与,根据各自职能对采购程序、供应商评价、供货渠道、价格、质量等进行监督,参与采购的成员应取得公司或部门的授权。EPC项目荐标审批表见附件6-6;项目招议标评审表见附件6-7。

物资采购需通过公司网站及指定媒体等方式发布招标信息,设备采购与管理部负责物资采购谈判的过程文件整理归档工作。资料包括招标文件、供应商投标文件(含报价单)、评标结果、中标通知书等。EPC项目招标项目开标申请表见附件6-8;评标标准及说明见附近件6-9。

设备采购与管理部根据评标结果,填写EPC项目定标评审表(见附件6-10),由所有参与招标成员签字确认后,报送项目部领导及公司领导确认。

设备采购与管理部根据物资采购评审结果,负责中标通知书的发放工作;对于没有中标的供应商,设备采购与管理部应书面通知参与投标供应商未中标原因。

如果在合同执行过程中,中标单位出现质量或交货时间无法满足要求时,设备采购与管理部牵头根据入围厂家综合情况,重新确定补充厂家,满足用户要求。

在工程合同中约定需由业主定厂、定价并有书面函件,且公司利益不受损失、不影响工程工期、质量的;在投标文件的技术规格书中明确生产厂家、品牌的;有证据证明该项物资、设备为国内或国外独家生产的,可免于招标。

免于招标的物资设备可采取协商定价的方式采购,协商定价时采购领导小组相关成员参加,确保采购过程公开透明。

当合作单位负责采购时,在合作单位初步确定材料、设备供应商后,应报批至设备采购与管理部,设备采购与管理部根据总合同的要求,将评审意见报项目部进行审批,审批后合作单位方可签署相关采购合同。

6.7　督促供货商生产,组织验收发货

设备采购与管理部负责或监督合作单位根据发运计划督促供应商生产、备货。

设备采购与管理部在物资发运前会同设计管理部对所采购物资的数量、质量进行验收并收集相关质量证明文件(合格证、检验证书等),并将验收结果提供给项目部进行核对。

6.8 物资质量管理

物资验收技术标准、生产控制要点的制定。设备采购与管理部会同设计管理部、施工监控部(或项目合作伙伴)、物资供应商负责制定集中采购物资验收技术标准、生产质量控制要点及监造管理工作,在生产过程中对原材料质量、生产工艺、质量控制进行监管,产品出厂验收时应按照预先制定的流程及控制要点对产品进行验收,验收合格将相关资料转交本部门物流管理人员。

对于重要设备在发运前,应由设备采购与管理部会同设计管理部、施工监控部在厂家进行质量验收,索取材质证明及相关资料;质量验收合格后方可安排发运。

物资验收执行"三验制":验数量、验质量、验规格品种。在验收数量时,沥青过磅;钢筋过磅或检尺;水泥抽袋检斤;木材检尺量方;砂石料实测实量,其他材料点数抽查、数量验收无误后,填写相关验收凭证。对钢材等有相关外观要求的材料,要在验收凭证上注明"外观合格"字样。当验收发生数量误差时,应严格执行国家及公司有关规定。

对钢材、水泥、防水材料等需要做复试检验的材料,必须在发货前进行复试检验,合格后方可发货,并做好复试检验记录(如有)。

物资验收单据包括:产品合格证、生产(制造)许可证、产品说明书、装箱清单、交接凭证、试验检测报告以及特种设备制造监督检验证明、备案证明等文件。

在验收过程中发现的问题,如数量有误、品种规格不符、材质资料不全和不合格品,要及时通知有关人员,填写记录,做好标识,要求厂家及时处理。

若合作单位负责采购,设备采购与管理部参与合作单位的相关的检验,若出现问题,可向合作单位提出。

6.9 附件

附件 6-1:物资采购计划表

附件 6-2:项目物资需求计划表

附件 6-3:EPC 项目投标单位资格预审审核表

附件 6-4:供方评价表

附件 6-5:合格供方名单(年度)

附件 6-6:EPC 项目荐标审批表

附件 6-7:项目招议标评审表

附件 6-8:EPC 项目招标项目开标申请表

附件 6-9:评标标准及说明

附件 6-10:EPC 项目定标评审表

附件 6-11:项目采购管理流程图

附件 6-1：物资采购计划表

物资采购计划表

需求计划编号				采购计划编号		
序号	材料名称	规格型号	主要技术要求	采购方式	采购时间	候选供应商名单
				□招标 □邀请 □零星		1. 2. 3. 4. 5.
				□招标 □邀请 □零星		1. 2. 3. 4. 5.
				□招标 □邀请 □零星		1. 2. 3. 4. 5.
				□招标 □邀请 □零星		1. 2. 3. 4. 5.
备注						

编制人（签字）：　　　　日期：　　　审核人（签字）：　　　　日期：

附件 6-2：项目物资需求计划表

项目物资需求计划表

第 页 共 页

申请单位						计划编号：
序号	物资名称	规格型号	数量	单位	进场时间	产品要求/项目推荐的供应商
1						
2						
3						
4						
5						
6						
7						
8						
9						
10						
说明	1. 常规产品可不填写"产品要求"一栏。 2. 当业主、设计、监理等对产品有下列要求时，则应在"产品要求"中注明： ① 验收标准或规范，也可提出图样作详细说明； ② 对产品的质量、环境、安全等方面的要求； ③ 对产品加工过程的要求以及应提供的品质保证文件的要求； ④ 业主、设计指定的供应商/厂家/品牌等。					

编制/日期：　　　　　审核/日期：　　　　　批准/日期：

附件 6-3：EPC 项目投标单位资格预审审核表

EPC 项目投标单位资格预审审核表

序号	单位名称	注册地址及注册资金	营业执照、组织机构代码证及税务登记证	企业相关资质证书及安全生产许可证（外地企业备案）	企业类似工程业绩	近 3 年财务审计报告或银行资信证明	第三方检测报告	联系人、联系方式及传真、邮箱	推荐理由
1									
2									
3									
4									
5									
6									
设备采购与管理部审核意见			设计管理部审核意见						
施工监控部审核意见			项目经理审核意见						
项目主管公司领导审批意见									

附件6-4：供方评价表

供方评价表

供应商名称：　　　　　　　　　　供应材料：　　　　　　　　　　使用单位：

评估项目	评 估 内 容			
	施工监控部	设备采购与管理部	项目经理	平均分
现场使用部门质量意见(10分)				
供货及时性(10分)				
价格(10分)				
报价配合(10分)				
现场服务及时、态度(10分)				
总　　分				
设备采购与管理部对供应商的综合分析：		施工监控部对供应商的综合分析：		
项目经理批示：				
主管公司领导批示：□可　□不可 进入本年度合格供应商名单：　　　　　　　　签名/日期：				

说明：

1. 每项评估项目满分10分,总分50分,各评估人员按供应商实际情况打分,总分在30分以上的供应商可考虑进入本年度合格供应商名单,不足30分的为不合格供应商。

2. 评分人员如有其他意见或对所评分数有特殊说明,请在综合分析一栏中写明。

附件6-5：合格供方名单(年度)

合格供方名单(年度)

产品类别：

编制/日期：　　　　　　　　　　　　　审批/日期：

附件6-6：EPC项目荐标审批表

EPC项目荐标审批表

序号	投标单位	投标单位资质	相关业绩	历史合作情况	单位信息来源	联系人	联系方式	传真	邮箱
1									
2									
3									
4									
5									
6									
7									
8									
9									
10									
采购工程师意见				设计管理部审核意见					
项目经理审批意见									

附件6-7：项目招议标评审表

项目招议标评审表

评审内容 \ 单位名称						
资信条款	业绩、资信、履约能力					
技术条款	产品要求	技术				
		性能				
		质量				
经济款	报价					
商务条款	付款方式					
	交货期					
	易货					
	售后服务					

评委意见：　　　　　　　评委签名：　　　　年　月　日

评审说明：评审委员遵循公开、公平、公正的原则，满足《开标和评标须知》中投标货物符合技术要求后，对投标方产品的优劣势进行比较评审；技术评审合格后按最低投标报价法和性价比法对谈判项目进行商务评审，并做出评标结论。(1)技术评审：对投标者提供的货物的技术性能(规格技术、品牌等)、交货期限、售后服务承诺、资信情况、履约能力进行评定；(2)商务评审：在以上技术符合谈判文件要求后，再进入商务报价评审，技术要求合格后的商务报价最低者为中标候选人，但需检查商务报价组成中是否合理。其中技术评审主要由使用部门、设备、工艺部门的评委(具有两年以上相关工作经验的专业人才或专家)，对所报方案及投标书技术要求的内容，与投标方进行充分的技术交流、答疑、评议出方案和结果，并向其他评委当场通报，并对技术协议签字负责。评标情况不得扩散出评标成员之外。

附件 6-8：EPC 项目招标项目开标申请表

EPC 项目招标项目开标申请表

开标时间：　　　　　　　　　　　　　　　开标地点：

序号	确定投标单位	标书购买日期	投标保证金缴纳	投标资格预审情况	授权委托人	联系电话	备注
1							
2							
3							
4							
5							
6							
7							
8							
9							
10							
拟定评标人员							
采购工程师申报意见			设备采购与管理部审核意见				
项目经理审核意见							

附件 6-9：评标标准及说明

评标标准及说明

1. 权重取值

序号	评标内容	单项最高得分	权重
一	商务标(含资质部分)	100	$Y=0.15$
二	经济标(报价)	100	$X=0.35$
三	技术标	100	$Z=0.50$

2. 经济标评分标准

2.1　评标价格(A_i)的确定

依据招标文件中规定，将偏差调整后的货物报价和运杂费报价之和作为投标人的评标价格 A_i。

货物投标报价偏差调整的原则是将各投标人的供货范围调整至同一基准。对投标人的漏报项,按其他投标人相应项目最高报价计算,调整增加该投标人的投标价格。对投标人的多报项,减去该多报项,调整该投标人的投标价格。

2.2　经济标得分的确定

2.2.1　评标标准价格($A_标$)的确定

$$A_标 = \Sigma A_i / n \times 0.95$$

A_i——在标准价格统计范围之内的各投标人的评标价格

n——在标准价格统计范围之内的投标人的个数

注:(1) 当 $n > 5$ 时,去掉一个最高报价,去掉一个最低报价。

(2) 当 $n \leqslant 5$ 时,直接取算术平均值。

2.2.2　经济标得分计算

基本分为 100 分,评标价格(A_i)每比评标标准价格($A_标$)高一个百分点扣 3 分,评标价格每比评标标准价格($A_标$)低一个百分点扣 1 分。

计算公式:当 $A_i > A_标$ 时,经济标得分 $= (100 - 3 * (|A_i - A_标|)/A_标 \times 100) * X$

当 $A_i \leqslant A_标$ 时,经济标得分 $= (100 - 1 * (|A_i - A_标|)/A_标 \times 100) * X$

3. 商务标、资质审核评分标准

序号	评标因素	分值	评标内容及分项分值		打 分 办 法
			内　　容	单项分值	
1	注册资金	5	根据企业注册资金判断企业实力	10	评委根据企业情况。最高分 10 分,最低分 0 分
2	净资产收益率	10	根据企业近 3 年经审计的财务审计报告(净资产收益率、资产负债率),判断企业经济运行状况	15	评委根据企业提供的审计报告酌情给分。最高分 15 分,最低分 0 分
3	类似业绩	15	根据企业近 3 年类似设备销售业绩情况	15	根据投标人提供的业绩情况,将投标人分 4 个等级:第一级 12~15 分,第二级 8~12 分,第三级 4~8 分,第四级 0~4 分
4	设备交货及安装期	25	1. 设备交货及安装时间承诺	15	交货时间优于招标文件要求的给 10~15 分,响应招标文件要求的给 5 分,低于招标文件要求的给 0 分
			2. 设备交付及安装调试进度计划	10	根据评审内容逐个对比评审各投标人的方案和措施,综合评审。计划合理、能满足招标要求 6~10 分,否则 0~5 分
5	售后服务	10	售后服务承诺	20	有完善的售后服务网络,各阶段服务计划详尽,质保期、维护保养期服务(包括费用)承诺可靠、具体,得 12~20 分;各阶段服务计划详尽,质保期、维护保养期服务(包括费用)承诺具体,得 3~11 分;服务计划和质保期、维护保养期服务(包括费用)没有具体承诺或没有响应,得 0 分

续表

序号	评标因素	分值	评标内容及分项分值		打 分 办 法
			内　　容	单项分值	
6	标函质量	5	投标文件的制作质量及完整性	5	根据标书的印刷、装订、目录、页码标识、错漏字、内容一致性等进行评分。好 4～5 分，一般 1～3 分，差 0 分
7	付款方式	25	满足 1：6：2：1	25	满足要求可以得 22 分；超过标准的可以得 25 分；满足四档付款方式的，根据比例评委酌情给 10～20 分；不能满足四档付款的为 0 分
8	优惠、易货承诺	5	设备、付款、工期优惠承诺	10	承诺优惠，合理 6～10 分，一般 1～5 分，无优惠 0 分

附件 6-10：EPC 项目定标评审表

EPC 项目定标评审表

评标推荐顺序	第一中标人	第二中标人	第三中标人	第四中标人	第五中标人
投标单位名称					
投标报价					
主要商务条款符合情况					
主要技术条款符合情况					
——（可增加）					
评标委员会评标建议					
设备采购与管理部审核意见		设计管理部审核意见			
施工监控部审核意见		财务部审核意见			
HSE 安全环保部审核意见		项目经理审批意见			
公司领导审批意见					

附件6-11：项目采购管理流程图

项目部集中采购管理流程图

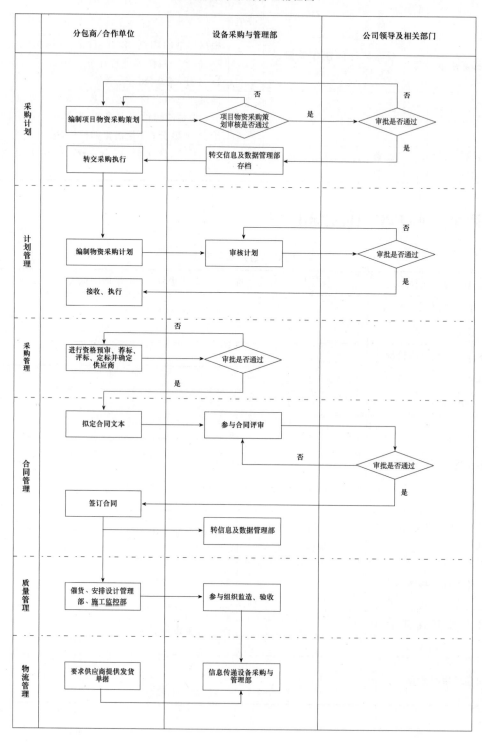

合作单位/分包商采购管理流程图

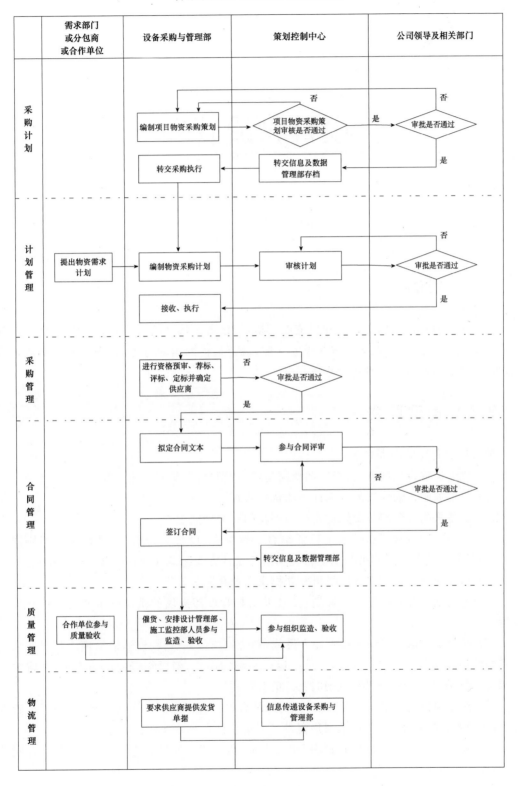

第7章

项目物流管理

7.1 目的

项目物流管理的目的是统一和规范项目物资、设备运输及管理工作,对项目物资、设备运输提供监督、监察、协调及管理等服务支撑,规范运输商运输行为,合理划分物资运输范围,理顺采购、货品发运及现场管理等。

7.2 管理职责

项目物流管理的职责如下。

(1)建立运输管理制度,负责协调物流运输(代理)公司编制运输方案。

(2)负责编制运输计划与运输计划的执行管理。

(3)设备采购与管理部做好货物运输保险的有关理赔工作。

(4)设备采购与管理部采购工程师结合工程物资、设备的特点,与设计管理部协同工作,在项目开工前制定切实可行的项目施工组织设计方案物流部分并报项目经理审批。

(5)对物流运输业务进行监督指导并提供专业化服务。

(6)负责根据合同计划组主计划、设备采购与管理部提供的供应商生产交货信息编制发运计划。

(7)在物资发运前组织采购管理人员或/和合作单位人员、物流运输管理人员对所采购物资的数量及包装外观进行验收,以满足运送到场的需要,确保物资的运输安全,并将验收结果提供给项目部、物资使用单位和相关部门进行核对。

(8)根据项目施工组织总设计物流部分,结合设计与采购的工作接口要求,与设计管理部、施工监控部密切配合,负责编制物资设备发运总计划及分计划。

(9)根据第17章"项目合同管理"相关内容,负责货运代理商选择、询价、评审、合同签订、物流运输等工作。

(10)建立健全各种物流运输管理台账,包括内陆运输、仓储、调拨等台账,确保数据的准确性。

（11）物资到场后，应对工程项下物资严格履行审查，严把外包装质量关、数量关，验收合格后方可配送现场材料站/料场。

（12）应熟悉工程现场及道路，积极与物流公司沟通，根据配送货物情况，如需进行道路维护、桥梁加固等，应及时向部门经理汇报。

（13）采购工程师应熟练掌握各工程物资、设备的种类，运输方式，做到心中有数，便于配送。

（14）若工程项下物资出现质量、外包装缺陷等情况，做好清单备注，并及时向部门经理汇报请示，以确保工程物资的质量。

（15）应做好各项工程物资的交接工作，严格按照工程物资明细清单交接，待交接完毕后双方在交接清单（见附件 7-1）签字确认，交接过程中出现任何质量缺陷、数量缺失的情况，及时核实原因，及时联系相关单位或部门处理，并向部门经理汇报。

（16）建立项目物流管理台账（见附件 7-2），按批次进行货物进口清关及配送统计、记录。根据进口物资实际状况，及时核对、完备物流管理台账，保持单、账、货三者一致。

（17）在物流运输过程中出现物资破损，灭失等情况，及时向现场项目部汇报，联系保险公司，配合做好索赔工作。

（18）在接货完毕后将单据收集，并按现场材料站、到货日期及相应材料编号，依次分类整理归类。

（19）关于国际工程清关相关内容以及注意事项，请参见本书附录 A。

7.3 附件

附件 7-1：合同货物交接凭证
附件 7-2：项目物流管理台账

附件 7-1：合同货物交接凭证

合同货物交接凭证

订 货 明 细

序号	货物名称	规格/型号	配置	数量	清关所需文件（国际工程适用）		备注
					Master List 编码	免税函编码	
采购合同号：				供货商：			
1							
2							
	合计						

交 货 记 录

序号	货物名称	包装	件数	总净重	总毛重	总体积	备注
预配船名：			航次：		集港时间：		
1							
2							
合计							

供货商	兹声明，上述交货记录项下的内容为本采购合同内的完整合同货物。 供货商签字盖章 年　　月　　日
物流服务商	收货备注：

附件 7-2：项目物流管理台账

项目物流管理台账

序号	合同编码	供应商名称	发票号	运单号	配达所属材料站/料场	产品名称	型号及规格	包装类型	计划数量	实际数量 (QX+QY+QZ)	实际数量 (QX)	第（QX－QY－QZ）批次					备注货物完好度
												到港日期	清关日期	接货日期	配送日期	接货人	
1																	
2																	
3																	
4																	
5																	
6																	
7																	
8																	

项目施工管理

8.1　目的

施工是 EPC 项目的三大重要环节之一，也是 EPC 项目实施的难点，其涉及到项目分包管理、计划控制、资源调配、过程成本控制、安全质量管理等诸多因素，项目施工管理的目的在于进一步在 EPC 项目运作过程中有效组织和发挥施工管理的力量，做好计划控制，把握重点环节，充分发挥施工管理的重要作用。

8.2　管理职责

项目施工管理的职责如下。

(1) 项目部应按照相关规章制度全面对项目施工管理进行管控。

(2) 策划控制中心应对项目施工分包商、项目施工进度、质量及成本进行监督管理。

(3) 施工监控部负责项目各项施工管理工作的具体实施。

(4) 设计管理部及设备采购与监控部应以项目施工管理为中心，与 EPC 施工管理密切配合，确保工程项目的整体利益最大化。

8.3　各阶段施工管理任务

施工管理贯穿于项目的全过程：施工准备阶段、施工阶段、开车(试运行)和竣工验收阶段。下面介绍各个阶段的施工管理方面的任务。

8.3.1　施工准备阶段

施工准备阶段的施工管理任务如下。

(1) 施工监控部负责人的任命，建立施工监控部。

(2) 由项目技术负责人领导组织编制项目施工部署。

（3）初步施工进度计划的提出，并配合项目策划控制中心编制项目总进度计划。

（4）进行现场调查，提出施工方案，供设计工作参考。

（5）准备项目施工分包内容，调查拟参加施工投标的施工单位的资质。

（6）对项目设计部各专业的设计文件深入熟悉，从施工安装的角度审查有关施工方面的图纸，并提出意见。

（7）根据设计文件组织编制施工分包招标文件。

（8）组织招标、评标、决标，协助项目经理与中标施工分包商签订施工分包合同。施工分包商管理见本书项目分包管理相关内容。

（9）制定包括项目施工协调程序、施工进度计划、分包合同管理办法、施工材料控制程序、保证施工安全程序以及事故处理措施等在内的项目施工程序文件。

（10）如果项目施工分包给若干个施工分包商，应在施工组织设计中编制总体施工组织规划，协调各施工分包商之间的进度和施工方案。

8.3.2 施工阶段

施工阶段的主要施工管理任务如下。

（1）进驻现场。在施工现场，施工监控部负责人除领导指挥现场施工管理工作外，还被授予部分项目经理的职能，代表工程总承包企业与业主及施工分包商联系工作。

（2）检查开工前的准备工作，落实"三通一平"以及施工分包商的施工组织设计，实施阶段施工组织设计相关内容见本书项目技术管理章节，然后商定开工日期。

（3）检查设计文件、设备、材料到货及库房准备的情况，确保开工顺利。

（4）编制施工进度计划和三月滚动计划，检查由施工分包商编制的三周滚动计划，控制工程进度。

（5）向策划控制中心定期报送项目施工进度、费用和质量问题的书面报告。

（6）处理业主及施工分包商提出的工程变更，流程详见附件8-1：工程变更流程图。

（7）进行现场设备、材料的库房管理。

（8）协助 HSE 安全环保部进行现场施工的 HSE 管理。

（9）认真填写施工管理日志，做好工程施工总结和施工资料归档。

（10）督促、检查施工分包商做好试运行前的准备工作，其内容包括完成设备调试工作。

项目竣工后，要做好交接验收和现场收尾工作，包括施工机具的处理、剩余物资的处理、竣工资料的整理和移交、人员的遣散等。

另外，在项目施工阶段，要及时经常审查施工现场的报告，分析存在的问题，及时处理需由 EPC 总承包商协助现场解决的问题。

8.3.3 试运行与竣工验收阶段

试运行与竣工验收阶段的主要施工管理任务如下。

（1）根据总承包合同规定，对机械设备进行单机试车。

（2）配合联动试车，处理联动试车中出现的施工问题。

（3）处理工程交接的遗留问题。

（4）配合试车和生产考核，处理在试运行、考核中出现的施工问题。

8.4 现场施工开工前准备

现场施工开工前的准备工作应由业主、施工监控部和施工分包商协作完成。其中，施工监控部负责人负责组织检查现场施工开工前的准备工作，及时发现问题，并负责督促处理。由业主或监理审批开工准备情况，最终通知开工时间。

项目施工监控部应做好如下准备。

（1）项目施工管理相关文件已经编制完毕，并经审核批准发表。

（2）检查确定基础施工开工日期。由项目经理主持召开"确定基础施工开工日期会议"，项目策划控制中心负责人、设计管理部负责人、设备采购与管理部负责人和施工监控部负责人参加并说明设计图纸的交付进度、设备材料交付进度及其变更情况，审查核实是否能满足基础施工开工及其后续的土建安装施工的条件，明确基础开工的日期、施工周期、完工日期。

（3）主持召开施工开工前会议。会议的主要内容是确定业主、EPC总承包商、施工分包商之间的协调程序、现场管理办法及有关的现场管理制度，以便建立现场的工作秩序。

（4）对相关的施工标准及验收规范进行汇总，组织学习标准和规范。

（5）按照施工需要向施工分包商发放施工图纸资料，并在开工前进行设计交底和图纸会审。

（6）对由EPC总承包商负责采购和供应的设备材料运抵现场的情况进行检查和落实。

（7）审查由施工分包商编制的施工组织设计和重大施工技术方案，报业主/监理批准。

（8）审查施工分包商编制的单项工程施工统筹控制进度计划，报业主/监理批准。

（9）检查业主和施工分包商的施工开工前的准备工作。应及时提出不具备开工条件的情况，采取措施，督促及时处理和解决。

8.5 施工现场管理

项目施工现场管理应做好施工进度管理、施工质量管理、施工成本管理及施工HSE管理。相应内容参见本书项目进度管理、项目质量管理、项目成本管理及项目HSE管理相关内容。

8.6 附件

附件8-1：工程变更流程图

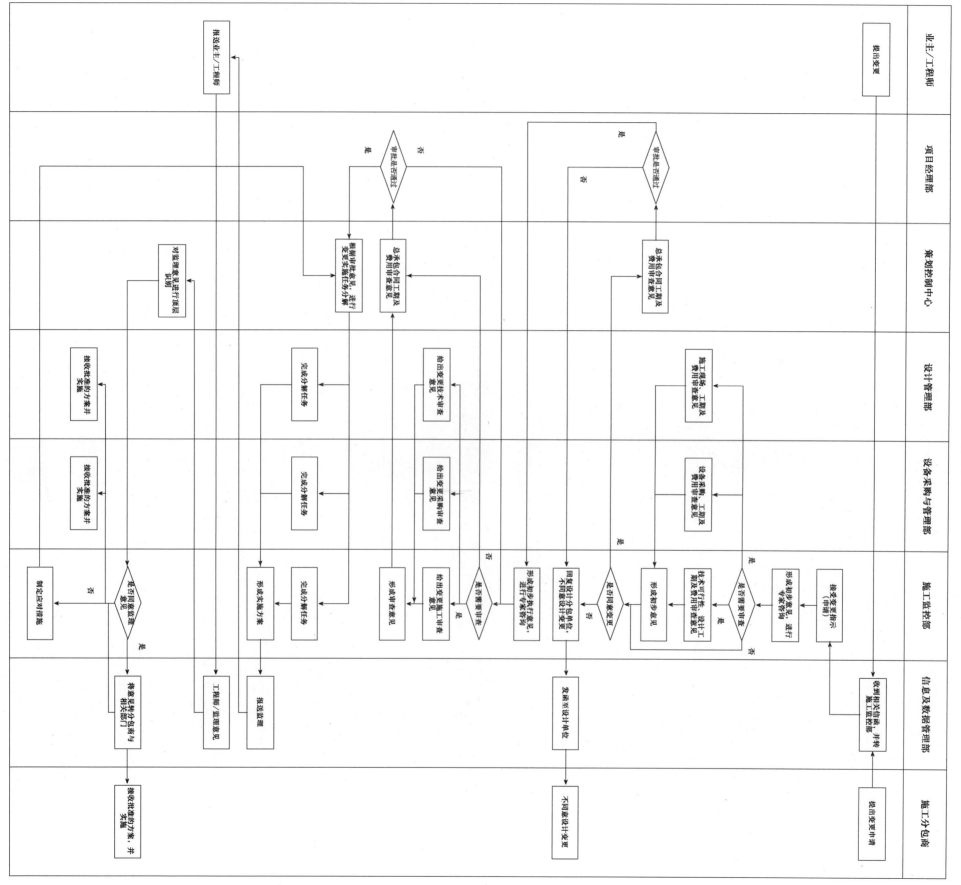

附件 8-1：工程变更流程图

工程变更流程图

第9章

项目HSE管理

9.1　目的

为明确项目部对项目职业健康、安全与环境（以下简称 HSE）监控的管理目标、工作内容，规定安全管理制度，确立本项目部各级 HSE 责任制度，制定本项目部安全管理措施及操作方法，实行对项目系统化、科学化的 HSE 管理。

9.2　管理目标

HSE 管理的总体目标是减少由项目建设引起的人员伤害、财产损失、环境污染和生态破坏，降低项目风险，促进项目可持续发展。

项目部应根据公司规定并结合项目实际情况，按照主管部门的相关要求，建立项目部安全目标管理制度，确定项目健康、安全和环保的总体目标，并根据公司年度安全生产目标，确定项目年度安全生产目标。

项目部应与各部门、各分包商及合作单位签订安全生产目标责任书，责任到人；应制定 HSE 目标的考核办法和安全生产奖惩措施，对目标指标的完成情况进行定期检查和考核，并根据考核结果实施奖惩。

9.3　管理职责

9.3.1　项目部管理职责

项目在正式开工前，项目经理应组织成立项目部安全生产管理小组，并将安全生产管理小组文件报备公司。项目部安全生产管理小组对公司 HSE 管理机构负责。

安全生产管理小组各成员如下。

（1）组长。项目经理。

（2）副组长。项目 HSE 安全环保部负责人、财务部负责人、设计管理部负责人、设备采购与管理部负责人、施工监控部负责人，其中项目 HSE 安全环保部负责人为常务副组长。

（3）成员。其他项目部各部门负责人，各分包商和合作单位。

项目部应建立安全管理人员台账，格式参见附件 9-1。

项目部应根据公司相关规定并结合项目实际情况制定项目部安全生产考核办法。

9.3.2　HSE 管理组织职责

1. 安全生产管理小组组长职责

项目经理为项目部安全生产的第一责任人，对本项目范围内的 HSE 管理工作全面负责，履行安全生产第一责任人的职责、权利、义务，其具体职责如下。

（1）负责组建项目部安全管理机构，配置专职安全管理人员。

（2）贯彻落实国家及所属地有关安全生产的法律、法规及公司安全管理要求。

（3）制定、完善项目部相关规章制度和安全管理策划方案并组织落实。

（4）负责安全管理费用的批准及监督落实。

（5）负责组织监督检查工程安全管理的实施情况。

（6）负责组织对工程安全事故的调查、处置及事故处理。

2. 安全生产管理小组副组长职责

其具体职责如下。

（1）负责组织编制 HSE 管理计划。

（2）组织项目部安全管理机构的落实。

（3）落实公司安全管理要求及项目部相关规章制度。

（4）组织对项目进行大型检查活动。

（5）组织对各分包商和合作单位的安全管理工作进行考核与评价。

（6）完成组长交办的各项工作。

3. 安全生产管理小组成员职责

HSE 安全环保部负责日常各项 HSE 的具体检查和管理工作，包括：

（1）负责 HSE 目标和工作计划的具体实施。

（2）负责本项目部的培训计划的实施。

（3）依据公司的管理要求，确定 HSE 的管理重点，编制 HSE 管理实施细则。

（4）具体实施对工程安全进行安全检查。

（5）负责项目安全信息的上报，落实项目信息化建设。

（6）负责项目部应急计划的编制和执行。

设计管理部通过对设计的管理，为工程建设全过程的安全文明施工提供技术与设计的服务和支持；参与应急预案的制定、修订，发生事故时负责技术处理措施及督促措施落实情况。

设备采购与管理部负责抢险救援物资的供应和运输工作；负责应急抢险用车及设备的管理工作。

施工监控部参与 HSE 危险源识别,监督落实施工过程中各项 HSE 管理措施的落实。

财务部负责事故处理措施、相关计划资金的落实,并收集、核算、计划、控制成本费用,降低资源消耗,对经营活动提供资金保障。

办公室负责日常后勤保障及职工卫生健康管理工作,负责现场医疗救护指挥及受伤人员分类抢救和护送转院工作,并负责治安保卫疏散工作。

各分包商和合作单位负责各自单位的日常 HSE 的各项管理工作;负责事故处置时的现场管理和职工队伍的调动管理工作;负责事故现场通信联络和对外联系,并负责警戒及道路管治等工作。

9.4　项目 HSE 管理计划编制

项目开工前,项目安全生产管理小组常务副组长应组织编制 HSE 管理计划。HSE 管理计划的编制应根据公司相关要求并结合项目具体情况,还应遵从工程承包合同、相关法律法规的要求。项目 HSE 管理计划可参考附件 9-2。

项目 HSE 管理计划编制完成后报项目经理审核签字,然后报送监理审查,审查通过后可用于指导项目的 HSE 管理工作。

9.5　法律法规与安全管理制度

项目部应结合项目特点评估适用的法律法规及相关要求清单,并组织对项目适用的法律法规、技术规范等进行解读和培训。

项目部应结合项目特点,组织编制项目安全生产管理制度,报项目经理批准后下发各部门、分包商及合作单位执行。项目安全生产管理制度包括但不限于以下制度。

(1)安全教育培训制度。

(2)安全检查制度。

(3)安全隐患停工制度。

(4)安全生产奖罚制度。

(5)安全生产工作例会制度。

(6)安全事故报告及处理制度。

项目部应及时对相关安全生产管理制度进行修订和更新,以保证制度的适用性和效果。

9.6　安全生产工作例会

为加强安全管理,沟通安全生产工作信息,及时传达国家、上级有关安全生产的方针政策、法律法规、指示、命令等,了解安全生产情况,研究和分析安全生产形式,制定安全生产应对措施,布置安全生产任务,项目部应制定安全生产工作例会制度。

安全生产工作例会包括日常例会和专题例会。会议由项目经理或安全总监主持,安全生产管理小组各成员及相关人员参加。日常例会通常在每周安排施工生产任务时进行,每月最少召开一到两次专题例会,对重点工程、有重大危险源的工程,使用新设备、采用新工艺和出现安全事故时要及时召开专题会议。

每次安全生产例会结束后应及时形成会议纪要并要求各单位签字。对于会议纪要中的决议应贯彻落实，并跟踪执行效果。

9.7 安全生产投入

为确保 HSE 管理计划的顺利实施，认真贯彻"安全第一、预防为主"的方针，规范安全生产投入管理工作，项目部应依据《安全生产法》或项目所在国相关法律法规的要求和公司有关规定，结合本项目部实际情况，制定项目部安全生产投入管理制度。

安全生产投入管理制度应包括安全生产投入的内容和要求、安全生产投入的计划和实施、安全生产投入的监督管理等内容。

项目部应为项目安排 HSE 管理专项资金，主要用于设备、设施、仪表购置、人身安全保险、劳动保护、职业病防治、工伤病治疗、消防、环境保护、安全宣传教育等方面。

项目部应规范 HSE 管理专项资金的使用，制订使用计划，明确批准权限，监督检查使用，并建立安全生产费用管理台账（参见附件 9-3）。

9.8 安全培训

工程开工前，项目 HSE 安全环保部负责领导应根据公司安全教育培训制度及项目实际情况，组织制定项目部安全教育培训制度，包括目的、适用范围、职责、参考文件、工作程序等，制度应明确教育培训的类型、对象、时间和内容。

工程开工前，项目 HSE 安全环保部负责领导应根据公司年度培训计划及本项目部的培训需求，组织编制项目部年度安全教育培训计划（参见附件 9-4），每年至少组织管理人员进行两次安全培训，时间安排在年初及年中，经项目经理审批后实施；相关培训完成后填写安全教育培训台账（参见附件 9-5）；培训完成后应及时进行效果评价，并记录相关改进情况。

HSE 管理教育培训类型应包括岗前教育、入场教育、违章教育、日常教育，季节性、节假日、重大政治活动前教育，及消防、卫生防疫、交通、安全生产规章制度、应急等专项教育。应将 HSE 教育和培训工作贯穿于项目实施全过程，并逐级进行。

项目安全管理人员应进行专门培训，经过考核合格后持证上岗，并具备相应的资格证书。

对新入场的从业人员进行公司级、项目部级、班组级三级安全教育。新入场从业人员是指新入场的学徒工、实习生、委托培训人员、合同工、新分配的院校学生、参加劳动的学生、临时借调人员、相关方人员、劳务分包人员等。

项目部所有特种作业人员必须经过安监部门或建设主管部门培训，并取得特种作业操作资格证才能进行作业，严禁不具备相应资格的人员进行特种作业。

项目部应要求分包商和合作单位建立 HSE 教育培训制度，制度应明确教育培训的类型、对象、时间和内容；对分包商和合作单位 HSE 管理教育培训的计划编制、组织实施和记录以及证书的管理等职责权限和工作程序进行定期检查。

项目部应进行安全文化建设,定期或不定期地举行安全文化活动,包括安全月、安全知识竞赛等。

9.9　施工设备管理

项目部应根据相关法律法规要求、公司规章制度并结合项目实际情况制定设备管理制度,以加强施工现场机械设备的安全管理,确保机械设备的安全运行和职工的人身安全。

设备管理制度应包括设备使用管理、设备保养、维护及报废管理,特种设备安装及拆除管理等主要内容。

建立机械设备台账(参见附件9-6)。所有进入施工现场的机具,交付手续必须齐全,交接双方签字。机具必须经检验,确认合格后方可进入作业现场。

设备使用应遵从以下要求。

(1) 机械设备操作人员必须身体健康,熟悉各自操作的机械设备性能,并经有关部门培训考核后持证上岗。

(2) 在非生产时间内,未经项目部负责人批准,任何人不得擅自动用机械设备。

(3) 机械设备操作人员必须相对稳定,操作人员必须做好机械设备的例行保养工作,确保机械设备的正常运转。

(4) 新购或改装机械设备,必须经公司有关部门验收,制定安全技术操作规程后,方可投入使用。

(5) 经过大修的机械设备,必须经公司有关部门验收,合格后方可使用。

(6) 施工现场塔吊、施工升降机的安装、加节,必须由专业资质的单位进行安装,并经过有关部门验收合格后,方可使用。

(7) 机械设备严禁超负荷及带病使用,在运行严禁保养和修理。

设备使用过程中应定期进行检查并形成检查记录;制订维护保养计划,做好维护保养工作,形成设备运行及维护保养记录。

9.10　作业安全

9.10.1　现场管理和过程控制

项目部应加强安全生产的过程管控,即通过对过程要素(工艺、活动、作业)、对象要素(作业环境、设备、材料、人员)、时间要素和空间要素的控制,消除施工过程中可能出现的各种危险与有害因素。现场管理和过程控制的内容包括但不限于以下方面。

(1) 加强施工现场管理,包括在施工现场入口处设五牌一图,搭设施工区域围栏,所有出入口、深坑、洞口、吊装区域、架空、电线等危险作业区设置安全防护措施、安全标志牌和夜间红火示警,所有现场人员必须统一佩戴安全帽等。

(2) 加强施工过程中的技术管理,包括对危险性较大工程编制安全专项施工方案、编制各种单项安全生产施工组织设计及方案、进行安全技术交底和施工方案交底等。

(3) 加强施工用电管理,包括编制施工现场临时用电专项方案、进行施工用电专项检查,现场所有的施工用电必须有专职电工操作,现场施工用电必须执行"三相五线制",做到"一箱、一机、一闸、一保护",防止触电事故的发生。

(4)加强防洪度汛管理,包括制定防洪度汛安全管理制度、建立防汛值班制度、进行防汛专项检查等。

(5)加强交通安全管理,制定交通安全管理制度,对机动车驾驶员进行登记、对机动车辆进行安全检查等。

(6)加强消防安全管理,制定消防安全管理制度,确定项目部消防工作责任制,配备消防器材及设施,健全防火检查制度,设立消防标志,并到当地消防部门进行消防备案。

9.10.2 作业行为管理

生产过程中的隐患分为人的不安全行为、设备设施不安全状态、工艺技术及环境不安全因素等。为了加强生产现场的管理和控制,应加强对作业行为的管理,包括不安全行为辨识、编制不安全行为检查表、制定处罚措施、员工培训、实施不安全行为检查、不安全行为处理等。

人的不安全行为包括违反安全操作、违章指挥、疲劳作业等;设备设施不安全状态包括设备设施过期使用,设备设施的设计制造存在缺陷,设备设施的使用、维修不当等;工艺技术及环境因素包括工艺技术落后、不适宜生产要求、自然灾害等因素。

作业行为安全控制措施包括但不限于以下方面。

(1)发现违反安全操作的作业人员,应停止其工作,对其再进行安全生产教育,直至考核合格再上岗,必要时应给予经济处罚。

(2)员工有权拒绝违章指挥操作,并向上级领导举报,因违章指挥而造成不良后果的,由指挥者承担一切责任。

(3)对疲劳作业者应轮流作业,适当调整作业时间。

(4)设备设施使用不应超过其生命周期,设备设施应当经常维护保养,对超周期使用、不能维修或维修不如更新划算的应按规定作报废处理。

(5)设备设施存在缺陷的应由设计制造单位负责重新设计制造,必要时退回处理。

(6)设备设施的使用,应严格遵守操作规程进行操作,严禁违规操作、野蛮操作等。维修后的设备设施应实行验收制度,经验收合格后方可使用,严禁擅自使用未经验收或验收不合格的设备设施,造成事故的,由使用者承担一切责任。

(7)对工艺技术不适合生产要求的,应及时更新,引进先进的生产工艺技术及设备、设施,对报废和购进新的设备设施要严格按照生产设备设施的规定执行。

(8)企业应加强对自然灾害的预防,严格执行各项规章制度,增强企业抵抗自然灾害的能力,把企业的损失降至最低。

9.10.3 安全警示标志

为规范项目安全警示标志管理,充分发挥安全警示标志在安全生产中的作用,避免事故的发生,应依据《建筑工程安全规程》《安全标志使用规则》等有关要求并结合项目实际情况,制定安全警示标志管理制度。

安全警示标志主要分禁止标志、警示标志、指令标志、提示标志几类。安全警示标志设置原则如下。

（1）在不准或制止人们的某种行为的场所必须设置禁止标志。

（2）在提示注意可能发生危险的场所必须设置警示标志。

（3）在必须遵守的场所必须设置指令标志。

（4）在示意目标方向的场所必须设置指示标志。

安全警示标志设置要求如下：

（1）安全警示标志应设置在醒目的地方和它所指示的目标物附近（如易燃、易爆、有毒、高压等危险场所），使进入现场人员易于识别，引起警惕，预防事故的发生。

（2）对安全警示标志应有足够的照明，保证操作人员在夜间能够清晰可辨。

（3）安全警示标志不宜设在门窗等可移动的物体上。

（4）安全警示标志的几何图形的具体参数，图形的颜色必须符合相关规定。

在有重大危险因素的生产场所或有关设备上均应设置安全警示标志。安全警示标志必须符合国家标准，并应做好维护与管理。

9.10.4　相关方管理

相关方主要指项目生产过程中相关的外来团体、组织、单位及个人。为了加强项目的安全管理，造就安全健康环境，规避外来协作方对项目实施过程的安全风险，预防各类事故发生，确保项目安全生产，应根据相关规定并结合项目具体情况，制定相关方安全管理制度。

项目部安全管理人员应做好对相关方以下几方面的管理工作。

（1）审查相关方的资质，向相关方告知公司相关安全环保、治安保卫管理制度和规定，发放《公司安全告知书》，履行审核、告知责任。

（2）指导相关方认真填写相关方安全环保管理协议书。

（3）在与相关方签订的项目合同中，必须有涉及安全/健康/环保等方面的双方责任义务条款，满足有关法律法规的规定，保证双方法定义务的履行。

（4）必须在项目实施过程中向相关方提供必要的个人劳动防护用品（如护目镜、口罩、耳塞等）。

（5）开展安全检查与纠错工作，严格现场监督、检查、考核，及时发现和纠正违章行为和安全隐患，督促技术措施、管理措施落实到位。

（6）做好与相关方的安全生产、环境保护的协调管理工作，对相关方管理混乱和违章、隐患突出的现象进行监督检查，并提出限期整改意见，对不听取、不纠正且情况危急的，有权停止其作业，并按协议和项目有关安全环保管理制度进行处理。

（7）支持、指导分包商/合作单位对相关方的安全监督管理，积极采纳合理化建议，对坚持原则的管理和考核给予支持和奖励。

9.10.5　变更管理

为规范项目安全生产的变更管理，包括生产过程中工艺技术、设备设施及管理等永久性或暂时性的变化，消除或减少由于变更而引起的潜在事故隐患，应制定安全生产变更管理制度。

变更包括工艺技术变更、设备设施变更、管理变更等几类。项目部应针对各类变更制定适应的变更程序,包括变更的申请、审批、实施、结果验收等。

由于变更而产生的各项资料均应存档。项目部应鼓励员工在工作中通过发挥个人的主观能动性,发现问题,提出相应的变更建议。任何员工在未得到许可的条件下,不得擅自进行任何变更,否则将视为违章作业,进行严肃处理。

9.11　安全生产隐患排查与治理

安全生产隐患是指违反安全生产法律、规章、标准、规程的规定,或者因其他因素在施工生产过程中存在可能导致事故发生的物的危险状态、人的不安全行为和管理上的缺陷。安全生产隐患分为一般事故隐患和重大事故隐患。

为建立安全生产事故隐患排查治理长效机制,强化安全生产主体责任,加强事故隐患监督管理,预防和减少生产安全事故,保障施工人员生命财产安全,项目部应根据公司各项规章制度,结合本项目部实际,制定安全检查及隐患排查制度。

项目部应制定隐患排查方案及计划。隐患排查方案包括综合检查、专业专项检查、季节性检查、节假日检查、日常检查等。

项目部应对安全生产检查中发现的安全隐患、重大设备缺陷等,实行分级督办整改制度,治理一项,验收一项,确保整改工作高标准高质量完成,并形成隐患治理和验收、评价记录表(参见附件9-7)。对正在整改过程中的隐患和问题,要采取严密的监控防范措施,防止隐患酿成事故。对尚未完成整改的重大隐患要逐条制订详细的整改计划,落实治理责任、措施、资金,限期完成整改。对不能确保生产安全的重大隐患,要坚决停产整改,经验收合格后方可恢复生产。

为实现对风险的超前预控、规避安全风险,项目部应建立项目部安全隐患预测、风险预警防控体系,分析项目部作业场所风险等级,对项目部存在的安全风险进行预警和防控,切实加大隐患排查治理力度,及时消除事故风险因素,使风险始终处于受控状态,促进项目部安全生产的开展。

9.12　重大危险源控制

重大危险源是指长期地或临时地生产、搬运、使用或者储存危险物品,且危险物品的数量等于或超过临界量的场所和设施,以及其他存在危险能量等于或超过临界量的场所和设施。

为加强对重大危险源的监督管理,项目部应根据根据《安全生产法》、《重大危险源辨识》和《关于开展重大危险源监督管理工作的指导意见》等有关规定,结合项目实际情况,编制详细、具有针对性的重大危险源管理制度。

项目开工前,应进行危险源辨识和分析,填写项目危险源辨识和风险分析表(格式参见附件9-8),并填写重大危险源申报表报政府安全生产监督管理局登记备案。

项目部应对每个重大危险源建立档案,主要内容包括重大危险源报表、重大危险源管理制度、重大危险源管理与监控实施方案、重大危险源安全评价(评估)报告、重大危险源监控检查表、重大危险源应急救援预案和演练方案。

应针对每个重大危险源制定一套严格的规章制度,通过技术措施(包括设施的设计、建设、运行、维护及定期检查等)和组织措施(包括对从业人员的培训教育、提供防护器具、从业人员的技术技能、作业事件、职责的明确,以及对临时人员的管理等),对重大危险源进行严格管理。

加强对重大危险源的监控管理,包括对重大危险源的定期安全评价,对重大危险源安全检查和巡回检查并填写重大危险源检查记录表(参见附件 9-9),制定值班制度和例会制度等。

加强对危险作业的管理,制定危险因素告知、监控及危险作业审批管理制度。对作业人员履行危险因素告知程序,并填写危险因素告知书(参见附件 9-10);对危险作业实施全过程监控,并填写危险作业监控记录表(参见附件 9-11);建立危险作业审批机制,有效监控危险作业,保证作业安全。

重大危险源的生产过程以及材料、工艺、设备、防护措施和环境等因素发生重大变化或者国家有关法律法规、标准发生变化时,应对重大危险源重新进行辨识评价,并将有关情况报当地安全生产监督管理部门备案。

9.13　职业健康

9.13.1　职业健康管理制度

为贯彻执行国家有关职业病防治的法律、法规、政策和标准,加强对职业病防治工作的管理,切实保障劳动者在劳动过程中的健康,项目部应结合项目具体情况并根据工程承包合同、法律法规的要求,编制职业健康管理制度。

9.13.2　防护设施与个人防护用品

项目部应统一购置职业防护用品,保障劳动者在职业劳动中免受职业危害因素对其健康的影响,对机体暴露在有职业危害因素作业环境的部位,采用相应的防护用品进行保护。

项目部对现场作业人员个人防护用品配备情况进行统计登记,建立台账。按配备标准制订个人防护用品配备及补充计划,及时配齐补充。购置的防护设施和个人防护用品应符合国家标准和要求。防护设施应当符合下列条件。

(1)有产品名称、型号。

(2)有生产企业名称及地址。

(3)有合格证和使用说明书,使用说明书应当同时载明防护性能、适应对象、使用方法及注意事项。

(4)检测单位应当具有职业健康技术服务资质,检测的内容应当有检测依据及对某种职业病危害因素控制的效果结论。

注意一定不要使用没有生产企业、没有产品名称、没有职业健康技术服务机构检测报告的防护设施产品。

使用的防护用品应当符合下列要求。

(1)选用的防护用品应当能控制职业病危害因素对劳动者健康的损害。

（2）向劳动者配发足够数量的防护用品。

（3）应与劳动者签订防护用品使用责任书。

对防护设施进行定期或不定期检查、维修、保养，保证防护设施正常运转，每年应当对防护设施的效果进行综合性检测，评定防护设施对职业病危害因素控制的效果。

对参建人员进行使用防护设施操作规程、防护设施性能、使用要求等相关知识的培训，指导劳动者正确使用职业病防护设施。

施工人员不得擅自拆除或停用防护设施。如因检修需要拆除的，应当采取临时防护措施。

9.13.3 职业健康管理

为了掌握劳动者的健康状况、发现职业禁忌、分清责任、防止劳动者带病进入项目，在招聘前对应招者进行岗前职业健康检查，不招用未经上岗前职业健康检查的劳动者，不安排有职业禁忌的劳动者从事其所禁忌的作业。

公司/项目部与已进、新进公司的员工签订职业病危害劳动告知合同（含聘用合同）时，应将工作过程中可能产生的职业病危害及其后果、职业病防护措施和待遇等如实告知职工，并在劳动合同中写明。未与在岗员工签订职业病危害劳动告知合同的，应按国家职业病防治法律、法规的相关规定与员工进行补签。

对产生严重职业病危害的作业岗位的醒目位置设置警示标志和中文警示说明。警示说明应当载明产生职业病危害的种类、后果、预防以及应急救治措施等内容。

项目部应定期组织对员工进行职业病危害预防控制的培训、考核，使每位员工掌握职业病危害因素的预防和控制技能。

项目部应为员工建立职业健康监护档案，并妥善保管。职业健康监护档案包括：劳动者职业史、既往病史和职业病危害接触史，相应工作场所职业病危害因素监测结果，职业健康检查结果及处理情况，职业病诊疗等健康资料。

项目部应为员工购买意外伤害保险，建立工伤事故统计台账。

9.14 项目环境管理

9.14.1 环境过程管理

9.14.1.1 环境管理实施计划

项目部应结合项目具体情况并根据工程承包合同、环保法律法规的要求，编制环保管理实施计划，确定项目部环保管理人员、设备设施配备、管理内容、管理措施、管理要求。项目部环保管理实施计划是项目部 HSE 管理计划的组成部分。

9.14.1.2 环境影响因素识别与控制

环境影响因素是指项目在设计、施工、竣工、保修服务、运行等各项实施过程活动和服务中能与环境发生相互作用的要素，主要分为水、气、声、渣等污染物排放或处置和能源、资源、原材料消耗等。

项目部应组织分包商和合作单位对项目实施的工作范围进行详细分析，对现场环境因素进行识别、分析和评估,对可能产生的污水、废气、固体废弃物、噪声等环境影响因素采取预防和控制措施。

9.14.1.3 环境监察与监测

项目部安排人员对重要的环境影响因素的控制情况进行监察与监测。

项目部环保工程师根据检查情况填写有关的环保检查表格,并对检查中发现的不合格环保问题指导纠正,督促整改。

项目部定期对污水排放、砼消耗、木材消耗、纸张消耗、水电消耗、燃料消耗进行统计分析,掌握环保数据。

9.14.1.4 环境应急准备与应急措施

项目部除对一般常见环保管理因素识别外,应对化学品泄漏、防洪、水浸、暴雨、特别气象等环境因素进行识别,结合项目实施管理要求采取必要的应急准备及措施。

项目部根据应急准备的需要,配备必要的物资、设备,明确有关人员职责权限。

项目部在开工之初可进行防化学品泄漏演习,在雨季之前进行防洪、防暴雨等方面的演习。

9.14.1.5 总结与改进

项目部按照"惩戒分明、以奖为主、重奖重罚"的原则,制定考核奖惩办法,激发作业人员对环境保护工作的重视,及时实施奖惩。

对环境保护管理过程中的经验与教训进行总结,不断改进,提升管理效果。

9.14.2 环境管理措施

9.14.2.1 三废、噪声管理

项目污水收集系统按清污分流的原则,建立临时污水处理设施,相关污水按规定处理后再行排放。

对于项目施工、运输、装卸、存储、生活等产生的有毒有害气体、粉尘物质、油烟等,应采取合理措施减少产生,如在渣土、物料运输时采用喷水或加遮盖处理,采取密闭或其他防护措施运输、装卸、储存能够散发有毒有害气体或粉尘物质的物资,减少不环保材料的使用,厨房产生的油烟通过净化率大于 85% 的油烟净化器处理后采用通风烟道进行高空排放等。

工程施工中的弃土和建筑垃圾,应按规定堆放和处理,并防止处理过程中的污染,不得随意抛弃。

加强对噪声的管理,采用必要的消声、隔声、防震等治理措施。

9.14.2.2 项目节能减排

项目实施过程中,在保证质量、安全等前提下,做到"节能、节地、节水、节材"。如优先使用节能、高效、环保的施工设备和机具,采用低能耗施工工艺,充分利用可再生清洁能源;进行地下水资源的保护,节约生产、生活用水,充分利用雨水资源;施工现场物料堆放应紧凑,减少土地占用,优先考虑利用荒地、废地或闲置的土地,土方开挖施工应减少土方开挖量,最大限度地减少对土地的扰动,保护周边自然生态环境;推广先进工艺、技术,降低生产、生活所需的各种材料浪费。

9.14.2.3 文明施工

尽量做到最大限度地减少对当地周围环境的影响,将有限的污染控制在最小的限度,做到现场清整、物料清楚、操作面清洁、保持生态平衡,促进当地社会、经济及文化的良性发展。

对施工现场设专职人员负责日常的文明施工管理。

9.15 应急管理

9.15.1 应急管理组织

项目部应成立安全生产应急小组,项目经理任组长,项目 HSE 安全环保部负责领导任常务副组长,其他部门负责领导任副组长,各个部门负责人、各分包商和合作单位负责人为小组成员。

为保障应急管理小组联络的顺畅,应编制安全生产应急小组通信联络表,以确保能及时联系到各个成员。

9.15.2 应急预案

9.15.2.1 一般要求

应急预案是针对可能发生的突发事故(事件),为保证迅速、有序、有效地开展应急与救援行动、降低事故损失而预先制订的有关计划或方案。应急预案是在辨识和评估潜在的重大危险、事故类型、发生的可能性、发生过程、事故后果及影响严重程度的基础上,对应急机构与职责、人员、技术、装备、设施(备)、物资、救援行动及其指挥与协调等方面预先做出的具体安排。应急预案应明确在事故(事件)发生前、发生过程中以及发生后,谁负责做什么、何时做、怎么做,以及相应的策略和资源准备等。

项目部应针对突发事件建立应急预案,主要通过采取预防措施将事故(事件)控制在局部,消除蔓延条件,防止重大或连锁事故发生,同时能在事故(事件)发生后迅速控制和处理事故,尽可能减轻事故(事件)对人员、财产和环境的影响。

9.15.2.2 应急预案的结构和内容

应急预案分为总体应急预案、专项应急预案及现场处置方案。

(1) 总体应急预案。总体应急预案是项目部应对各类突发事件的纲领性文件,是组织管理、指挥协调相关应急资源和应急行动的整体计划和程序规范。总体应急预案对专项应急预案的构成、编制提出要求及指导,并阐明各专项应急预案之间的关联和衔接关系。

总体应急预案的主要内容应包括:

① 总则。明确应急预案的编制目的、编制依据、适用范围、工作原则、预案结构体系等。

② 组织机构与职责。明确项目部的应急组织体系、机构与职责。

③ 风险分析与应急能力评估。描述项目部的企业概况、风险分析和应急能力评估的结果、突发事件的分类与分级。

④ 预防和预警。明确突发事件的预防措施与应急准备要求、监测与预警要求、信息报告与接报处置。

⑤ 应急响应。明确应急响应流程、应急响应分级、应急响应启动条件和启动方式、应急响应程序、恢复与重建、应急联动程序。

⑥ 应急保障。明确应急保障计划、应急资源、应急通信、应急技术支撑、其他保障。

⑦ 预案管理。明确预案宣传培训、预案演练、预案修订、预案备案。

⑧ 附则。明确名词与定义、预案的签署和解释、预案实施时间要求。

⑨ 附件。明确预案支持性附件,如组织机构图及职责分配表、应急通信联系方式及值班联系电话、应急救援队伍清单、重大危险源和环境敏感区域及应急设施分布图等。

(2) 专项应急预案。专项应急预案是项目部针对具体的事故(事件)类别、危险源而制订的计划或方案。根据可能发生的事故类型及现场情况,明确应急救援的具体程序和具体应急救援措施等。专项应急预案是在总体应急预案的基础上针对特定事故(事件)的特点,按照综合应急预案的程序和要求制定。

专项应急预案包括消防安全事故应急预案、交通事故应急预案、防洪防汛应急预案、坍塌事故应急预案等。

专项应急预案的主要内容应包括:

① 总则。明确应急预案的编制目的、编制依据、适用范围、工作原则、预案结构体系等。

② 组织机构及职责。明确突发事件应急响应的每个环节中负责应急指挥、处置、提供主要支持的机构、部门或人员,并确定其职责,清晰界定职责界面。

③ 预防和预警。明确突发事件的预防措施与应急准备要求、监测与预警要求、信息报告与接报处置。

④ 应急响应。明确信息报告和接警,预警,信息报告的程序、方式和内容,明确应急响应条件、程序、职责,及响应解除条件等内容。

⑤ 应急保障。明确与本类型突发事件应急响应及救援直接相关的应急保障资源及内外部依托资源。

⑥ 附则。主要阐述名词与定义、预案的签署和解释、预案实施等内容。

⑦ 附件。专项应急组织机构及应急工作流程图、应急值班联系及通信方式、应急组织有关人员和专家联系电话及通信方式、上级组织和外部救援单位相关部门联系电话、所在地政府相关部门联系电话、应急响应工作流程图等。

(3) 现场处置方案。现场处置方案是针对项目部具体的装置、场所或设施、岗位所制定的应急处置措施、处置程序。应根据风险评估及风险控制措施逐一进行编制,做到相关人员应知应会、熟练掌握,并通过应急演练,做到反应迅速、处置正确。

现场处置方案的主要内容应包括:

① 事故特征。明确现场及作业环境可能出现的突发事件危险性,分析、简述现场可能发生的事件及事态。

② 组织机构及职责。明确应急处置流程图、应急处置工作职责。

③ 应急处置。明确应急处置程序、应急处置要点或处置措施。

9.15.2.3 应急预案编制

鉴于应急预案的重要性,应成立以项目经理为组长的编制领导小组,对应急预案的编制及管理进行整体策划,制订工作方案,确定预案编制机构和人员,编制过程控制和时间进度安排等。

（1）成立应急预案编制组织。项目部应急预案编制一般由领导小组、编制工作组组成。领导小组负责对编制工作的协调和审核把关。应急预案编制工作组具体负责应急预案的编制工作。编制工作组人员由管理人员、专业人员及专家组成。

（2）危险分析和应急能力评估。为了准确策划应急预案的编制目标和内容，应开展危险分析和应急能力评估工作。

（3）应急预案编制。项目部应针对可能发生的事故（事件），结合危险分析和应急能力评估结果等信息，按照应急预案编制规范的要求编制相应的应急预案。应急预案的编制通过自下而上逐级编制完成，形成应急预案结构体系。应急预案编制应充分利用社会应急资源，考虑与所在地政府应急预案以及上级组织、相关单位的应急预案相衔接。

（4）应急预案评审和发布。为确保应急预案的科学性、合理性和与实际情况的符合性，项目部应依据法律、法规、标准、规范等，组织开展应急预案评审工作。评审通过后，相关应急预案应由相应的领导签署发布。

应急预案编制完成后应进行评审。通过应急预案评审过程不断地更新、完善和改进应急预案文件体系。根据评审性质、评审人员和评审目标的不同，评审可分为内部评审和外部评审。

（5）应急预案的修订和更新。项目部应根据应急预案评审的结果、应急演练的结果以及日常发现的问题，组织对应急预案进行修订和更新，以确保应急预案的持续适宜性。修订和更新后的应急预案应通过有关负责人员的认可签署，并及时进行发布实施。

9.15.3　应急设施、装备与物资

项目部应保证一定的应急资金投入，并在日常工作状态下做好一定数量的应急保障器材物资的储备，以备应急状态下紧急使用。

为加强对相应设备和物资的管理，应建立应急设备和物资台账，定期查看和更新储备物资，使之处于有效和正常工作状态。

应定期对应急设备和车辆进行检查、保养和维护，并对检查结果和维护记录进行备案。

应急状态下，相应设备和物资采取先调拨、后议价的方式，以最快的速度保障供应及维持正常的工作状态；应急状态下，设备的维修保障采取先维修、后报告的方式，以满足技术保障需求；应急状态下，医疗设备应急保障组可临时调配临床科室闲置设备，供应急保障使用；应急状态下，应掌握应急物资和设备的库存情况，一旦发现无库存情况，采购员马上联系供应商，确保应急物资和设备的及时到位，在处理应急事件的同时根据事件性质和发展程度及时报告上级主管领导。处理完应急事件后按照相关正规程序补办有关审批手续。

9.15.4　应急演练

应急演练是组织相关单位及人员，依据有关应急预案，针对模拟的紧急情况，执行实际紧急事件发生时各自所承担任务的排练活动。应急演练是项目部评估应急准备状态，检验应急人员实际操作水平，发现并及时修改应急预案中的缺陷和不足的重要手段。

项目部应结合项目实际情况，制订应急预案演练计划，定期组织综合应急预案或者专项应急预案演练，各部门、分包商及合作单位应定期组织现场处置方案演练。

应急演练分为以下类型。

（1）桌面演练。是参演人员利用地图、沙盘、流程图、计算机模拟、视频会议等辅助手段，针对事先假定的演练情景，讨论和推演应急决策及现场处置的过程，从而促进相关人员掌握应急预案中所规定的职责和程序，提高指挥决策和协同配合能力。桌面演练通常在室内完成。

（2）功能演练。是针对某项应急响应功能或其中某些应急响应活动而举行的演练活动。功能演练一般在应急指挥中心举行，并可同时开展现场演练，调用有限的应急设备，主要目的是针对应急响应功能，检验应急响应人员以及应急响应能力。

（3）全面演练。是针对应急预案中全部或大部分应急响应功能，检验、评价应急组织应急运行能力的演练活动。全面演练是实战演练，参演人员利用应急处置涉及的设备和物资，针对事先设置的突发事件情景及其后续的发展情景，通过实际决策、行动和操作，完成真实应急响应的过程，从而检验提高相关人员的临场组织指挥、队伍调动、应急处置技能和后勤保障等应急响应能力。

一般应急演练参与人员分为演练领导小组、演练总指挥、策划人员、文案人员、评估人员、控制人员、参演人员、模拟人员、后勤保障人员、观摩人员等。

应急演练过程可划分为以下 3 个阶段：

（1）应急演练准备。项目部应急演练准备应在演练领导小组组织下进行，包括制订演练计划、设计演练方案、演练动员与培训、准备应急演练保障条件。

（2）应急演练实施。包括演练启动、演练执行、演练结束与终止。

（3）应急演练评估与总结。项目部应对演练的效果进行评估，提交评估报告，说明演练过程中发现的问题。演练结束后可通过组织评估会议、填写演练评价表和对参演人员进行访谈等方式收集演练实施情况评估资料。演练总结可分为现场总结和事后总结。现场总结是在演练的一个或所有阶段结束后，由演练总指挥、总策划、专家评估组长等在演练现场有针对性地进行讲评和总结。事后总结是在演练结束后，根据演练记录、演练评估报告、应急预案、现场总结等材料，对演练进行系统和全面的总结，并形成演练总结报告。

9.15.5 应急救援

在紧急情况下，项目部根据应急预案和事件的具体情况，抢救伤员，保护现场，防止二次伤害，设置警戒标志，按照"分级响应，快速处理，以人为本，积极自救"的工作原则，进行应急处置。

9.16 事故报告、调查与处理

事故发生后，项目部应及时、如实向公司和业主报告相关责任事故，配合事故调查和处理。

轻伤、重伤事故由企业的有关人员组织，死亡以上事故由政府主管部门、安全生产监督部门、公安部门和工会组织组成。事故调查应查明事故的原因、过程和人员伤亡、经济损失情况，确定事故责任者，提出事故处理意见和防范措施建议，写出事故调查报告。

事故的处理要防止事故重复发生，因而事故处理要做到"四不放过"，即事故的原因不查不放过、事故责任者没有严肃处理不放过、广大员工没有受到教育不放过、防范措施没有落实不放过。项目 HSE 管理流程图见附件 9-12,项目 HSE 管理实施流程图见附件 9-13。

9.17 国际工程机构及人员安全管理

除参照上述流程外,对于驻地及人员的安保、恐怖袭击的预防以及危机应对等具体实施可参照商务部《境外中资企业机构和人员安全管理指南》相关内容。

9.18 附件

附件 9-1:安全管理人员台账

附件 9-2:项目 HSE 管理计划(大纲)

附件 9-3:安全生产费用管理台账

附件 9-4:安全教育培训计划表

附件 9-5:安全教育培训台账

附件 9-6:机械设备台账

附件 9-7:隐患治理和验收、评价记录表

附件 9-8:项目危险源辨识和风险分析表

附件 9-9:重大危险源检查记录表

附件 9-10:危险因素告知书

附件 9-11:危险作业监控记录表

附件 9-12:项目 HSE 管理流程图

附件 9-13:项目 HSE 管理实施流程图

附件 9-1:安全管理人员台账

安全管理人员台账

序号	姓名	性别	年龄	工作岗位及职务	资质证书情况			相关从业、培训经历		备注
					证书类型	发证单位	证书编号	从业经历	受过何种安全培训和教育	

附件 9-2：项目 HSE 管理计划(大纲)

项目 HSE 管理计划(大纲)

××××公司

EPC 项目部

项目 HSE 管理计划

项目经理：　　　　（签名）　　　　　　　年　　月　　日

1. 项目概述

1.1　项目概况

1.2　地理环境

1.2.1　地形地貌

1.2.2　工程地质及水文地质

1.3　气象

1.4　外部依托

2. 政策和目标

2.1　HSE 政策

2.1.1　HSE 方针

2.1.2　HSE 承诺

2.2　HSE 目标

2.2.1　职业健康与安全目标

2.2.2　环境目标

2.3　计划书的范围和目的

2.3.1　范围

2.3.2　目的

3. 人员、组织机构与职责

3.1　组织机构与人员安排

3.1.1　HSE 管理组织机构

3.1.2　人员安排

3.2　HSE 管理组织机构职责

3.3　培训

3.3.1　HSE 培训范围

附件 9-3：安全生产费用管理台账

安全生产费用管理台账

序号	时间	科目	细目	预算金额	使用金额	批准人	备注

附件 9-4：安全教育培训计划表

安全教育培训计划表

项目名称：   编制日期：

序号	日期	学习教育内容	主讲人	主持人	教育对象	备注

附件9-5：安全教育培训台账

安全教育培训台账

培训日期		培训地点	
培训形式		授课人	
考核时间		培训课时	
考核内容			
被培训单位		参加人数	
教育培训内容概要			
考核通过率	_____％	_____年_____月_____日	

注：后附参训人员签到表

附件9-6：机械设备台账

机械设备台账

序号	机械名称	规格型号	机械编号	进入日期	来源	检验结论	责任人	流向	备注

附件 9-7：隐患治理和验收、评价记录表

隐患治理和验收、评价记录表

序号	排查发现日期	隐患所在单位（部门）	隐患概况	隐患等级	主要整改措施	整改期限	监督部门	复查日期	整改结果

附件 9-8：项目危险源辨识和风险分析表

项目危险源辨识和风险分析表

序号	作业活动	危险源	可能导致的事故	LEC 值				重大危险源		控制措施	备注
				L	E	C	D	是	否		

附件9-9：重大危险源检查记录表

重大危险源检查记录表

序号	危险源项目	方案及审批手续程序是否完善	实施过程安全交底是否充分	督促实施及验收是否完善	实施责任人是否明确	存在问题记录	备注

附件9-10：危险因素告知书

危险因素告知书

作业人员姓名		作业班组	
从事作业岗位		从事作业场所	

作业过程可能存在的危险因素：

1. ……

2. ……

防范措施：

1. ……

2. ……

应急措施：

1. ……

2. ……

告知人：	被告知人：
	日期：　　年　月　日

注：本告知书一式两份，告知人与被告知人各留一份。

附件 9-11：危险作业监控记录表

危险作业监控记录表

单位名称		项目名称	
监控项目		监控地点	
监控负责人		监控人员	

监控交底内容：

1.……

2.……

交底人：　　　　年　月　日

监控过程记录：

监控人：　　　　年　月　日

监控信息反馈内容：

记录人：　　　　年　月　日

处理结果：

处理负责人：　　　　年　月　日

附件 9-12：项目 HSE 管理流程图

项目 HSE 管理流程图

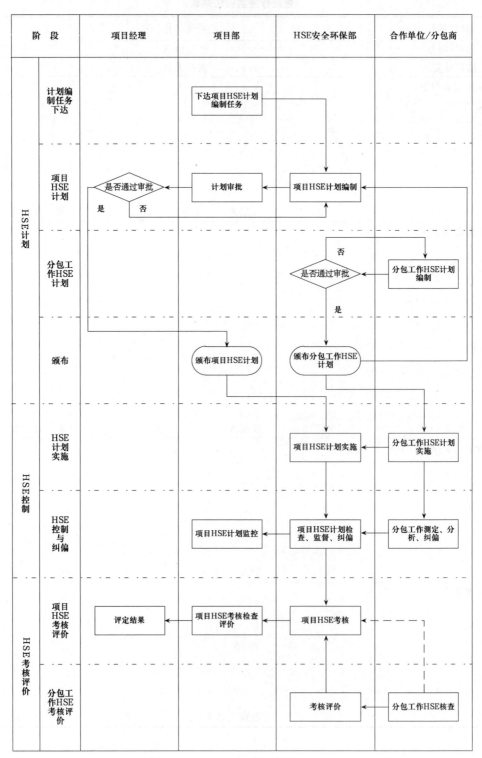

附件 9-13：项目 HSE 管理实施流程图

项目 HSE 管理实施流程图

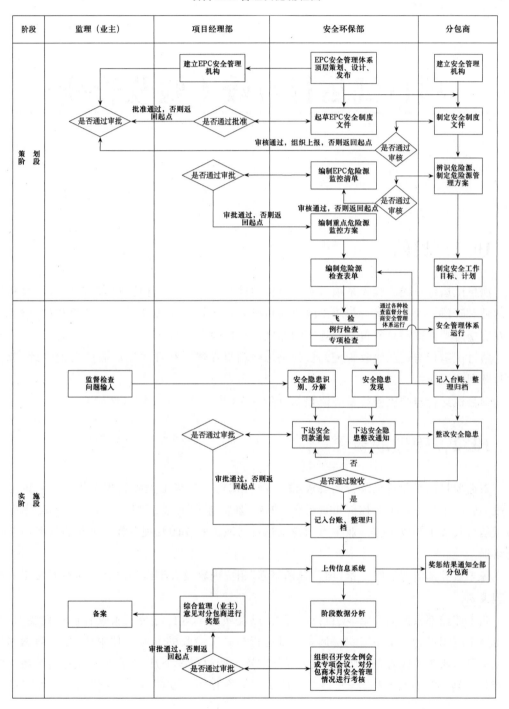

第10章

项目试运行与竣工验收管理

10.1　目的

项目试运行与竣工验收是项目实施目标的检验阶段，同时也是项目执行中的检验和试验的最后阶段。项目试运行与竣工验收须执行总承包合同文本所明确的检验和试验标准，并在实施时严格按照总承包合同规定的标准进行检验和试验。

项目试运行与竣工验收管理的目的是加强项目在试运行和竣工验收阶段的管理，确保项目顺利移交业主。

项目试运行与竣工验收管理流程图见附件10-1。

10.2　管理职责

根据项目的专业特点及合同要求，做好项目试运行与竣工验收管理工作。项目试运行与竣工验收工作由施工监控部负责组织、协调、检查、监督和管理相关专业的技术专家应参与试运行及竣工验收工作。业主方参与试运行与竣工验收的管理及操作人员也应参与并接受培训。

施工监控部应按照第3章"项目管理策划"相关内容及大纲编制项目试运行与竣工验收管理策划。

施工监控部根据第5章"项目技术管理"以及项目试运行与竣工验收管理策划要求，在项目施工组织设计方案中组织协调参加试运行与竣工验收的专业合作单位/分包商编制项目试运行与竣工验收管理计划，并在试运行与竣工验收前3个月，根据项目试运行与竣工验收管理计划，组织协调试运行与竣工验收的专业合作单位编制项目试运行方案、竣工验收方案。

试运行、竣工验收完成后，项目部应审核试运行与竣工验收专业合作单位/分包商编制的试运行报告、工程竣工验收记录，并在获得业主签认后，作为附件列入当月项目工作月度报告中。

项目部现场各部门应负责向业主提交合同约定的竣工资料,并报项目部备案;督促、协调和指导各合作单位/分包商;负责竣工资料的收集、汇总、整理立卷、归档,并向业主及公司移交竣工档案。

10.3　试运行管理

项目部应按合同规定做好试运行工作。试运行管理内容主要包括试运行方案制定、培训服务、试运行准备、试运行实施及试运行报告等。

10.3.1　试运行方案制定

在试运行前 3 个月,施工监控部应根据项目试运行与竣工验收管理计划、合同的技术要求等,组织协调试运行与竣工验收的专业合作单位/分包商编制项目试运行方案,并进行审核。试运行方案主要内容见附件 10-2。试运行方案应按合同要求及时提交业主确认。

经业主确认的试运行方案电子版应以附件形式纳入当月的项目工作月度报告中,报项目部存档。

10.3.2　培训服务

培训服务的内容应依据合同规定,一般包括:编制培训计划,推荐培训方式和场所,对生产管理和操作人员进行模拟培训和实际操作培训。

上岗培训前,应对操作人员进行工艺流程、操作手册、安全、事故处理等培训。

10.3.3　试运行准备

项目部应组织、协调、监督及检查参与试运行与竣工验收的专业合作单位/分包商,检查试运行前的准备工作,确保已按设计文件及相关标准完成生产系统、配套系统和辅助系统的施工安装及调试工作,并达到竣工验收标准。试运行准备工作包括设备和系统的内部处理以及仪表调试等,主要应具备如下条件。

(1) 已按设计文件规定和有关标准规范的质量要求完成了全部安装工作,提供了各种产品合格证书、各项施工安装质量合格记录以及有关资料和文件,包括按照合同或双方约定应提交的竣工资料、操作和维修手册。

(2) 试运行方案已获业主同意,参试人员经过学习并能正确掌握试运行要领。

(3) 试运行所需的所有仪器、装备、消耗品、工具、材料、劳力以及具有适当资质和经验的人员已经齐备。

(4) 所需水、电、气等可以保证供应,仪表气源等公用系统已能正常使用。

(5) 所需测试仪表已按规定安装完毕,测试仪器、模拟信号发生装置以及通信工具均已按规定准备齐全。

(6) 在施工合作单位/分包商自检合格的基础上,由项目部组织业主、施工合作单位及有关部门对工程设计的漏项和缺陷、工程质量的隐患和未完工程进行清查,定人员、定任务、定措施、定时间处理的工作已达到规定的标准。

(7) 试运行安全措施到位,事故处理程序、预案已制定。

(8) 试运行的时间和地点已经由业主和项目部双方商定,但项目部一般应提前 21 天通知业主其准备进行试运行的日期。

(9) 试运行项目检验和试验的最后阶段。试运行前应完成设备安装前的现场检验和试验。

10.3.4 试运行实施

1. 预试运行

预试运行包括设备安装完毕后的单机调试、系统调试和联动调试等。预试运行阶段的主要工作是联动调试,属于空载运行。联动调试包括系统联动调试和整机调试。

项目部应及时组织协调并监督检查试运行与竣工验收的专业合作单位处理联动调试中出现的施工安装问题。

联动调试可以按单元或系统组织进行,不受工艺条件影响的仪表、保护性联锁和报警均属试运行范围,并应逐步投入自动控制系统。联动调试中暴露的问题和缺陷,分包商和合作单位应尽快修改和完善。

2. 试运行

项目部的试运行与竣工验收部门以及设计人员应及时了解、研究并解决试运行中出现的各种技术问题;试运行与竣工验收部门应及时组织协调施工安装的技术骨干,及时排除试运行过程中出现的各种故障;试运行的开始日期应由业主和项目部共同确定;试运行合格后由业主/咨询工程师签认。

3. 性能试验

项目试运行通过后,一般需要在移交前进行可靠性试验或性能试验。

4. 试运行实施的内容

试运行实施的内容见附件 10-2。

10.3.5 试运行报告

试运行与竣工验收部门应组织协调并监督检查试运行与竣工验收的专业合作单位/分包商按试运行方案的要求落实相关的技术、人员和物资;检查影响合同目标考核指标达标存在的问题,并督促落实解决措施。

试运行与竣工验收部门在试运行完毕后,应组织协调试运行与竣工验收的专业合作单位/分包商编制试运行报告,经过项目部审定后试运行报告应报业主签认。

施工监控部应将试运行报告以附件形式纳入当月的项目工作月度报告中报项目部存档。

10.4　竣工验收管理

应先进行分阶段验收(或初步验收),然后进行全部工程的竣工验收。

10.4.1　竣工验收一般应遵循的依据

竣工验收一般应遵循如下依据。

(1) 合同文件(含补充协议)。

(2) 经业主确认的设计文件(含变更)。

(3) 合同中规定的设计、技术和验收标准,如行业标准等。

(4) 政府主管部门批准的项目立项建议书或可行性研究报告。

(5) 设备技术规范说明书、设备的设计文件和标准。

(6) 业主对颁布接收证书的申请或工程竣工验收申请的批复意见。

10.4.2　竣工验收一般应具备的条件

竣工验收一般应具备如下条件。

(1) 合同规定的各项内容已经全部建成,包括生产性装置和辅助性公用设施等。

(2) 项目部对所有工程进行了检查评定,确认工程质量符合合同规定和强制性标准,对体量大、工艺技术复杂的项目自行组织了预竣工验收。

(3) 在工程竣工前一般不少于14天向业主提交颁布接收证书的申请或工程竣工验收申请。

(4) 试运行合格,主要技术指标达到设计要求。

(5) 环境保护、劳动安全卫生、消防已按设计文件与主体工程同时建成投用,各项指标达到有关标准、规范的要求,并经业主验收合格。

(6) 竣工运营投产的各项准备工作、操作人员培训、检修设施和规章制度等满足生产需要。

(7) 竣工资料已经按照合同提交给业主。

10.4.3　竣工验收的一般程序

竣工验收按照合同的规定执行,一般程序如下。

(1) 在试运行开始前3个月,组织协调试运行与竣工验收的专业合作单位/分包商编制竣工验收方案,经项目部审核后提交给业主确认。

(2) 按照竣工验收方案实施竣工验收准备工作。

(3) 施工监控部组织合作单位/分包商,对列入竣工验收的工程进行自验,确认达到竣工标准。

(4) 由业主、项目部等专家组成各专业验收小组,负责专业工程验收。

(5) 各专业小组按方案、分专业进行专业验收,重点检查工程项目是否达到验收条件、是否存在质量和影响安全生产隐患、竣工文件是否齐全真实可靠、是否与现场工程实物一致,对各专业小组有争议的问题进行协调处理,对存在的缺陷明确处理意见、整改期限、复验时间和方法。

（6）专业小组填写专业工程验收记录。

（7）项目部与业主共同确认工程竣工验收记录内容，包括对竣工验收遗留的问题进行整改，制定纠正措施，整改至合格。

（8）针对存在的质量缺陷，制定纠正措施。

（9）向业主提出由业主和项目部共同签署的工程竣工验收记录，内容包括工程概况、工程数量、工程造价、过程控制、验收经过、发现缺陷、纠正措施、综合评价和验收结论等。

（10）业主确认项目部已按合同规定完成全部工程并达到验收标准，并按照合同规定签署竣工验收文件或颁发接收证书。

（11）项目业主按照合同规定释放履约保函及转换质保金保函。

（12）竣工验收方案和工程竣工验收记录应以附件形式纳入当月的项目工作月度报告中，报项目部存档。

10.5　竣工资料管理

10.5.1　竣工资料管理的要求

竣工资料管理的要求如下。

（1）项目部应根据总承包合同、相关标准及业主要求，在工程开工前与业主协商确定竣工资料的范围、内容、表单样式及执行标准等。

（2）项目部和各合作单位/分包商应指定专人负责竣工资料的管理工作。

（3）项目部应按有关编码的规定对资料进行分类、保管、收发，以防止文件丢失。

（4）设计管理部、设备采购与管理部及施工监控部应定期检查合作单位/分包商的资料编制质量及与工程建设同步性。

（5）项目部应在项目月报中汇报有关竣工验收的实施情况，包括编制质量、完整性及是否与工程建设同步等。

10.5.2　竣工资料编制的依据

竣工资料编制的依据如下。

（1）相关法律、法规及强制性标准。

（2）工程总承包合同。

10.5.3　竣工资料的形成

竣工资料应记录和反映项目的设计、采购、施工及竣工验收的全过程；真实记录和准确反映项目建设过程和竣工时的实际情况，图物相符、技术数据可靠，满足过程控制和质量追溯的要求，竣工资料的一般内容详见附件10-3。

竣工资料的编制一般应注意以下问题。

（1）竣工资料的文件应为原件，因故不能提供原件的，应在复印件上加盖原件存放单位公章,注明原件存放处,并有经办人签字。

（2）竣工资料应内容完整、结论明确、签字手续齐全;资料的文字、图表、图章应清晰。

（3）竣工资料文件的数量,竣工图套数应满足总承包合同要求并需提交公司一套。

（4）竣工资料的各类文件应按文件形成的先后顺序或项目完成情况及时收集。

（5）声像材料整理时应附文字说明,对重大事件的事由、时间、地点、人物、作者等内容进行著录。

（6）根据建设程序和工程特点,竣工资料的归档可以分阶段分期进行,也可以在单位或分部工程通过竣工验收后进行,项目部组织合作单位/分包商将各自形成的有关工程资料及时进行收集、汇总。

（7）在项目完成后,将经整理、编目后形成的竣工资料进行资料的归档。

10.5.4　竣工图的编制

竣工图应完整、准确、清晰、规范、修改到位,真实反映工程竣工验收时的实际情况。

项目部应根据合同及有关规定的要求,协调确定竣工图的编制工作责任,防止设计和施工分包单位的互相推诿。

10.5.5　工程竣工资料的审核与移交

项目部应对合作单位/分包商提交的竣工资料进行审核,审核通过并组织统一整编后方可提交工程师或业主代表。

在竣工验收前,项目部应组织对项目竣工资料进行预验收,预验收合格后再提交业主。

经工程师或业主代表接收的竣工资料,在竣工验收时按相关要求的套数和格式移交,并办理清点、签字等交接手续。

竣工资料经业主接收后3个月内,项目部应向公司提交一套完整的竣工资料存档。

项目竣工资料管理流程图详见附件10-4。

10.6　总结

项目结束后编制项目总结,总结试运行与竣工验收工作中的经验教训,以指导公司其他项目的相关工作。

10.7　附件

附件10-1:项目试运行与竣工验收管理流程图

附件10-2:项目试运行方案

附件10-3:项目竣工资料一般内容参考目录

附件10-4:项目竣工资料管理流程图

附件10-1:项目试运行与竣工验收管理流程图

项目试运行与竣工验收管理流程图

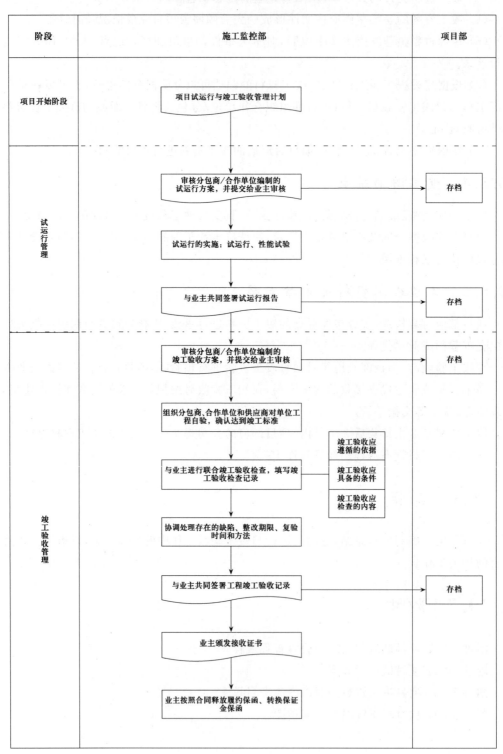

阶段	施工监控部	项目部
项目开始阶段	项目试运行与竣工验收管理计划	
试运行管理	审核分包商/合作单位编制的试运行方案,并提交给业主审核	存档
	试运行的实施:试运行、性能试验	
	与业主共同签署试运行报告	存档
竣工验收管理	审核分包商/合作单位编制的竣工验收方案,并提交给业主审核	存档
	组织分包商、合作单位和供应商对单位工程自验,确认达到竣工标准	
	与业主进行联合竣工验收检查,填写竣工验收检查记录	竣工验收应遵循的依据 / 竣工验收应具备的条件 / 竣工验收应检查的内容
	协调处理存在的缺陷、整改期限、复验时间和方法	
	与业主共同签署工程竣工验收记录	存档
	业主颁发接收证书	
	业主按照合同释放履约保函、转换保证金保函	

附件10-2：项目试运行方案

项目试运行方案

序号	主要内容	要　求	编制人
1	工程概况		
2	编制依据和原则		
3	目标与采用标准		
4	试运行应具备的条件		
5	试运行文件及试运行准备工作要求	试运行需要的原料、物料和材料的落实计划,试运行及生产中必需的技术规定、安全规程和岗位责任制等规章制度的编制计划	
6	组织指挥系统	提出参加试运行的相关单位,明确各单位的职责范围;提出试运行组织指挥系统和人员配备计划,明确各岗位的职责及分工	
7	试运行的程序	应充分考虑工艺装置的特点、工艺衔接和对公用工程、辅助设施的要求,合理安排试运行程序,包括预试运行、投料试运行、性能试验等	
8	试运行进度安排	编制试运行进度计划,该计划应符合项目总进度计划的要求,并对施工、竣工和生产准备工作的进度提出要求,使之与试运行全过程相互协调一致	
9	试运行资源配置		
10	试运行培训计划	培训计划应根据合同约定和项目特点进行编制。培训计划一般包括:培训目标、培训的岗位和人员、时间安排、培训与考核方式、培训地点、培训设备、培训费用以及培训教材等内容	
11	试运行费用计划	试运行费用计划的编制和使用原则,应按计划中确定的试运行期限、试运行负荷、试运行产量以及原材料、能源和人工消耗等计算试运行费用	
12	环境保护设施投运安排		
13	安全及职业健康要求		
14	试运行预计的技术难点和采取的应对措施等		
审核:		批准:	日期:

附件10-3：项目竣工资料一般内容参考目录

项目竣工资料一般内容参考目录

序号	归档文件
	一、勘察设计相关资料(文件)参考目录
1	工程地质勘查报告
2	水文地质勘查报告、自然条件、地震调查
3	建设用地钉桩通知单(书)

续表

序号	归 档 文 件
4	地形测量和拨地测量成果报告
5	技术设计图纸和说明
6	审定设计方案通知书及审查意见
7	施工图及其说明
8	设计计算书
二、采购、施工相关资料(文件)参考目录	
(一)	建筑安装工程
1	土建(建筑与结构)工程
(1)	施工技术准备文件
①	施工组织设计
②	技术交底
③	图纸会审记录
④	施工预算的编制和审查
⑤	施工管理日志
(2)	施工现场准备
①	控制网设置资料
②	工程定位测量资料
③	基槽开挖线测量资料
④	施工安全、环保措施
(3)	地基处理记录
①	地基钎探记录和钎探平面布点图
②	桩基施工记录
③	试桩记录
(4)	工程图纸变更记录
①	设计会议会审记录
②	设计变更记录
(5)	施工材料预制构件质量证明文件及复试试验报告
①	砂、石、砖、水泥、钢筋、防水材料、防腐材料
②	砂、石、砖、水泥、钢筋、防水材料、焊条、沥青复试试验报告
③	进场物质批次汇总表
④	工程物质进场报验表
(6)	施工试验记录
①	土壤(素土、灰土)干密度试验报告
②	土壤(素土、灰土)击实试验报告
③	砂浆配合比通知单
④	砂浆(试块)抗压强度试验报告
⑤	混凝土配合比通知单
⑥	混凝土(试块)抗压强度试验报告
⑦	混凝土抗渗试验报告
⑧	商品混凝土出厂合格证、复试报告
⑨	钢筋接头(焊接)试验报告
⑩	防水工程试水检查记录

续表

序号	归档文件
⑪	楼地面、屋面坡度检查记录
⑫	土壤、砂浆、混凝土、钢筋连接、混凝土抗渗试验报告汇总表
(7)	隐蔽工程检查记录
①	基础和主体结构钢筋工程
②	钢结构工程
③	防水工程
④	高程控制
(8)	施工记录
①	工程定位测量检查记录
②	预检工程检查记录
③	工程竣工测量
(9)	工程质量事故处理记录
(10)	工程质量检验记录
①	检验批质量验收记录
2	电气、给排水、消防、通风、空调
(1)	一般施工记录
①	施工组织设计
②	技术交底
③	施工管理日志
(2)	图纸变更记录
①	图纸会审
②	设计变更
(3)	设备、产品质量检查、安装记录
①	设备、产品质量合格证、质量保证书
②	设备装箱单、商检证明和说明书、开箱报告
③	设备安装记录
④	设备试运行记录
⑤	设备明细表
(4)	预检记录
(5)	隐蔽工程检查记录
(6)	施工试验记录
①	电气接地电阻、绝缘电阻、综合布线等测试记录
②	给排水、消防、通风、空调等试验记录
③	电气照明、动力、给排水、消防、通风、空调、调试、试运行记录
(7)	质量事故处理记录
(8)	工程质量检验记录
①	检验批质量验收记录
②	分项工程质量验收记录
③	分部工程质量验收记录
(二)	施工
1	施工技术准备
(1)	施工组织设计

序号	归 档 文 件
(2)	技术交底
(3)	图纸会审记录
(4)	施工预算的编制和审查
2	施工现场准备
(1)	工程定位测量资料
(2)	工程定位测量复核记录
(3)	导线点、水准点测量复核记录
(4)	工程轴线、定位桩、高程测量复核记录
(5)	施工安全措施
(6)	施工环保措施
3	设计变更、洽商记录
(1)	设计变更通知单
(2)	洽商记录
4	原材料、成品、半成品、构配件、设备出厂质量合格证及试验报告
(1)	砂、石、砌块、水泥、钢筋(材)、石灰、沥青、涂料、混凝土外加剂、防水材料、粘接材料、防腐保温材料、焊接材料等试验汇总表
(2)	砂、石、砌块、水泥、钢筋(材)、石灰、沥青、涂料、混凝土外加剂、防水材料、粘接材料、防腐保温材料、焊接材料等质量合格证书和出厂(试)验报告及现场复试报告
(3)	水泥、石灰、粉煤灰混合料;沥青混合料、商品混凝土等试验汇总表
(4)	水泥、石灰、粉煤灰混合料;沥青混合料、商品混凝土等出厂合格证和试验报告、现场复试报告
(5)	混凝土预制构件、管材、管件、钢结构构件等试验汇总表
(6)	混凝土预制构件、管材、管件、钢结构构件等出厂合格证书和相应的施工技术资料
(7)	设备开箱报告
5	施工试验记录
(1)	砂浆、混凝土试块强度、钢筋(材)焊连接、填土、路基强度试验等汇总表
(2)	道路压实度、强度试验记录
①	道路基层混合料强度试验记录
②	道路面层压实度试验记录
(3)	混凝土试块强度试验记录
①	混凝土配合比通知单
②	混凝土试块强度试验报告
③	混凝土试块抗渗、抗冻试验报告
④	混凝土试块强度统计、评定记录
(4)	砂浆试块强度试验记录
①	砂浆配合比通知单
②	砂浆试块强度试验报告
③	砂浆试块强度统计评定记录
(5)	钢筋(材)焊、连接试验报告
(6)	钢管、钢结构安装及焊缝处理外观质量检查记录
(7)	桩基础试(检)验报告
(8)	工程物质选样送审记录

续表

序号	归 档 文 件
(9)	进场物质批次汇总记录
(10)	工程物质进场报验记录
6	施工记录
(1)	地基与基槽验收记录
①	地基钎探记录及钎探位置图
②	地基与基槽验收记录
③	地基处理记录及示意图
(2)	桩基施工记录
①	桩基位置平面示意图
②	打桩记录
③	钻孔桩钻进记录及成孔质量检查记录
④	钻孔(挖孔)桩混凝土浇灌记录
(3)	构件设备安装和调试记录
①	钢筋混凝土大型预制构件、钢结构等吊装记录
②	厂(场)、站工程大型设备安装调试记录
(4)	施工测温记录
(5)	电气照明、动力试运行记录
(6)	供热管网、燃气管网等管网试运行记录
(7)	燃气储罐总体试验记录
(8)	电信、宽带网等试运行记录
三、竣工图文件参考目录(因项目而异)	
(一)	综合竣工图
1	综合图
①	总平面布置图(包括建筑、建筑小品、水景、照明、道路、绿化等)
②	竖向布置图
(二)	各专业图纸
四、竣工验收文件参考目录	
(一)	工程竣工总结
1	工程概况表
2	工程竣工总结
(二)	竣工验收记录
1	建筑安装工程
(1)	单位工程质量验工验收记录
(2)	竣工验收证明书
(3)	竣工验收报告
(4)	工程质量保修书
五、声像、缩微、电子档案	
1	声像档案
①	工程照片
②	录音、录像材料
2	电子档案
①	光盘

附件10-4：项目竣工资料管理流程图

项目竣工资料管理流程图

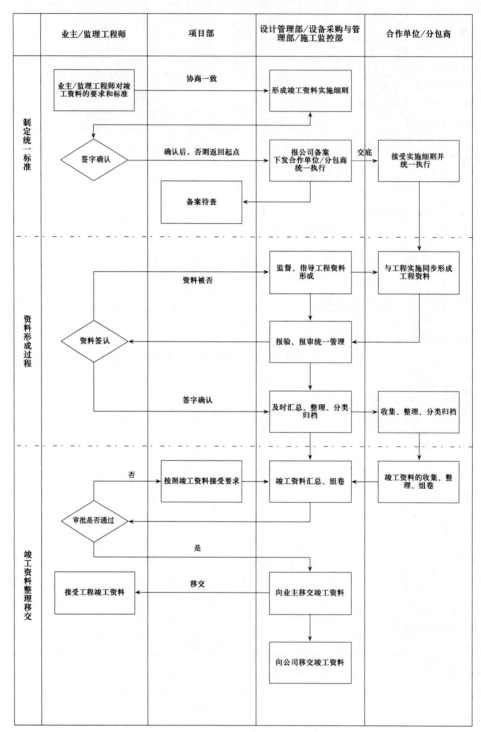

第11章

项目收尾管理

11.1 目的

从项目移交给业主后,项目进入收尾阶段。项目收尾工作主要包括:现场清理、竣工结算、人员撤离、物资撤离、回访保修、项目部撤销等。

项目收尾管理的目的是规范工程项目收尾工作,闭合项目管理链,确保工程项目自计划开始至目标完成全过程受控,促进项目经营成果最大化;加快人力、物资、机械设备等施工资源在全公司范围内优化整合与合理流动的速度,提高资源效益和时间效益;尽可能减少费用开支,避免效益流失。

在编制项目总结时,项目部应根据第25章"项目总结管理"的要求,总结项目收尾工作中的经验教训,以指导公司其他项目的相关工作。

项目收尾管理的流程图见附件11-1。

11.2 管理职责

11.2.1 公司职责

公司牵头生产管理部门、财务资产部门、安全生产管理部门、勘察审计部门等各相关职能部门,根据各自的职责分工共同参与对公司工程项目收尾工作的监督和指导,包括:对项目收尾工作的进度、质量及其优化、风险规避等进行指导、检查与监督,对项目收尾工作的成本进行控制,履行项目结束后未完的债权债务。

11.2.2 项目部职责

项目部应按照本书项目管理策划章节中相关规定编制项目收尾管理策划,并依据项目收尾管理策划和本项目收尾管理的规定编制项目收尾工作计划。

项目部负责项目收尾的具体工作,包括:现场清理、竣工结算、人员撤离、物资撤离、回访保修、项目部撤销等。

11.3　项目收尾工作计划

项目经理应组织策划控制中心、设计管理部、设备采购与管理部及施工监控部结合各合作单位/分包商在工程正式移交前3个月编制项目收尾工作计划,明确各项工作收尾的时间安排、具体措施和责任人。项目收尾工作计划见附件11-2。

项目收尾工作计划的内容一般应包括:现场清理、竣工结算和决算、人员撤离、物资撤离、回访保修、项目部撤销等。

项目收尾工作计划经过项目经理审签后,须报公司审批。

项目部应督促相关合作单位/分包商根据双方签署的合同编制合作单位/分包商收尾工作计划,报项目部审核批准后实施。

11.4　项目收尾工作的实施

项目部应根据公司批准的项目收尾工作计划实施项目收尾工作,并在项目工作月度报告中汇报项目部当月的收尾工作开展情况。

11.4.1　现场清理

项目部应有序开展工程清理及剩余工作收尾、临时设施清理、设施设备及剩余材料清理、场地清理、道路清理、废物垃圾清理、现场周边设施清理恢复等工作,同时,督促协调合作单位/分包商完成相关合同下的此类工作。

项目部宜制订每日作业计划,计划下达各工区或作业面,项目部HSE安全环保部共同跟进,各作业面作好施工管理日志,并每天向项目部领导反馈每日情况报告。

项目部应督促合作单位/分包商做好现场清理工作,满足双方之间合同的相关要求和总包合同的相关要求。

11.4.2　竣工结算和决算

按照第15章"项目计量支付管理"和第16章"项目财务管理"中的相关规定执行。

11.4.3　人员物资撤离

项目部在完成工程移交后,项目进入保修阶段。项目部除保留合同商务、财务、保修管理等必要的人员之外,其余人员应逐步撤离现场,合作单位/分包商应根据协议或合同进行留守,直至合同责任解除。办公室在根据项目部项目收尾工作计划中的现场管理人员撤场计划及人员劳动合同的规定,安置撤场人员到新的岗位。

项目部应根据项目收尾工作计划中的物资设备和办公设备撤场计划,做好自有施工设备、办公设备(含IT设备)的撤场工作。选择合适的撤离路径和运输方式,逐步撤离现场。项目资产处置应按公司固定资产管理相关规定执行。在工程移交后,项目部应将信息化应用系统(含数据)有计划地向邻近项目或公司总部进行迁移。

项目部应督促合作单位/分包商做好人员和物资撤离工作,确保这些工作能符合双方签订的合同的相关要求和总包合同的相关要求。

11.4.4　回访保修管理

在项目部完成项目竣工验收及向业主移交手续后,项目就进入了保修期。保修期限按照业主合同约定确定,或与业主签订项目保修合同。

项目部应安排适当数量的人员负责保修期内的保修工作,并做好机械配备及备件备料工作,监督相关合作单位/分包商根据双方的合同做好保修工作。

项目部负责对保修的工作内容进行成本、进度、质量、安全、环保等方面的控制。项目部要制订计划,在保修实施过程中应按工程正常实施管理的要求开展工作,并在项目工作月度报告中汇报保修工作的实施情况。

超保修范围时,应编制维修报价书报业主确认;对分包商或供应商等造成的质量问题,通知相关方参加勘验确认保修责任。

保修工程施工时,项目部应制定专项施工管理方案,包括人员、材料、设备组织,重点突出现场施工的环保、安全、质量管理措施等,避免对工程运营及环境造成干扰。

在保修期内,项目部应加强项目尾款及保修款的清收,当工程保修期满,向业主发出工程保修期满通知单。

项目部应根据合同和有关规定编制回访保修工作计划,回访保修工作计划应至少包括下列内容。

(1) 回访的业主名称。

(2) 主管回访保修业务的部门。

(3) 回访时间安排。

(4) 回访方式。

(5) 回访主要内容。

回访可采取电话询问、登门座谈、例行回访等方式。回访应以业主对公司服务情况的满意度调查、业主对竣工项目质量的反馈及特殊工程采用的新技术、新材料、新设备、新工艺等的应用情况为重点,并根据需要及时采取改进措施。

顾客回访记录和工程保修记录见附件11-2中表4、表5。

11.4.5　履约证书

保修期满时,应按照合同规定及时向业主收取业主颁发的履约证书,并按照合同规定由业主释放履约保函(如有)或保修期保函(如有),并返还业主在期中付款中扣留的保留金(如有)。

同时按照总包合同下各类合同的要求,项目部应释放合作单位/分包商的履约保函(如有)或保修期保函(如有),并返还在期中付款时扣留的保留金(如有)。

11.4.6　项目部撤销

在履约证书颁发后,项目部可提出撤销项目部的申请,报公司审批。申请需说明需保留的人员数量、尚未完成的工作和计划完成的时间以及需要接收的保留的人员的部门。

公司组织项目部、生产管理部、财务资产部、安全生产管理部、勘察审计部进行审核会签,公司审批后,发布撤销项目部的通知。

11.5 附件

附件11-1：项目收尾管理流程图
附件11-2：项目收尾工作计划

附件11-1：项目收尾管理流程图

项目收尾管理流程图

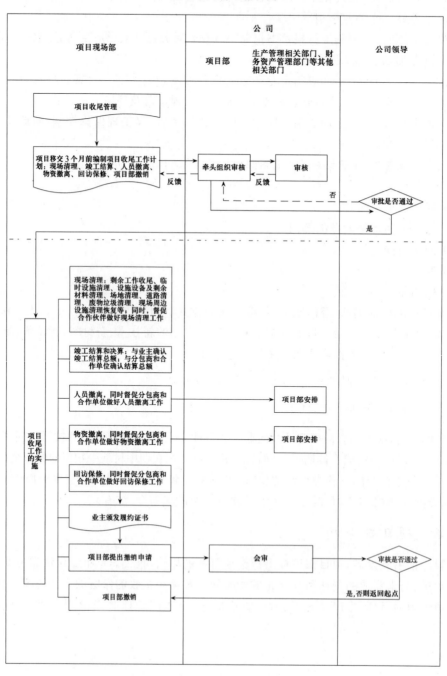

附件 11-2：项目收尾工作计划

项目收尾工作计划

序号	工作项目	说　明	责任人或部门	工作期限
	项目名称及编号			
1	现场清理			
	(1) 剩余工作收尾			
	(2) 工程清理			
	(3) 办公设施清理			
	(4) 生活设施清理			
	(5) 材料及机器清理			
	(6) 道路清理			
	(7) 场地清理			
	(8) 工地周边公共设施还原			
	(9) 督促合作单位处理以上工作			
2	人员撤离	撤离人员、撤离时间表、撤离方式、离境地点和交通方式		
	(1) 项目部人员的撤离	现场管理人员撤场计划见表1		
	(2) 合作单位/分包商人员的撤离			
3	物资撤离	撤离物资内容、撤离时间表、撤离方式、离境地点和运输方式、责任人、标识、撤场批次、报批程序等。		
	(1) 项目部物资撤离	物资设备撤场计划和办公设备撤场计划见表2和表3		
	(2) 合作单位/分包商物资撤离			
4	竣工结算			
	(1) 总包合同结算			
	(2) 总包合同下各类合同结算			
	(3) 保函、保留金			
5	回访保修	见表4		
6	项目部撤销	见表5		

表1：现场管理人员撤场计划

现场管理人员撤场计划

序号	姓名	岗位	年龄	性别	撤场时间	联系电话	业务专长	个人意愿	推荐部门

表2：物资设备撤场计划

物资设备撤场计划

序号						
物资名称						
规格型号						
计量单位						
进场数量						
撤场数量						
物资采购或租赁单位	业主	买				
		租				
	公司	自有				
		买				
		租				
	分支机构	自有				
		买				
		租				
	项目	买				
		租				
	分包提供					
退还单位						
计划退还时间						

表3：办公设备撤场计划

办公设备撤场计划

序号	办公设备名称	规格型号	单位	进场数量	退场数量	设备来源						退场时间	设备去向	设备状况	接收部门签字
						内部调配	公司购买	公司租赁	项目购买	项目租赁	分包提供				
1	固定资产类														
2															
3															
4															
5															
6															
7															
8	低值易耗品类														
9															
10															
11															
12															
13															

表4：顾客回访记录

顾客回访记录

工程名称		工程地点			
建设单位		竣工日期			
保修责任单位		保修责任期			
回访负责人		回访日期		顾客代表	

回访情况：

顾客代表（签名）/日期：

表5：工程保修记录

工程保修记录

工程名称		工程地点	
存在质量问题部位			

维修记录：

顾客意见：
维修责任人/日期：

顾客签字/日期：

联系电话：

第12章

项目进度管理

12.1 目的

为规范项目部的进度管理工作,特建立涵盖工程总承包项目全过程的进度管理体系,体现设计、采购及施工之间的合理交叉和相互协调,将进度控制、费用控制和质量控制相互协调、统筹管理,以实现合同规定的项目进度目标。

12.2 管理职责

策划控制中心负责安排设计管理部、设备采购与管理部及施工监控部进行互审,并结合设计管理部、设备采购与管理部及施工监控部进度计划,编制项目的总体进度计划和各工作阶段的进度计划,并按规定编制项目进度计划报告,按时报送项目部和项目业主,得到审批后执行,并负责工程项目整体进度工作。

策划控制中心依据项目进度策划的有关内容对进度计划进行管理,并负责组织设计、采购及施工部门编制设计、采购、运输、施工、试运行等各工作阶段进度计划,更新项目各级进度计划。

策划控制中心负责在项目实施过程中采取有效措施保证按进度计划开展各项工作,对项目实际进展进行跟踪、对比分析,并根据实际情况对进度计划进行调整。

策划控制中心及时分析、总结项目进度管理情况,使项目进度管理水平得到持续的改进和提高。

设计管理部负责设计单位及设计分包商的分包进度计划,并定期编制设计进度计划报告,按时报送策划控制中心,在部门互审后,得到审批后执行,并负责对设计单位及设计分包进度工作的协调和管控。

设备采购与管理部负责材料、设备供应商的进度计划,并定期编制采购进度计划报告,按时报送策划控制中心,在部门互审后,得到审批后执行,并负责对供应商进度工作的协调和管控。

施工监控部负责施工分包商的分包进度计划,并定期编制施工进度计划报告,按时报送策划控制中心,在部门互审后,得到审批后执行,并负责对施工分包进度工作的协调和管控。

设计管理部、设备采购与管理部及施工监控部分别负责每月度收集合作单位及分包商信息向策划控制中心报送统计报表和数据,符合真实、准确、完整、及时的原则。

12.3 项目进度计划

12.3.1 编制原则

项目进度计划编制的原则如下。

(1) 符合项目总承包合同规定的总工期、阶段性目标、里程碑目标和工作分解结构层次以及业主的相关要求。

(2) 符合项目部项目进度管理和其他相关制度的规定和要求。

(3) 符合公司工程项目管理的有关规定。

(4) 遵照项目进度策划的内容和要求。

12.3.2 编制要求

项目进度计划编制的要求如下:

(1) 项目进度计划的编制应使用专业的进度软件,以满足项目信息化统一管理的要求。

(2) 运用工程网络计划技术编制进度计划应符合项目现行标准及行业标准的规定。

(3) 项目进度计划的编制应充分考虑设计、采购、施工与试运行之间的接口关系,最大限度地优化各项工作之间的界面,充分体现项目部作为总包方对项目总体实施情况的把握和协调能力。

(4) 项目进度计划应包括项目总体进度计划、设计进度计划、采购进度计划、施工进度计划;按时间范围至少应包括项目总体进度计划、年度进度计划和月度进度计划。

12.3.3 编制内容

12.3.3.1 项目总体进度计划

项目总体进度计划为项目的里程碑总控性进度计划,应体现设计、采购、施工与试运行等各项工作间的总体协调性。

项目总体进度计划应涵盖从合同签署生效至项目交付业主各关键阶段的工作内容,确立项目设计、采购、施工与试运行等各项工作的起止时间和相互间制约关系,项目关键路径和主要里程碑,应至少包括以下工作的时间:发表项目设计施工组织总设计方案;签订主要分包合同;预付款到位;设计工作开始;施工图设计文件;采购工作开始;关键设备材料到场;取得项目施工许可证/开工令;土建工作开始;安装工作开始;项目竣工;项目试运行开始;项目交付业主等。

此外,其应包含项目所需各类资源的使用计划和保证措施,设计、采购、施工与试运行等各项工作进度管理与控制措施等。

12.3.3.2　项目年度进度计划

项目年度进度计划是对项目总体进度计划的细化,是在总体进度计划的约束条件下,根据活动内容、活动的依赖关系、外部依赖关系和资源条件编制,应包括各项工作间的逻辑联系,并且赋予各种资源。

项目年度进度计划应包括以下内容。

(1) 主要设计工作的年度进展情况,施工图设计的出图计划。

(2) 关键设备或材料的采购进度计划,以及关键设备或材料运抵现场时间。

(3) 各单位工程的施工周期,以及最早开始时间,最早完成时间,最迟开始时间和最迟完成时间,并表示各单位工程之间的衔接。

(4) 项目主要资源的年度使用计划,包括管理人员、劳动力、主要材料、机械设备等。

项目年度进度计划应包含在项目年度进度报告中。

12.3.3.3　项目月度进度计划

项目月度进度计划是对项目年度进度计划的进一步细化,应该达到可以实施的程度,标明了工程建设的所有重要内容。策划控制中心应每周在项目实施过程中将此计划与实际情况进行对照,针对不同程度、不同性质的进度偏差进行分析,组织相关部门在周例会进行探讨,商议采取措施,保证项目总体进度计划的实现。

项目月度进度计划应包含在项目工作月度报告中。

12.3.4　审批流程

设计管理部、设备采购与管理部及施工监控部分别就设计分包商及合作单位、采购供应商及施工分包商提交的进度计划进行评审,并分别报送策划控制中心。

策划控制中心应组织设计管理部、设备采购与管理部、施工监控部共同编制项目总体进度计划,并进行共同评审,经项目经理审定确认后,纳入项目施工组织总设计方案中。

12.3.5　分包工作进度计划

在确定项目总体进度计划后,设计管理部、设备采购与管理部及施工监控部应要求各自合作单位和各分包商根据项目总体进度计划和年度进度计划对其所承担工作的相应频度的进度计划进行修改,其中应包含分包工作的整体进度计划和相应的项目预计S曲线(其中应包括采购计划以及人工、机械设备、材料等资源的进场计划、使用量和曲线图),以及各分项工程的各项主要工序。

针对合作单位和各分包商编制的工作进度计划,设计、采购及施工管理部门应组织相关的合作单位和分包商进行互审,达成共识后,报送业主审批,遵照实施。

12.4　项目进度控制

12.4.1　项目进度计划的实施

经项目部正式发布实施的项目总体进度计划和年度进度计划应作为项目部进度管理的目标计划,项目开工后进度的更新和核查都以目标计划为基准。

策划控制中心在进度计划实施过程中应做好以下工作。

（1）对项目进度实施逐级管理，用控制基本活动的进度来达到控制整个项目的进度。

（2）督促采购及施工管理部门加强对人工、机械设备、材料等资源进场情况的管理和控制，强调人工、机械设备、材料到场的及时性和匹配性，确保现场资源满足工期要求。

（3）组织设计、采购及施工管理部门进行实际进度记录，并跟踪记载和收集相关进度数据，包括每个实施过程的开始日期、完成日期、每日完成数量、出现的问题、制约因素及处理情况等。通过对目标计划实施过程中有关工作做出针对性的协调和控制，确保项目各项工作按计划要求有序地进行。

（4）发现是否出现偏差及偏差的大小，进而找出影响进度的潜在问题，分析影响进度偏差的原因，为进度的控制和调整提供依据，以便及时采取相应的措施持续纠正已出现的偏差，并预防偏差的产生。

如出现偏差，项目部可采取如下措施来对项目进度进行纠偏：

（1）组织措施，如调整项目组织结构（重大偏差）、任务分工、管理职能分工、工作流程组织和项目管理班子人员等。

（2）管理措施，如分析由于管理的原因而影响进度的问题，并采取相应的措施；调整进度管理的方法和手段，强化合同管理，加强现场管理和协调工作力度，改变施工管理方法，科学安排施工等。

（3）经济措施，如及时解决工程款支付和落实加快工程进度所需的资金等。

（4）技术措施，如改进施工方法和改变施工机具投入，对工程量、耗用的资源数量进行统计与分析，编制统计报表等。

12.4.2　项目工作界面进度控制

项目部应高度重视设计、采购、施工与试运行之间的界面关系，充分发挥自身优势，协调、控制和处理好各分包商和合作伙伴单位所负责工作之间的接口和界面，加强对多专业施工、工作面交接、交叉施工等与进度密切相关的施工组织管理工作，对工作界面的进度情况实施重点控制。

1. 设计与采购工作的界面进度主要控制点

其主要控制点如下。

（1）采购向设计提交订货的关键设备资料。

（2）设计向采购提交技术规范书。

（3）设计对供货商图纸的审查、确认、返回。

（4）设计变更对采购进度的影响。

2. 设计与施工工作的界面进度主要控制点

其主要控制点如下。

（1）施工对设计的可施工性分析。

（2）设计文件交付。

（3）设计交底或图纸会审。

（4）设计变更对施工进度的影响。

3. 设计与试运行工作的界面进度主要控制点

其主要控制点如下。

（1）试运行对设计提出试运行要求。

（2）设计提交试运行操作原则和要求。

（3）设计对试运行的指导与服务，以及在试运行过程中发现有关设计问题的处理对试运行进度的影响。

4. 采购与施工工作的界面进度主要控制点

其主要控制点如下。

（1）制造加工周期较长的设备的订购、验收。

（2）施工过程中发现与设备材料质量有关问题的处理对施工进度的影响。

（3）采购变更对施工进度的影响。

5. 物流与施工工作的界面进度主要控制点

其主要控制点如下。

（1）所有设备材料发运。

（2）现场的开箱检验。

（3）现场的设备材料的交接。

6. 采购与试运行工作的界面进度主要控制点

其主要控制点如下。

（1）试运行所需材料及备件的确认。

（2）试运行过程中发现的与设备材料质量有关问题的处理对试运行进度影响。

7. 施工与试运行工作的界面进度主要控制点

其主要控制点如下。

（1）施工计划与试运行计划不协调时对进度的影响。

（2）试运行过程中发现的施工问题的处理对进度的影响。

12.4.3 项目进度计划的调整

经项目部正式发布实施的项目总体进度计划和年度进度计划，各部门应严格遵照执行，不得擅自进行原则性的调整和修改。

在项目实施过程中，如果发生对项目进度造成严重影响的重大事项或预见到可能造成严重影响的重大问题、风险或隐患（如不可抗力、工程变更等），项目部应立即评估这些情况对项目总体进度计划的影响程度，并在第一时间将相关情况上报公司，提交应对处理措施、建议和预计达到的效果，同时应保持对该类事项、问题、隐患等持续监控和报告，直至影响消除。

如果确需对项目总体进度计划做出原则性的调整和修改，策划控制中心应综合考虑工期、资源与成本等因素，对总体进度计划做出适当合理的调整，报项目经理审核，经项目经理审批后遵照执行，同时，对符合总承包合同及分包合同约定的工期索赔条件的情况，策划控制中心应组织进行工期影响分析并实施索赔。

12.5 项目进度的报告

12.5.1 项目工作月度报告

12.5.1.1 报告内容

（1）项目进展情况摘要。结合合作单位及分包商进展情况及提供的信息，项目进展情况摘要包括累计完工率、当月完成产值、当月重要里程碑、项目开工日期、合同竣工日期和预计竣工日期等项目关键数据信息。

（2）当月进展情况介绍。结合合作单位及分包商进展情况及提供的信息，当月进展情况包括项目勘察设计工作、物资供应情况、施工工作、融资工作的进展情况、合同变更与索赔情况以及试运行与竣工验收情况介绍。

（3）项目计量计价情况介绍。结合合作单位及分包商进展情况及提供的信息，项目计量计价情况包括当月计划工程量、实际完成工作量、业主和监理工程师确认工程量。

（4）项目工程质量、安全和环境保护情况介绍。其中，工程质量情况应包含工程质量状况、质量管理工作开展情况、工程技术资料的管理情况以及项目阶段性质量验收情况等内容；安全情况应包含项目生产安全和治安安全两方面的内容；环境保护情况应按照本书项目HSE管理相关要求进行填写。

（5）项目资源使用状况介绍。项目资源使用状况介绍包括项目部管理人员、工人（如有）、现场主要设备和车辆状况以及项目分包商和合作单位的资源状况。

（6）项目目前存在的主要问题及解决措施。

（7）项目当月发生的重要活动和事件介绍。

（8）项目当月进度计划完成情况。项目部应遵照批复确认的年度进度计划和上月度工程月报中列出的当月进度计划，汇报当月进度计划实际完成情况和相应的实际S曲线，并详细说明相应原因和影响因素，对未完成项进行详细分析。

（9）项目下月进度计划及相应的工作计划安排。项目部应列出下月进度计划及进度控制的重点工作和措施。

（10）项目部认为有必要向上级汇报的内容。

（11）附件。

（12）项目工程月度报表。包括项目总体进度计划、实施项目情况统计表、项目执行情况统计表，项目现场照片、人机料动态表、分包商和合作单位及供应商情况、工作进展及重要报备事项统计表、自聘人员汇总表、安全培训情况统计表等表格。

12.5.1.2 报告格式

项目从主合同签订、组建项目部开始，至项目完工、进入缺陷通知期之日止，应按照附件12-1的格式报送项目工程月度报告，合作单位及分包商可参照此格式按项目部要求向各自主管部门上报工程月度报告。

项目处于其他阶段时,应根据公司的具体要求,报送项目工程月度报告,汇报项目的进展情况。

12.5.1.3 报送流程

(1) 项目年度及月度报告:月度报告统计口径为上月特定日期至本月特定日期(时间跨度一个月),现场合作单位和分包商应于月底前向相关部门上报各自负责部分的信息,各部门汇总后应于月底前上报策划控制中心,项目部其他各部门于月底前报策划控制中心,策划控制中心负责汇总分析报送项目经理审定确认的当月度的项目工程月报,同时上报业主及监理。

(2) 项目周例会进度信息:现场各部门应收集统计合作单位及分包商进度信息,汇总后于周例会召开前报送至策划控制中心相关人员。

12.5.2 项目年度进度报告

12.5.2.1 报告内容

(1) 项目当年进度计划完成情况简述。策划控制中心根据确认的项目年度进度计划,结合实际执行情况,对项目当年的总体进度计划实施情况、项目实际S曲线、项目年度完成总产值、项目年度工程计价完成总值以及按产值计算的截至期末的实际累计完工率百分比进行总结和分析,同时详细列出进度滞后或提前的原因及主要影响因素,对未完成项进行详细分析,并提出保障和赶工措施及方法。

(2) 项目次年进度计划简述。策划控制中心负责组织对次年的进度计划进行简要描述和介绍,报送项目次年进度计划、项目的预计S曲线、按单位工程/土建/安装工程等编报的实物工程量和产值,并填报项目年度预计总产值、项目年度预计工程计价总值和按产值计算的截至当年末的预计累计完工率百分比。

12.5.2.2 报送流程

项目部应于当年底前将经项目经理审定确认的项目年度进度报告报公司,报告格式详见附件12-1。

12.6 项目进度管理流程图

相关流程图详见附件12-2、附件12-3。

12.7 附件

附件12-1:项目工作月度报告模板

附件12-2:项目进度管理流程图

附件12-3:项目总体进度控制流程图

附件 12-1：项目工作月度报告模板

项目工作月度报告模板

××××公司

EPC 项目项目部

工作月度报告

×年×月×日—×年×月×日

（第××期总××期）

项目经理： （签名）　　　　　　　　　　年　月　日

1　项目进展情况摘要

1.1　项目概括介绍

1.1.1　标段一

序号	项目名称	参数 1	参数 2	参数 3	参数 4	参数 5	参数 6	参数 7
1								
2								
3								
4								
5								
6								
7								
8								

1.1.2 标段二

序号	项目名称	参数 1	参数 2	参数 3	参数 4	参数 5	参数 6	参数 7
1								
2								
3								
4								
5								
6								
7								
8								

1.2 项目进展情况摘要表

序号	项目名称	开工日期	完工日期（若已完成）	预计完工日期	累计完工率（%）	当月重要里程碑
1	标段一					
1.1						
1.2						
1.3						
1.4						
1.5						
1.6						
1.7						
1.8						
1.9						
2	标段二					
2.1						
2.2						
2.3						
2.4						
2.5						
2.6						
2.7						
2.8						

1.3 实施项目情况统计表

项目当月进展情况						
工作内容	权重	本月计划进度	本月实际进度	累计进度	本月计划完成率	下月计划进度
设计(%)						
采购(%)						
施工(%)						
试运行(%)						
总进度						
计划严重滞后的差异分析说明						
项目资源情况						
施工机具台套		项目自购/自行租赁			分包商设备	

1.4 当月进度计划完成情况

1.4.1 当月进度计划实际完成情况(提供计划情况和实际完成情况的横道图比较,相应的实际 S 曲线与计划 S 曲线的比较)

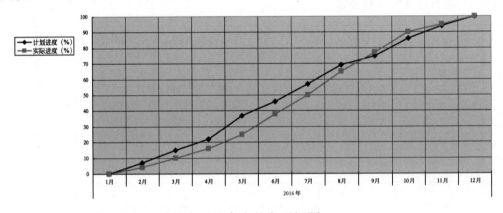

1.4.2 简述当月发生的关键事项及存在的主要问题

2 当月进展情况介绍

2.1 设计完成情况

2.1.1 图纸完成情况

序号	项目名称	计划出图总量	本月实际出图量	累计出图量	本月报审通过量	累计报审总通过	通过率	备注
1	标段一							
1.1								
1.2								

续表

序号	项目名称	计划出图总数	本月实际出图数量	累计出图量	本月报审通过量	累计报审总通过	通过率	备注
1.3								
2	标段二							
2.1								
2.2								

2.1.2　简述项目的设计变更、图纸会审、现场技术支持等工作的进展情况

2.2　物资供应进展情况

简述项目的站点供应进度、站点建设状况和物资设备采购进度。

2.2.1　站点供应进度和站点建设状况

按站类别分别从站点规模、截至当月末的站点供应总量和站点近况等几方面介绍场站供应情况，并列出各类站点的数目和总规模。

2.2.2　物资设备采购和物流进度

2.2.2.1　物资设备采购

简述当月签订完成和正在谈判中的采购合同名称和金额、截至当月的采购工作总体进展情况及关键、主要物资设备的采购进展情况。

序号	项目名称	招标	报审通过	合同签署	业主验收	发运
1	标段一					
1.1						
		…	…	…	…	…
1.2						
2	标段二					
2.1						
2.2						

2.2.2.2　物资设备物流

（1）发运状态表

标段一

序号	设备材料	总数量	本月发运数量	本月发运货物状态	备注

标段二

序号	设备材料	总数量	本月发运数量	本月发运货物状态	备注

（2）到场情况

当月，到场机械设备数为×××台/套，到场钢筋数为××吨，水泥××吨。

截至当月，到场机械设备总数为×××台/套，到场钢筋总数为××吨，水泥××吨。

项目所需的主要设备和物资是否均已到场。剩余未到场的主要设备和物资介绍。

2.3　施工进展情况

序号	工程名称	施工部分	关键部位和环节的施工	当月完成的主要工程量(%)	截止到本月累计完成(%)	经业主或业主代表签字确认的工作量
标段一						
1						
		土建部分				
			…			
			…			
2						
		土建部分				
			…			
			…			
标段二						
1						
		土建部分				
			…			

续表

序号	工程名称	施工部分	关键部位和环节的施工	当月完成的主要工程量(%)	截止到本月累计完成(%)	经业主或业主代表签字确认的工作量
2						
			…			
			…			

3 项目工程质量、安全和环保情况

简述项目当月的重大工程质量、安全和环保事项,项目总体的工程、安全和环保状况,存在的主要质量、安全和环保问题及采取的措施和收效。

项 目 名 称	质量、安全和环保情况	内 容
	当月的重大工程质量、安全和环保事项	
	项目总体的工程质量、安全和环保状况	
	存在的主要质量、安全和环保问题及采取的措施和收效	

4 项目资源使用状况

4.1 项目管理人员和工人状况

人机料动态表(人员)

填报单位:××项目部　　　　　统计截止日期:20××年×月××日

单位名称	项目内容	项目人员分类							项目人员动态			备注
		项目经理	部门经理	高级	中级	初级	司机	厨师	小计	本月新增	本月离开	月末在现场总数	备注
黄勘院	项目部人员												项目管理人员
×××分包单位1	管理人员												项目管理人员
	工人(含以下3项)	工长	电气	调试	钳工	机操工	电焊工	其他	/				施工班组人员
	工人												
	小计												
×××分包单位2	管理人员												项目管理人员
	工人(含以下3项)	工长	电气	调试	钳工	机操工	电焊工	其他	/				施工班组人员
	工人												
	小计												
合计													

填报人:　　　　　　　　　　审核人:　　　　　　　　　　填报日期:

4.2 现场主要设备、车辆状况

人机料动态表（主要机械设备）

填报单位：××项目部　　　　统计截止日期：20××年×月××日

类别	名称	项目部自购（台/套）	项目部租赁（台/套）	分包商设备（台/套）	合计（台/套）
主要机械设备					
	总计				

人机料动态表（主要材料）

填报单位：××项目部　　　　统计截止日期：20××年×月××日

类别	名称	单位	上月库存量	已供物资		已用物资		本月库存量	未来3个月物资			
				本月进场量	累计进场量	本月消耗量	累计消耗量		×月	×月	×月	合计
主要材料	水泥	吨										
	砂	吨										
	碎石	吨										
	钢筋	吨										
	柴油	吨										
	汽油	吨										
	总计	吨										

填报人：　　　　　　　　　　审核人：　　　　　　填报日期：20××年×月××日

4.3　分包商和合作单位状况

分包商、供应商和合作单位状况

填报单位：×××项目部　　　统计截止日期：20××年×月××日

序号	分包商、供应商和合作单位	工作范围	合同金额	已结算金额	未结算金额
1					
2					
3					
4					
5					
6					
合计					

5　存在的主要问题及解决措施

简述项目目前存在的主要问题及解决措施，如业主批复等。

6　当月重要活动和事件

简述项目当月发生的重要活动和事件，如领导视察、业主检查、媒体报道等消息，与相关方召开的重要会议（附会议纪要签字扫描件）等。

7　下月进度计划及相应的工作计划安排

7.1　下月的工程进度计划和相应的计划 S 曲线[①]

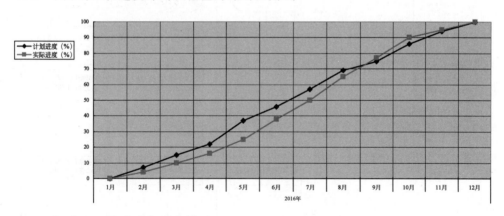

7.2　主要工程量及形象进度描述

7.3　下月的重点工作安排和关键节点

8　其他

可附现场施工照片

（项目部认为有必要向公司汇报的内容）

---

① 此类图因关系清晰，未按照正文的格式标明图号图题。

附件12-2：项目进度管理流程图

项目进度管理流程图

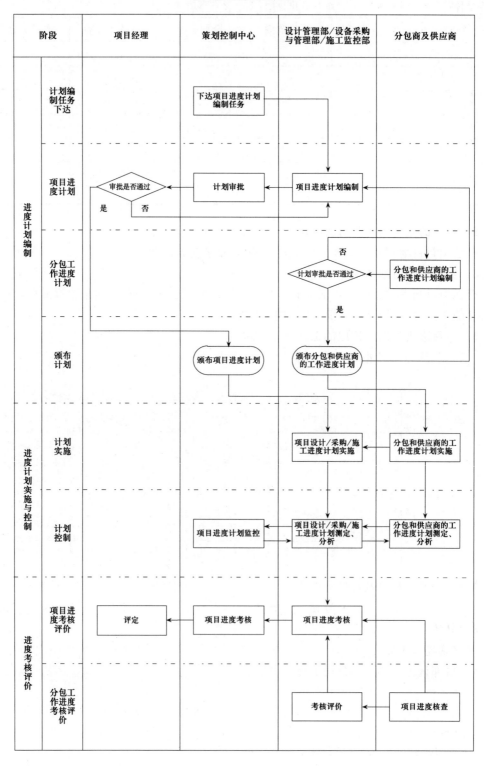

附件 12-3：项目总体进度控制流程图

项目总体进度控制流程图

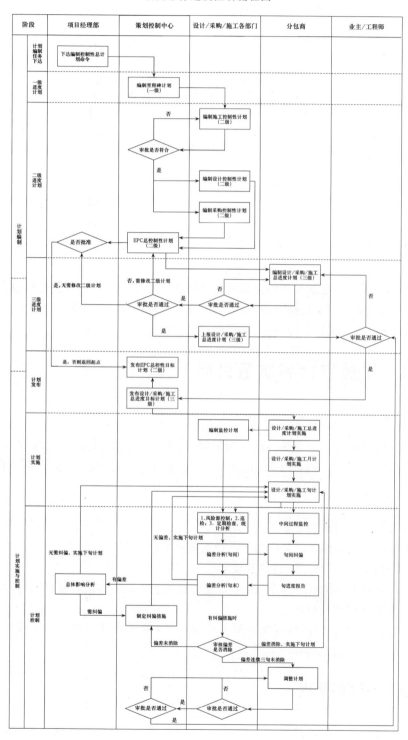

 第13章

项目质量管理

13.1　目的

项目质量管理的目的是规范项目部的质量管理工作,建立涵盖工程总承包项目全过程的质量管理体系,坚持"计划、执行、检查、处理"循环工作方法,将质量管理工作贯穿项目管理的全过程,以实现合同规定的质量目标,使用户满意。

13.2　质量方针和质量目标

13.2.1　方针

项目质量管理的方针应以法律法规为依据,以先进的技术、有效的方法、严谨的作风和超前的创造性,精心设计、精心组织、精心施工并控制过程,确保最终产品的品质优良。

13.2.2　目标

项目质量管理的目标如下。

(1)能够严格遵守相应政策措施及法律法规;项目及其涉及所有活动能够严格遵守已签订总承包合同中约定的标准、规范及要求。

(2)项目全部工程达到国家现行(或工程所在国)的验收标准并能够满足顾客需求,交付后服务兑现率达到预期目标。

(3)严格进行施工质量控制,杜绝重大质量事故,确保项目顺利如期实现竣工交付,满足项目建成后的运营安全和使用要求。

13.3　管理职责

施工监控部负责工程质量管理工作,负责对分包商和合作单位质量工作的协调和管控;负责编制项目质量计划。

设计管理部负责对设计工作的质量进行管理,具体要求见第 4 章"项目设计管理"。

设备采购与管理部负责对采购工作的质量进行管理,具体要求见第 6 章"项目采购管理"。

设计管理部、设备采购与管理部及施工监控部负责每月填写项目工作月度报告中质量管理部分,并向项目部上报项目质量管理情况和突发质量事故情况。

施工监控部及时分析、总结项目质量管理情况,使项目质量管理水平得到持续的改进和提高。

13.4　质量计划

13.4.1　编制要求

项目质量计划的编制要求如下。

(1) 符合项目总承包合同中有关质量的规定以及业主的相关要求。

(2) 符合政策、法律法规和工程项目管理的有关规定。

(3) 遵照项目质量策划的内容和要求。

(4) 体现从工序、分项工程、分部工程、单位工程到单项工程的过程控制,体现从资源投入到完成工程施工质量最终检验试验的全过程控制。

13.4.2　编制内容

13.4.2.1　概述

该部分简要介绍项目概况,包括项目名称、业主名称、分包商和合作单位情况、合同工期等。

13.4.2.2　质量目标、质量指标和质量要求

该部分列出项目的质量目标、质量指标和质量要求,以保证实现对业主的质量承诺。

质量指标包括项目应执行的标准、规范、规程,以及有关阶段适用的试验、检查、检验、验证和评审依据。

13.4.2.3　质量管理体系与组织机构及其职责

该部分以质量目标为基础,根据项目的工作范围和质量要求,确定项目的质量管理体系和组织结构以及在项目的不同阶段各分包商和合作单位及各部门的职责、权限和资源的具体分配。其中,应包含主要施工分包商和合作单位,包括原材料检验、施工工艺选择、工序检测、劳务技能确认等方面在内的质量控制体系介绍。

13.4.2.4　质量保证和协调程序

该部分列出项目部为达到项目质量目标和质量要求而采用的质量保证、控制和协调流程与程序以及随项目的进展而修改和完善质量计划的程序。

13.4.2.5 质量管理措施

该部分说明为达到项目质量目标和质量要求必须采取的措施,如人员的资格要求以及更新检验技术、新工艺方法和设备等;列出在与分包商和合作单位签署的分包合同中包含的有关其所负责工作的质量目标和质量管理责任的相关条款和内容,应明确各自的质量目标、任务以及在项目各阶段的质量管理责任和义务,并包含明确的质量保证和控制内容,规定奖罚措施。

13.4.3 编制格式

报项目部的项目质量计划,纳入项目施工组织总设计方案的相关章节中,按其格式编制。

报项目业主的项目质量计划,按照合同规定及业主要求,参照附件 13-1 的格式编制。

13.4.4 报送流程

施工监控部应要求分包商和合作单位在相关工程开工前提交其所负责工作的质量计划,施工监控部批准后,编制项目质量计划,报项目经理审批。

13.5 质量控制与改进

13.5.1 质量控制

13.5.1.1 总体要求

总体要求如下。

(1)项目部应严格按照项目质量计划的要求开展质量管理工作,将质量控制贯穿项目实施的整个过程,即包括设计质量控制、采购质量控制、施工质量控制、试运行质量控制等,确保项目质量达到项目总承包合同的要求。

(2)项目部应将分包工程的质量纳入项目质量控制范围,要求分包商和合作单位确保分包工程的质量满足总承包合同的要求。同时,项目部应对分包商和合作单位的工作和服务过程进行全面跟踪和控制。

(3)项目部应充分发挥设计单位、供货单位和施工单位在质量监控中的专业和积极作用,将项目部自查与分包单位间互检结合起来。对于涉及设计、采购、施工与试运行之间的工作界面的质量验收,建议组织相关的设计单位、供货单位和施工单位实施联合验收。

13.5.1.2 设计质量控制

设计管理部应对设计的各个环节进行质量控制,包括设计策划、设计评审、设计确认等,并编制各种程序文件来规范设计的整个过程。具体内容参见第 4 章"项目设计管理"相关内容。

13.5.1.3 采购质量控制

设备采购与管理部应对物资设备采购的全过程进行质量管理和控制,包括采购前期的供应商资格预审、物资的生产加工过程以及采购物资的验证等,具体内容参见第6章"项目采购管理"相关内容。

13.5.1.4 施工质量控制

对施工质量的控制可分3方面进行:施工前管理、施工过程中管理和工程试验管理。

1. 施工前管理

在工程施工前,施工监控部应组织好施工技术交底工作,将质量目标、质量保证措施向相关的分包商和合作单位进行交底或培训,并根据总承包合同、相关标准及业主要求以及资料管理规程等,编制有关质量管理记录的内容、格式和流转程序,以便在项目实施过程中与各分包商和合作单位之间文件的格式统一、流转顺畅。

2. 施工过程中管理

(1)施工监控部应要求分包商和合作单位建立施工过程中的质量管理记录,并对该记录进行标识、收集、保存、归档。

(2)项目开工前,施工监控部应组织分包商和合作单位将各施工过程分解,共同制定项目施工的质量控制点,并在施工过程中对质量控制点进行严密监控。

(3)在施工过程中,施工监控部应要求分包商和合作单位对各施工环节的质量进行监控,包括各个工序、工序之间交接、隐蔽工程等,并对重点原材料配比计量、特殊与关键工序和施工过程进行重点监控与记录,必要时可扩大材料送检范围、增加检测频率,以确保工程质量。

(4)施工监控部应依据施工分包商和合作单位提交的质量控制体系对其原材料检验、施工工艺选择、工序检测、劳务技能确认等工作进行监督、检查和记录。

3. 工程试验管理

施工监控部应定期监督、检查各分包商和合作单位试验工作的具体实施。

项目质量控制流程图详见附件13-2。

13.5.1.5 试运行质量控制

施工监控部应对试运行的全过程进行质量管理和控制,并重点做好如下工作。

(1)逐项审核试运行所需原材料、人员素质以及其他资源的质量和供应情况,确认其符合试运行的要求。

(2)检查、确认试运行准备工作已经完成并达到规定标准。

(3)在试运行过程中,前一工序试运行不合格,不得进行下一工序的试运行。

(4)编制有关试运行过程中出现质量事故的处理程序文件。

(5)在试运行全过程中,监督每项试运行方案实施并确认其试运行结果,凡影响质量的每个环节都必须处于受控状态。

（6）对试运行质量记录进行收集、整理、编目和组织归档。

13.5.1.6 质量验收

质量验收分两个环节进行：项目实施过程中的质量验收和竣工验收。

1. 项目实施过程中的质量验收

（1）施工监控部应按照设计规范和采购合同文件的要求，严格执行相关的规范和标准，及时对设备材料和施工产品进行质量验收和评定。

（2）工程质量验收应包括实物验收和相应的资料验收，资料包括施工过程的材质证明、隐蔽记录、质检报告、过程记录、操作方案等，以及设备材料随箱附带的资料。

2. 竣工验收

（1）施工监控部应按照项目总承包合同、工程设计文件、项目采用的相关验收标准和规范的要求组织项目竣工验收，确保项目顺利通过竣工验收移交业主。

（2）项目在竣工验收时，施工监控部应要求各分包合作单位提供项目质量控制文件，工程组汇总整理后供审查，检查合格后的文件存档保存。

13.5.2 工作界面管理

项目部应高度重视设计、采购、施工与试运行之间的界面关系，充分发挥自身优势，协调、控制和处理好各分包商和合作单位所负责工作之间的接口关系，对工作界面的质量情况实施重点控制。

13.5.2.1 各项工作间的接口质量控制点

1. 设计与采购

（1）请购文件的质量。

（2）报价技术评审的结论。

（3）供货厂商图纸的审查、确认。

2. 设计与施工

（1）施工向设计提出要求与可施工性分析的协调一致性。

（2）设计交底或图纸会审的组织与成效。

（3）现场提出的有关设计问题的处理对施工质量的影响。

（4）设计变更对施工质量的影响。

3. 设计与试运行

（1）设计应满足试运行的要求。

（2）试运行操作原则与要求的质量。

（3）设计对试运行的指导与服务的质量。

4. 采购与施工

（1）所有设备材料运抵现场的进度与状况对施工质量的影响。

（2）现场开箱检验的组织与成效。

（3）与设备材料质量有关问题的处理对施工质量的影响。

5. 采购与试运行

（1）试运行所需材料及备件的确认。

（2）试运行过程中出现的与设备材料质量有关问题的处理对试运行结果的影响。

6. 施工与试运行

（1）施工计划与试运行计划的协调一致性。

（2）机械设备的试运转及缺陷修复的质量。

（3）试运行过程中出现的施工问题的处理对试运行结果的影响。

13.5.2.2　各项工作间的接口质量控制职责与程序

1. 设计与采购

（1）请购文件由技术人员向采购人员提交，按设计文件的校审程序进行校审，并经设计管理部负责人确认。

（2）供货厂商的图纸（包括先期确认图及最终确认图等）由采购人员负责催交，技术人员负责审查、确认；对主要的关键设备必要时召开制造厂协调会议，技术人员负责落实技术问题，采购人员负责落实商务问题。

2. 设计与施工（如设计与施工由不同单位负责）

（1）在设计阶段，设计人员应满足施工方提出的要求，以确保工程质量和施工的顺利进行。施工方在对现场进行调查的基础上，进行设计的可施工性分析，向设计人员提出重大施工方案设想，保证设计与施工的协调一致。

（2）设计人员负责设计交底，必要时由施工方组织图纸会审。交底或会审的组织与成效，对工程的质量和施工的顺利进行有很大影响。

（3）无论是否在现场派驻设计代表，设计人员均应负责及时处理现场提出的有关设计问题及参加施工过程中的质量事故处理。

3. 设计与试运行

（1）在设计阶段，工艺系统设计应考虑试运行提出的要求，以确保工程质量和试运行的顺利进行。

（2）设计人员提供的试运行操作原则与要求的质量对编制试运行操作手册有重要影响。

（3）试运行工作由业主组织、指挥并负责及时提供试运行所需资源。设计协助试运行负责试运行的技术指导和服务，指导与服务的质量在很大程度上影响试运行的结果。

4. 采购与施工

（1）按项目进度和质量要求，设备采购与管理部对所有设备材料运抵现场的进度与质量进行跟踪与控制，以满足施工的要求。

（2）施工方需参加由设备采购与管理部组织的设备材料现场开箱检验及交接；

（3）对施工过程中出现的与设备材料质量有关的问题，采购人员应及时与供货商联系，找出原因，采取措施。

5. 采购与试运行

（1）采购过程中，试运行人员应会同采购各参与方对试运行所需设备材料及备品备件的规格、数量进行确认，以保证试运行的顺利进行。

（2）试运行过程中出现的与设备材料质量有关的问题，采购人员（合作单位或分包商）应及时与供货商联系，找出原因，采取措施。

6. 施工与试运行

（1）试运行人员应向施工各参与方提交试运行计划，以使施工计划与试运行计划协调一致。

（2）施工各参与方负责组织机械设备的试运转，试运转成效对试运行产生重大影响。

（3）施工各参与方按照试运行计划组织人力并配合试运行工作，及时对试运行中出现的施工问题进行处理，排除由于施工的质量问题而引起的对试运行不利的因素。

13.5.3 质量改进

13.5.3.1 质量改进措施

施工监控部应在质量控制的过程中，跟踪收集实际数据并进行整理，并将项目的实际数据与质量标准和目标进行比较，分析偏差，并采取措施予以纠正和处置，必要时对处置效果和影响进行复查。

13.5.3.2 项目质量事故处理

施工监控部必须制定项目的质量事故处理程序。

在项目实施过程中，如果发生重大质量事故、发现对项目质量造成严重影响的重大事项或预见到可能造成严重影响的重大问题、风险或隐患，施工监控部应保护好事故现场，做好记录和标识，并立即评估这些情况对项目工程质量的影响程度，于 24 小时内将相关情况书面上报项目部，提交应对处理措施、建议和预计达到的效果，同时应保持对该类事项、问题、隐患等的持续监控和报告，并报公司安全生产管理部备案，直至影响消除。

13.6 项目质量管理流程图

项目质量管理工作流程图详见附件 13-3。

13.7 附件

附件 13-1：项目质量计划

附件 13-2：项目质量控制流程图（含附图）

附件 13-3：项目质量管理工作流程图

附件 13-1：项目质量计划

××××公司

EPC 项目部

项目质量计划

项目经理：　　（签名）　　　　　　　　　　年　月　日

1　概述

项目名称：

业主名称：

设计合作单位：

供货商：

施工分包合作单位：

开工日期：

竣工日期：

合同工期：

项目规模和内容：包括工程位置、性质、结构、主要工作项和数量、地质、水文、地理环境及施工条件等。

2　质量目标、质量指标和质量要求

2.1　公司的质量方针和质量目标

2.1.1　方针

2.1.2　目标

2.2　本项目的质量目标及分解（应包含具体的数值指标要求）

2.2.1　本项目的质量目标

2.2.2　工业项目的质量目标（工业项目应至少分为土建工作和安装工作的质量目标）

2.3　本项目的质量指标

应包括项目应执行的标准、规范、规程，以及有关阶段适用的试验、检查、检验、验证和评审依据。

2.4　本项目业主对项目质量的要求

3　质量管理体系与组织机构及其职责

3.1　质量管理体系

根据公司三体系文件的相关要求，建立项目的质量管理体系。

3.2 质量管理组织机构及职责

3.2.1 项目质量管理组织机构

建立以项目经理为首的质量保证体系与组织机构，实行质量管理岗位责任制。

3.2.2 职责

项目部的质量管理职责由项目部和各分包商和合作单位承担。在此规定项目质量管理人员的主要职责，明确项目经理、项目技术、设计、采购、施工、专职质量管理人员的职责和权限，以及各分包商和合作单位在项目不同阶段的质量管理职责和权限。

3.3 资源管理

本项目实施所需资源包括人力资源、基础设施及工作环境。

3.3.1 人力资源

从事质量活动、影响产品质量工作的人员都能胜任其所担负的工作，由公司人力资源管理部通过调配、调岗、聘用、教育、培训、考核、激励等多种管理环节予以实现。

对各岗位人员提出能力要求，能否胜任岗位能力，从教育程序、意识、经历、经验、岗位技能等几方面考虑。对不能满足岗位能力要求的人员进行各种类型的培训。

根据本工程施工特点，计划需培训的岗位及人员名单。

3.3.2 基础设施

3.3.2.1 主要施工机械配备情况

3.3.2.2 主要施工设备（模具、小型机具、脚手架等）计划

3.3.2.3 生产、生活临时设施：见项目施工组织方案，在施工准备阶段实现

3.3.2.4 工作场所及相关设施（水、电、通信系统等）：确保满足项目实施需要

3.3.3 工作环境

项目部确保工作环境与产品实现过程相适应，包括气候影响、人员工作环境、设备运行环境及试验工作环境等，必须满足环境保护、文明施工、劳动保护、安全生产要求。

4 质量管理措施

说明为达到项目质量目标和质量要求必须采取的措施，如人员的资格要求以及更新检验技术、研究新的工艺方法和设备等。重点说明本项目特定重要活动（特殊的、新技术的管理）及控制规定等。

4.1 设计质量管理措施

4.2 采购质量管理措施

4.3 施工质量管理措施

4.4 文件和资料管理

4.5 检验试验管理

4.6 不合格品的控制和处置

4.7 质量记录控制

4.8 分包质量控制措施

列出在与分包商和合作单位签署的分包合同（或合作协议）中包含的有关其所负责工作的质量目标和质量管理责任的相关条款和内容，应明确各自的质量目标、任务以及在项目各阶段的质量管理责任和义务，并包含明确的质量保证和控制内容，规定奖罚措施。

附件 13-2：项目质量控制流程图

项目质量控制流程图

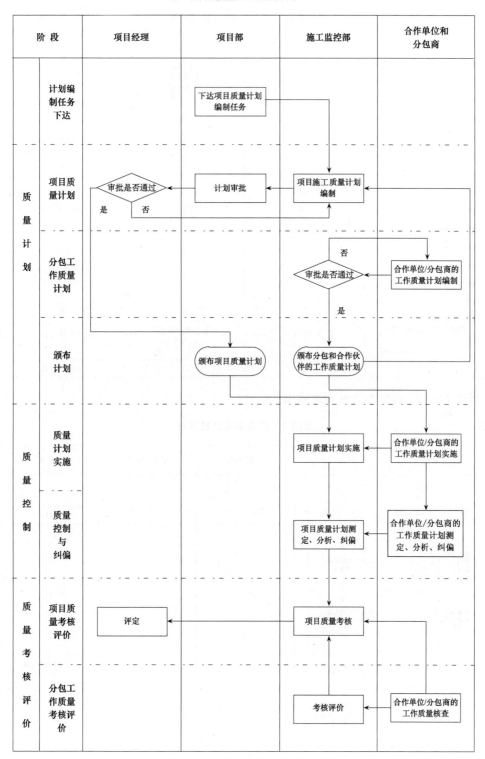

附件 13-2-1：原材料质量控制流程图

附图 1　原材料质量控制流程

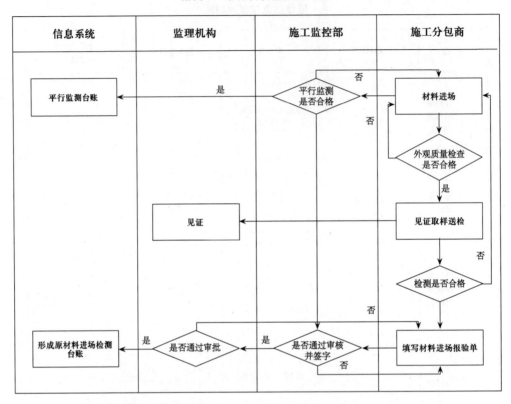

附件 13-2-2：质量事故处理流程图

附图 2　质量事故处理流程

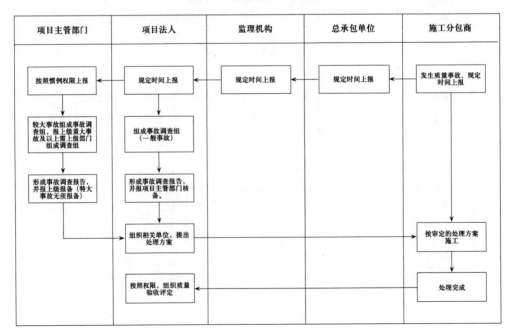

附件13-3：项目质量管理工作流程图

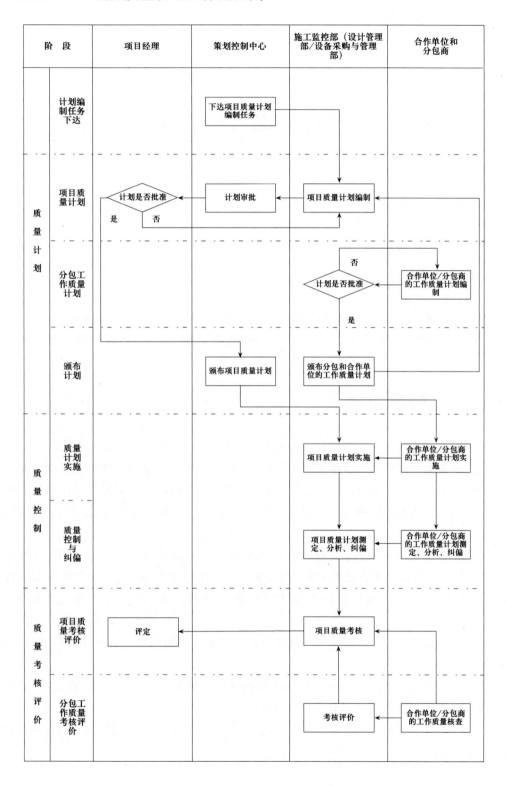

第14章

项目成本管理

14.1 目的

在项目实施的全过程中,需要对成本进行恰当且连续的有效控制,在保证项目工期、质量、安全的前提下,将项目实际发生的成本控制在目标成本之内,保证项目利润指标的实现。

14.2 管理职责

项目部是编制项目实施预算和现金流量的核心和主体,对预算的编制负全责。

项目部策划控制中心负责组织设计管理部、设备采购与管理部及施工监控部编制项目预算,执行项目的成本管理目标,实施项目成本控制,并根据项目财务部提供信息编制项目月度成本报告。策划控制中心根据项目执行情况,提出项目整体预算调整报告,报项目经理审批。

项目部设计管理部、设备采购与管理部及施工监控部负责编制项目设计、采购及施工预算,在工程实施过程中测算实际成本,编制预算执行情况分析表,当实际成本超过预期时,进行偏差分析,采取纠偏措施,需要调整设计、采购或施工预算时,向策划控制中心进行申请。

项目财务部每月应定期向策划控制中心提供财务支付费用清单,以供策划控制中心编制项目财务分析。

项目人力资源管理部每月应定期向策划控制中心提供项目人员工资、奖金及"五险一金"等信息,以供策划控制中心编制项目财务分析。

项目策划控制中心组织设计管理部、设备采购与管理部及施工监控部收集、整理项目的成本资料、数据,建立清晰适用的数据库。

14.3　项目整体预算的编制

项目整体预算的编制应以实事求是为主要原则,严禁夸大亏损和隐瞒利润,也应避免编制过于苛刻,影响项目实施。

14.3.1　编制的依据

项目整体预算和现金流量计划的编制应在全面分析现有资料的基础上,依据施工组织设计和当地现行市场价格进行合理的编制。具体依据如下。

(1) 总承包合同。

(2) 工程设计文件。

(3) 报价估算资料。

(4) 批准的项目策划。

(5) 相关法律文件和规定。

14.3.2　项目整体预算编制程序

项目整体预算编制程序如下。

(1) 策划控制中心组织设计管理部、设备采购与管理部、施工监控部、财务部、人力资源部及办公室等部门确定项目成本编码系统。

(2) 策划控制中心组织各部门依据成本编码编制项目实施预算。

(3) 编制整体预算汇总表,填写预算说明。

(4) 依据整体预算汇总表分月编制现金流量计划。

(5) 整套资料报公司审批。

14.3.3　成本编码系统的编制

工程开工前,策划控制中心应组织其他部门共同建立本项目成本编码系统的编制,付款支付前,项目策划控制中心应将推荐的成本编码格式递交财务部和项目经理批准,在得到批准后方可开始项目财务支出。

在工程施工期间,对所有付款应遵循成本编码系统。策划控制中心需要核对每张发票并计入正确的成本编码,确保恰当地控制成本;成本编码和相应的支付金额必须在付款证明中清晰表明;抵扣款也需要计入成本编码,并相应标出。

14.3.4　项目整体预算的组成及确定

项目整体预算包括预计收入、预计支出、项目利润。参见附件 14-1 和 14-2。

14.3.4.1　预计收入

预计收入包括合同总价,暂定项目及备用金。

在项目执行过程中还应对补充协议、索赔、变更、调价等引起的调整额进行补充。

其他收入填入其他业务收入中。

14.3.4.2 预计支出

预计支出由项目管理费、项目临时费用(大型临建设施及施工措施费用)、项目设计费用、项目采购费用、项目施工费用及其他费用构成。

项目管理费主要包括业主监理现场费用、承包商现场管理费用、现场其他费用、保险保函及财务费用、标前费用、维修期费用等。应根据项目的实际具体情况填列。各项管理费应根据成本策划,合理确定。

项目临时费用主要包括大型临建设施及施工措施费用。

项目设计费用为设计合作单位、设计分包及设计相关的其他费用。

项目采购费用为计入永久性工程的设备及材料采购费用及相关费用。

项目施工费用为与人工、材料及施工机具使用费相关的施工费用,根据项目情况填列。

其他费用包括暂列金额、计日工、总承包服务费、机会风险等,其中暂列金额、计日工、总承包服务费按照总承包合同规定计算,机会风险应根据项目情况进行识别及估计,并提出应对策略。

14.3.4.3 项目利润

项目利润为净利润。

14.3.5 项目整体预算的报送与审批

项目部在项目实施前编制项目整体预算,报公司审批。

批准后的项目整体预算即成为成本控制的基准。

14.3.6 年度预算的编制

项目部应编制年度预算。年度预算于每年度年底根据公司财务资产部统一要求的时间报送公司。年度预算批准后即作为下一年成本控制的基准。

14.4 成本控制

14.4.1 目标责任制

项目部应建立成本目标责任制,将成本目标层层分解,责任到人。项目经理是项目成本管理工作的第一责任人。

14.4.2 成本控制措施

成本控制相关措施如下。

(1)在分包商和成本控制计划内择优确定设计、采购、施工、试运行及培训相关合作单位。

(2)实行采购预算管理制度,使采购工作支出控制在成本计划范围内。通过推行控制订货余量、减少采购中间环节、保持到货计划与项目计划一致性、合理调度优化路径等方法，最大限度降低采购成本。

（3）优化项目实施方案，合理配置资源，做好施工现场管理及施工分包合同管理，防范成本控制风险，控制好分包成本。

（4）严格培训上岗人员，合理安排试运行程序，力争缩短试运行周期，以降低试运行成本。

（5）各项管理费成本实行预算管理制。

（6）按照第2章"项目组织管理"相关规定进行项目部人员配置，并根据项目实施的不同阶段合理对管理人员人数进行动态控制，确保项目人工成本控制在成本计划内。

（7）临建设施的建造、租赁或购置需执行项目部的意见，并在实施前将方案及造价或租赁、购置的预算报项目经理审批。

（8）管理成本因工期等变化，预计将要突破项目成本预算额时，应说明原因，提前报公司审批。

（9）项目策划控制中心应当在支付前准确按成本编码登记所有的费用，并按照附件14-3要求各分包商定期上报相应情况。

14.4.3 月度成本报告

在项目执行阶段，月度成本报告是成本控制的主要工具。报告应由项目策划控制中心及财务部提供相应信息，策划控制中心按月度汇总完成，并报送项目经理，详见附件14-4～14-6。

项目整体预算应作为标准的比较基础。当期报告数据应与相应的预算数字和上期报告数字比较，反映项目的发展趋势。

季度财务预测应包含下述附件支持。

（1）项目管理费——预测整个工程。

（2）分包合同汇总——更新到目前状况。

（3）材料采购汇总——更新到目前状况。

（4）预计的利润和亏损报表——估计到工程完工。

（5）估计的应收和应付账目——估计到工程完工。

14.5 项目整体预算的调整

项目整体预算每年根据实际执行情况进行更新，并说明预算变化的原因，随月度成本报告报公司。

在项目实施过程中，出现设计方案确定后的估算与编制项目整体预算时依据的合同额（或暂定额）有较大差别、重大工程变更、市场重大变化、公司对项目管理要求做出重大调整等对项目利润产生影响的情况时，项目部应及时提出项目整体预算调整申请，并附详细的分析资料、计算依据报公司审批，按流程审批后，调整项目整体预算。

14.6　成本数据积累

已完工程的成本数据主要包括直接人工费、材料费、机械费在"量"和"价"上的消耗数据；现场管理成本数据；其他如工期、质量等方面的数据。成本数据价格分类如表 14-1 所示。

表 14-1　成本数据价格分类

序号	分　类	设 定 范 围
1	设计费	计费标准、方式等
2	物资采购价格	按照物资的品种设定
3	劳务分包价格	参照劳务分包企业或常用的分包方式设定，如人工工资标准
4	专业分包价格	根据常用的分包方式设定分部分项工程
5	施工机械设备租赁价格	按照施工机械常用的租赁方式设定
6	周转料具租赁价格	按照周转料具的种类设定，如钢管租赁等
7	临时设施价格	按照临时设施的种类设定
8	现场费用开支标准	按照项目预算设定项目房屋租赁费、伙食费、办公费、医疗费、招待费、国内(外)交通费、差旅交通费、探亲路费、津贴、防暑降温费、服装费、劳动保护费、固定电话费、手机通信网络费、车辆使用费(包括燃料油料费)等费用
9	物流运输价格	按物资从采购地到目的地的陆路运输费用、空运费用等设定
10	工程经济指标分析表	按量单的分部核算分部工程的经济指标
11	其他	

项目设计管理部、设备采购与管理部及施工建工部应收集、整理项目的成本资料、数据，建立适用的数据库，报策划控制中心。

策划控制中心根据项目各部的成本数据，建立和完善项目成本数据库，为后续投标报价、分包采购、成本测算、价格监控提供可靠的数据支持。

14.7　项目成本管理流程图

项目成本管理流程图详见附件 14-7。

14.8　附件

附件 14-1：项目预算总表格式范本
附件 14-2：成本编码及预算表格式范本
附件 14-3：工料机分解表格式范本
附件 14-4：月度成本报告格式范本——表 3-1 项目盈亏分析
附件 14-5：月度成本报告格式范本——表 3-2 应收应付账目
附件 14-6：月度成本报告格式范本——表 3-3 月度财务报表
附件 14-7：项目成本管理流程图

附件 14-1：项目预算总表格式范本

项目预算总表格式范本

合同编码	
项目名称	
总承包商	
预计开工日期	
预计完工日期	

项目预算		
	内　容	金　额
预计收入	合同总价	
	暂定项目	
	备用金	
	收入合计	
预计支出	项目管理费	
	项目临时工程费用	
	项目设计费用	
	项目采购费用	
	项目施工费用	
	其他费用	
	支出合计	
项目风险与机会		
项目利润/亏损		
项目利润率		
备注		

附件 14-2：成本编码及预算表格式范本

成本编码及预算表格式范本

成 本 编 码			工 作 描 述	金　额	百 分 比
C1	C2	C3			
			项目管理费		
	01				

续表

成本编码			工作描述	金　额	百　分　比
01	01				
			...		
			项目临时工程费用		
04					
04	01				
			...		
			项目设计费用		
10					
10	01				
			...		
			项目采购费用		
40					
40	01				
			...		
			项目施工费用		
80					
80	01				
			...		
			其他费用		
90					
90	01				
			...		

附件 14-3：工料机分解表格式范本

工料机分解表格式范本

WBS Code	Activity ID	工作描述	Resource ID	资源描述	单位	数量	单价	金额
DESGN								
PROCR								
FOUND								
STRUC								
	A1060	结构施工						
			EXCAVATOR	挖土机	台班			
			BULLDOZERS	推土机	台班			
			OPERATOR	驾驶员	工日			
		...						
ROUGH								
CLOSE								
FINISH								

附件 14-4：月度成本报告格式范本——表 3-1 项目盈亏分析

月度成本报表 3-1 号

项目部		截止日期	00-0-0
工程名称		工程编号	
(本表收入和支出数据同表 3-2、表 3-3 相应数据相关联)			
(A) 收入（包括保留金）			RMB
1、自开工累计到账合同收入—财务账面反映实际收到业主付款总额			
（截止账单号 IP♯　　　　）与财务实收情况一致			0.00
2、应收工程款—监理已批准但尚未到账的合同收入			
（当前账单号 IP♯　　　　）等同于表 3-2 应收款账目 A2 项			0.00
3、应收工程款—已申请并等待监理批准的合同收入			
（当前账单号 IP♯　　　　）等同于表 3-2 应收款账目 A3 项			0.00
4、应收工程款—暂不具申请条件的已完工程量估算的合同收入			
（计划账单号 IP♯　　　　）等同于表 3-2 应收款账目 A4 项			0.00
5、应收工程款—其他情况发生的收入			
等同于表 3-2 应收款账目 A5 项			0.00
6、自开工累计到账的其他情况发生的收入			0.00
收入合计			0.00
(B) 支出（包括保留金）			
1、自开工累计支付工程款—财务账面反映实际已付分包商进度款合计			0.00
2、应付工程款—项目部已审核确认但未经财务支付的分包商进度款			
等同于表 3-2 应付款账目"A/P"累计总和			0.00
3、自开工累计项目部经费支出—财务账面反映实际已付的项目部经费合计			
等同于表 3-3 已付金额累计总和			0.00
4、应付项目经费—财务部已审核确认但未经财务支付的项目部经费			
等同于表 3-3 未付金额总计			0.00
5、其他情况发生的支出调整			0.00
支出合计			0.00
(C) 利润/（亏损）			
收入合计			0.00
支出合计			0.00
利润 /（亏损）			0.00
(D) 批准			
确认上述数据准确无误，并签章：			
财务部		策划控制中心	
备注：			
		截止到上月累计收入	
		截止到上月累计支出	
		截止到上月利润 /（亏损）	
		截止到本月利润 /（亏损）	

附件14-5：月度成本报告格式范本——表3-2 应收应付账目

月度成本报表 3-2 号

本表由策划控制中心填报

项目部：   截止日期：00-0-0

工程名称：   工程编号：

（1）应收款账目"A/R"（A2、A3、A4、A5 累计数值分别对应表 3-1 收入项下第 2、3、4、5 分项）

序号	细目	A/R 截止到上月	本月	累计	备注
		(1)	(2)	(3)＝(1)＋(2)	
A2	监理批准但未支付的账单				IP♯
A3	监理尚未批准但已申请的账单				IP♯
A4	尚未申请的实体工程量估算				
A5	其他收入				
	(1)				
	(2)				
	(3)				
	总计				

（2）应付款账目"A/P"（累计总和数据抄填入表 3-1 支出项下第 2 分项）

序号	细目	A/R 截止到上月	本月	累计	备注
		(1)	(2)	(3)＝(1)＋(2)	
	总计				

签章确认上述数据：

————————

策划控制中心

附件 14-6：月度成本报告格式范本——表 3-3 月度财务报表

月度成本报表 3-3 号

本表由财务部填报

项目部：　　　　　　　　　　　　　　　　　　　　截止日期：00-0-0

工程名称：　　　　　　　　　　　　　　　　　　　工程编号：

序号	细目	成本编码	已付金额		未付金额	合计
			本月	累计		
			(1)	(2)	(3)	(4)＝(2)＋(3)
1	工资					
2	上级管理费(　％)					
3	利息					
4	内部支付费用					
5	折旧					
6	其他					
	(1)					
	(2)					
	(3)					
	总计					

确认上述数据准确无误，并签章：

————————

财务部

填表说明：本表主要反映项目部预算经费的支付情况，除支付各分包合同的款项外，所有项目部的支出均应如实统计在支付清单内。其中"工资"为财务代扣的公司自有员工的薪金成本，"上级管理费"是财务按规定上缴比例计提的相关管理费，"利息"是项目使用贷款而发生的财务费用，"内部支付费用"是因项目发生的内部支付或转账费用，"折旧"是项目应负担的固定资产折旧费用。此外，"其他"项可根据具体情况详列支出费用明细。

附表 14-7：项目成本管理流程图

项目成本管理流程图

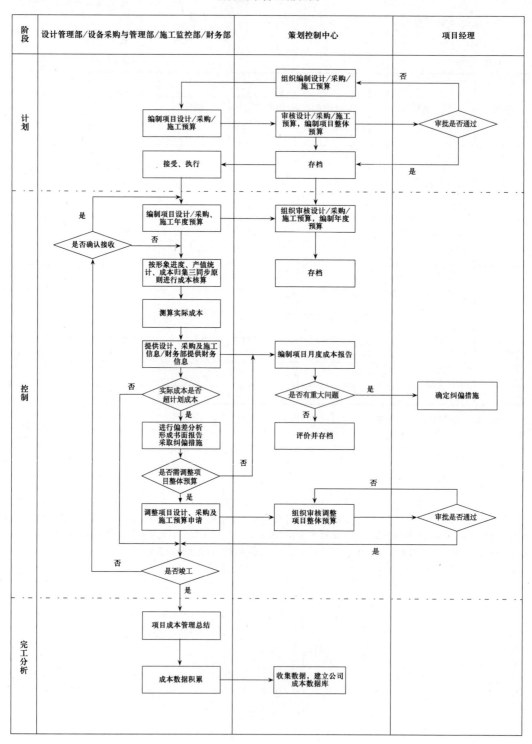

第15章

项目计量支付管理

15.1　目的

项目计量支付管理的目的是加强项目部对计量支付工作的管理,规范项目计量支付工作,防止计量支付出现纰漏,确保项目合同全面履行,预防不必要的纠纷发生。

15.2　管理职责

1. 策划控制中心职责

(1) 负责项目计量支付管理的编制,收集、分析项目按本规定上报的各类台账,监督、检查项目计量支付情况,对项目竣工结算文件进行存档。

(2) 根据项目计量支付管理策划,结合本书项目计量支付管理章节的要求,制定项目计量支付管理实施细则并组织实施。

(3) 负责编制、申报对业主的工程款计量计价文件及价款调整文件,并跟踪、配合业主的审核工作,回收或催收业主批复的款项。

(4) 按分包合同约定,对设计管理部、设备采购与管理部及施工监控部提交的分包商/合作单位付款申请进行审批,并办理对分包商/合作单位的付款手续。

(5) 负责建立及更新各项台账,管理计量支付文件,并按项目月度报告的要求填报商务月报。

2. 设计管理部、设备采购与管理部及施工监控部职责

(1) 需按照《管理实践手册》的要求,对设计分包商、供应商及施工分包商进行项目计量支付管理。设计管理部负责对设计合作单位及分包商图纸完成、审批情况进行计量,并每月定期填写项目月度报告中图纸完成情况;设备采购与管理部负责对材料、设备采购、运输及批准等情况进行计量,并每月定期填写项目月度报告中物资供应进展情况;施工监控部负责对施工进行计量,并每月定期填写项目月度报告中施工进展情况。

（2）负责收集、整理设计、采购及施工分包商计量支付资料，并提交策划控制中心。

（3）负责审批设计、采购及施工合作单位及分包商申报的计量计价文件及价款调整文件。

15.3　计量支付工作流程

项目计量支付工作是一项综合性、贯穿工程始终的管理工作，涉及合同管理、采购、技术、生产、财务等诸多部门，应从项目启动之初即布置并实施相关安排。具体流程图详见附件15-1、15-2。

15.3.1　准备工作

项目开工前，与业主、合作单位按照相关合同约定，商定工程款细化的计量支付的时间、原则、标准、流程、各类表单格式及所需提交资料，并形成书面确认文件。

在《管理实践手册》指导下，根据上述形成的书面确认文件，编制项目计量支付管理实施细则。项目计量支付管理实施细则需满足本书项目计量支付管理的要求，包括但不限于如下内容：

（1）项目部各部门在项目计量支付管理中的分工、职责及权限。

（2）与业主、设计、采购及施工合作单位的工程款计量支付时间、原则、标准、各类表单格式、调价公式（如有）和所需提交资料，及其他计量支付要求。

（3）对其他合作单位的计量支付要求。

（4）项目计量支付流程。

（5）对业主计量计价、竣工结算申报文件和对合作单位计量计价、竣工结算审批文件的项目部评审流程。总承包合同竣工结算会签表格式详见附件15-3，EPC项目合同付款会签表格式详见附件15-4，EPC项目合同结算会签表格式详见附件15-5。

（6）与计量支付相关的各类台账的格式。

（7）项目价款调整流程。

（8）计量支付资料管理。

15.3.2　预付款

策划控制中心按总承包合同约定或与业主签订的代购合同约定或本书项目计量支付管理准备工作形成的书面确认文件，及时向业主发出预付款支付申请，并跟踪、配合业主审核。

策划控制中心对业主审批的预付款进行回收，建立工程款回收台账，并每月按期填写项目月度成本报告。

业主出现拖延付款或其他违约行为时，策划控制中心应及时向业主发出催款及违约通知书。

设计管理部、设备采购与管理部及施工监控部按设计、采购及施工类合同约定或本书项目计量支付管理准备工作形成的书面确认文件，完成对设计、采购及施工合作单位预付款支付申请的审核，并提交策划控制中心进行批准。

策划控制中心对批准的分包商/合作单位的预付款办理支付手续。

其他类合同按合同约定办理审批及支付手续。

策划控制中心建立对合作单位合同价款支付台账。

15.3.3　进度款

策划控制中心按总承包合同约定或与业主签订的代购合同约定或本书项目计量支付管理准备工作形成的书面确认文件,及时编制和申报进度款计量计价文件,编制内容应全面、完整,对已完工程量及时计量,特别是对变更、索赔等价款调整项目,要及时按合同约定进行申报(或审核)并在进度款计量计价中进行考虑,以确保申请内容与工程实际进度保持一致。

策划控制中心在进度款计量计价文件报业主后,积极配合业主的审核工作,密切关注业主的审核进度,并采取措施以使业主按时批复及支付。

策划控制中心对业主批复的进度款及时进行回收,更新工程款回收台账,并每月按期填写项目月度成本报告。

业主出现拖延付款或其他违约行为时,策划控制中心应及时向业主发出催款及违约通知书,并按照实际情况按期填写项目月度成本报告中应收款账目。

原则上,策划控制中心、设计管理部、设备采购与管理部及施工监控部应在业主对项目部申报的进度款批复的工作范围内,完成对设计、采购、施工类合作单位/分包商申报的工程进度款的审核及批复。批复合作单位/分包商的进度款原则上应按与合作单位/分包商签订的合作协议进行支付,并应每月按期填写项目月度成本报告相关表单。

策划控制中心对其他类合同进度款的支付按相关合同的约定及项目财务管理的有关要求进行。

策划控制中心应建立并及时更新对合作单位/分包商合同价款支付台账,并每月按期填写项目月度成本报告。

15.3.4　价款调整

项目实施过程中如果需要调整价款,应按照第17章"项目合同管理"的有关要求,及时向业主申报调整价款;并在业主调整价款的批复范围内,按照有关合同的规定对合作单位/分包商申报的调整价款进行审核,做到随发生、随申报、随审核。主要注意事项如下。

(1) 组织相关人员认真研究合同,掌握各合同签约方的工作范围和合同责任。

(2) 项目部应建立变更审批流程,并严格执行。

(3) 对变更、洽商记录应及时向业主或合作单位/分包商办理签认,不能及时办理的要有当时施工情况的图片或录像,以便补办签认。

(4) 对于应由业主或合作单位承担责任的因素,造成项目不能正常实施或施工中断,项目部应做好记录,并及时有效地办理签认手续,注意日常的资料积累。

(5) 变更工作应由指定部门负责,并安排专人负责落实。

(6) 加强项目部各部门之间的沟通,价值工程变更、索赔(反索赔)事项出现时,应及时报告之并提供相应资料文件给项目部变更责任部门(或岗位);变更责任部门(或岗位)要核实资料的完整性,按合同约定时间、方式、程序及内容或本书15.3.1中各方的确认结果向业主发出价格调整申请文件,并积极主动地配合业主的审批,对双方确认的价款调整要形成书面确认文件。在业主的批复范围内完成对合作单位/分包商的审核批复。

(7) 策划控制中心应对物价调整、汇率调整、价值工程、变更、索赔(反索赔)等全部涉及价款调整的事项进行价值评估。

15.3.5　竣工结算

1. 资料收集

项目实施过程中各部门应广泛收集与合同结算工作相关的资料,如工程招投标文件、承发包合同、图纸及图纸会审记录、投标报价或合同价或原预算、变更、指令、进度及现场照片等,保证结算编制内容的完备性及保证结算审核工作的顺利进行,避免审核时的缺失和矛盾。

2. 合同结算文件的编制及审核依据

(1) 合同文件。

(2) 工程投标中标或议标报价单。

(3) 施工图纸、竣工图纸。

(4) 变更文件。

(5) 索赔文件。

(6) 工程计价文件、工程量清单、取费标准及有关调价规定、双方确认的有关签证。

(7) 有关技术核准资料和材料代用核准资料。

(8) 与结算相关的技术资料。

(9) 与结算相关的法律、法规、行业规定等。

(10) 其他有关文件。

3. 总承包合同结算(即竣工结算)文件编制与申报

(1) 具备竣工结算条件后,策划控制中心应立即启动竣工结算文件的编制工作。

(2) 总承包合同的竣工结算文件原则上应在合作单位及分包商申报的竣工结算文件的基础上进行编制,文件的编制一定要做到计量准确、内容全面完整。

(3) 竣工结算文件的内容应按工程所采用合同模式的相关规定或与业主商定的结果执行,至少包括按合同要求完成的所有工作的价值、根据合同或其他规定业主应支付的任何其他款项等,结算文件的份数按合同规定执行。

(4) 竣工结算文件编制完成后,策划控制中心组织项目部相关部门进行会审,签署会审意见,并按会审意见修改后报策划控制中心审批,然后报项目经理批复,项目经理批复后形成最终结算文件报送业主审定,上述工作应在规定的时间内完成。

(5) 竣工结算文件报送业主时,策划控制中心及信息及数据管理部应做好签收登记。

(6) 竣工结算文件申报(由策划控制中心申报)业主后,要指派专人负责跟踪,并根据业主审核进展及时制定措施,以保证结算价款的尽早确定及剩余结算款的回收。

4. 设计、施工类合同结算

(1) 在业主完成对总承包合同竣工结算的批复后,策划控制中心对接到的合作单位/分包商申报的结算文件进行审核,形成初审意见,并组织项目部相关部门进行会审,签署会审意见,按会审意见修改后报项目经理审批,项目经理批复后形成最终审核意见。

（2）对合作单位/分包商申报的结算文件的审核一般应在业主对总承包合同竣工结算文件批复的工作范围内进行。

（3）结算文件应经双方法定代表人或委托代理人签字并加盖单位公章方为有效。

5. 其他类合同结算

其他类合同结算按合同约定执行。

策划控制中心按合同约定回收总承包合同竣工结算尾款,并在尾款收回的前提下,支付合作单位和/或分包商结算尾款。

15.3.6　保留金

策划控制中心按照合同约定,及时向业主发出释放保留金的申请。按照合同约定,完成对分包商保留金的扣除和释放工作。

15.3.7　资料管理

策划控制中心对申报业主及批复合作单位和/或分包商的计量支付文件,要做好签发记录;对业主批复及合作单位和/或分包商申报的计量支付文件的原件,要做好签收记录,并妥善保管。

为避免文件的丢失,方便查找,策划控制中心应分类建立资料登记台账,印刷文件统一编号、分类存档,明确文件管理责任人。每月工程款计量计价、批复、支付等的电子文件,策划控制中心均应及时录入信息管理系统或刻录光盘永久保存。

竣工结算完成后一个月内将总承包合同及对合作单位和/或分包商合同结算资料分别装订成册,报公司归档备案（应统一为 A4,非 A4 纸折叠成 A4 纸大小）。其主要内容包括:

（1）封面、目录、工程概况。

（2）对合作单位和/或分包商合同价款结算台账（格式详见附件 15-6）。

（3）项目合同结算文件。

（4）竣工验收单。

（5）其他相关资料。

15.4　附件

附件 15-1：项目计量支付管理流程图

附件 15-2：工程计量支付管理流程图

附件 15-3：总承包合同竣工结算会签表

附件 15-4：EPC 项目合同付款会签表

附件 15-5：EPC 项目合同结算会签表

附件 15-6：EPC 项目合作单位和/或分包商合同价款结算台账

附件 15-1：项目计量支付管理流程图

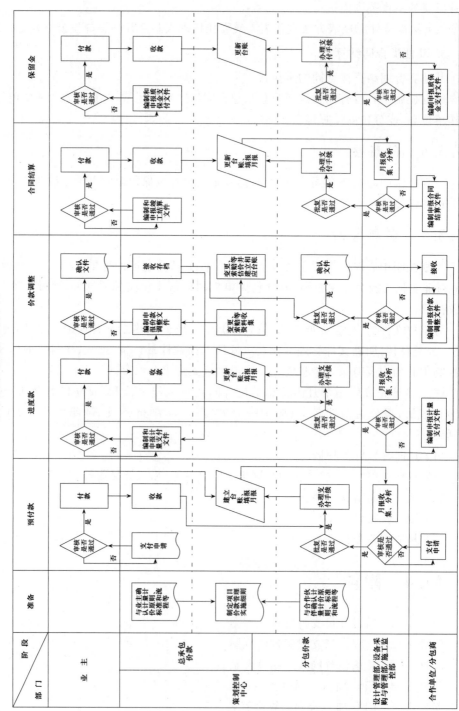

项目计量支付管理流程图

附件 15-2：工程计量支付管理流程图

工程计量支付管理流程图

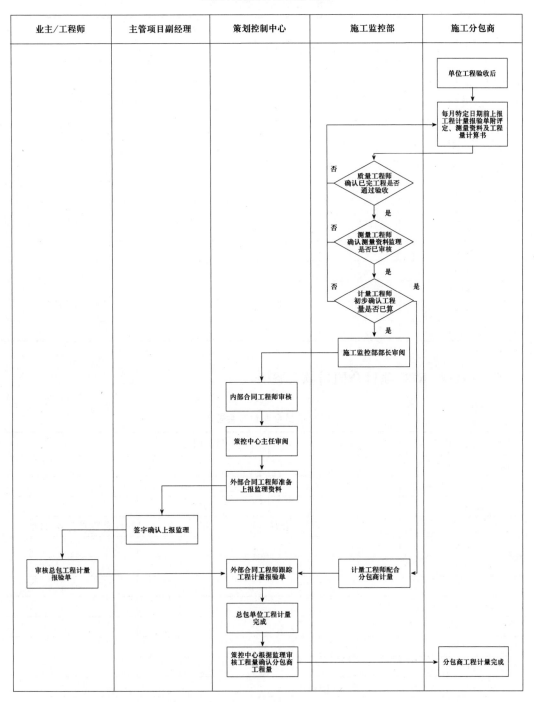

注：施工分包商提交工程计量报验单的特定日期应早于策划控制中心要求的设计、采购及施工上报相关报表的日期。

附件 15-3：总承包合同竣工结算会签表

总承包合同竣工结算会签表

合同名称			合同期间	
总承包合同简介：（包括工作内容、合同金额、合同调价约定、工期、质量目标等）				
合同签约金额（币种）	小写		合同结算金额（币种）	小写
	大写			大写
承办部门			承办人	
会签部门	会签意见			会签人签名/日期
＊＊ 部				
＊＊ 部				
＊＊ 部				
＊＊＊＊				
＊＊ 部				
＊＊ 部				
＊＊＊＊				
＊＊＊＊				
＊＊＊＊				
项目经理				

附件 15-4：EPC 项目合同付款会签表

EPC 项目合同付款会签表

合同名称			付款时段	
合同工作内容及范围：				
本次付款金额（币种）	小写：		大写：	
承办部门			承办人	
会签部门	会签意见			会签人签名/日期
＊＊ 部				
＊＊ 部				
＊＊ 部				
＊＊＊＊				
＊＊ 部				
＊＊ 部				
＊＊＊＊				
＊＊＊＊				
＊＊＊＊				
项目经理				

附件 15-5：EPC 项目合同结算会签表

EPC 项目合同结算会签表

合同名称		合同期间	
合同简介：（包括工作内容、合同金额、合同调价约定、工期、质量目标、奖罚约定等）			
合同签约金额（币种）	小写	合同结算金额（币种）	小写
	大写		大写
承办部门		承办人	
会签部门	会签意见		会签人签名/日期
** 部			
** 部			
** 部			
****			
** 部			
** 部			
****			
****			
****			
项目经理			

附件 15-6：EPC 项目合作单位和/或分包商合同价款结算台账

EPC 项目合作单位和/或分包商合同价款结算台账

项目名称														
合同名称	金额单位	合同价款	开工日期	竣工日期	合同结算金额								已付金额	付款余额	拟付款时间
					合同价款 (a)	HSE罚款 (b)	物价调整 (c)	设计变更 (d)	索赔 (e)	其他 (f)	其他扣款 (g)	小计 (a−b+c+d +e+f−g)			
设计类合同															
** 合同															
…															
施工类合同															
** 合同															
…															
咨询类合同															
…															
…															
合计	—		—	—											
编制				审核				审批							

说明：本表中"合同价款"指合同签约金额。

第16章

项目财务管理

16.1 目的

项目财务管理的目的是加强 EPC 项目现场财务管理工作，强化资金收支监管、保证资产安全。

项目财务管理需遵守国家相关法律法规。项目经理是项目现场财务管理（包括资金资产安全、资金收支管理）第一责任人。项目经理应执行公司财务规章制度，组织现场预算的编制与执行，管理现场财务税务工作，保证现场资金资产安全，按规定组织报送财务资料，及时向公司财务资产部门报告现场财务管理中的问题。

项目现场财务人员应按项目财务管理相关内容及公司有关财务制度要求完成现场相关财务工作，项目现场所有财务支出必须由项目经理和现场财务人员在审批手续齐全的付款审批单、符合规定的相关单据上共同签字确认。现场财务人员可以在项目财务管理相关内容及公司相关规章制度基础上制定资金控制、费用报销、资产管理、税务管理等方面的管理规定，报公司财务资产部门备案后执行。

16.2 管理职责

现场财务人员的配备必须坚持不相容岗位相分离的原则。应配备现场财务总监、会计主管、税务及出纳，现场财务总监、会计主管及税务不能兼职出纳，出纳与银行印鉴保管人应为不同人员。

本章中的现场财务人员指现场配备的出纳及公司财务总部外派的项目现场财务总监（以下简称现场财务总监）、会计总管及税务。

16.2.1 现场财务总监配备要求

在项目签约阶段，项目部应填制需求计划（见附件 16-1）报公司财务资产部。财务资产部根据提交的项目现场外派财务总监需求计划，结合项目现场财务核算工作量、工作难度，项目所处的不同阶段等方面拟定公司外派现场财务总监计划，报财务主管领导、公司总经理审批后组织实施。

现场财务总监受项目经理和公司财务资产部双重领导,日常财务工作以项目经理管理为主。现场财务总监需按照本项目财务管理相关内容及公司相关规定完成现场会计核算和财务管理工作。

16.2.2　现场会计主管配备要求

1. 配备时间

为完成项目现场财务管理工作,项目经理应在项目生效或现场发生第一笔收支之前(孰先原则)向公司财务资产部申请现场会计主管,公司财务资产部根据项目实际情况委派现场会计主管。

2. 岗位职责

现场会计主管具体负责会计核算、会计监督、财务预算、资金管理、资产管理,并负责项目财务分析。

16.2.3　现场税务配备要求

1. 配备时间

同现场会计主管。

2. 岗位职责

现场税务负责做好税收管理,包括税务筹划及税务部门关系维持。

16.2.4　现场出纳配备要求

1. 配备时间

为完成项目现场财务管理工作,项目经理应在项目生效或现场发生第一笔收支之前(孰先原则)配备现场出纳(可由进行合同管理或工程进度管理的现场商务人员兼任),并报公司财务资产部备案。现场出纳人员发生变更,应报公司财务资产部备案。

2. 岗位职责

现场出纳具体负责项目现场现金收支、资金结算及相关管理,现金及银行存款日记账的登记及上报,银行对账单的取得及上报,支票保管及领用登记等工作。

16.2.5　公司财务资产部工作职责

公司财务资产部负责培训现场出纳,规范项目现场现金日记账、银行存款日记账、银行对账单等现场资料上报工作,进行现场资金收支监控,按照要求按期根据现场流水账转换会计账,并根据项目现场需要赴现场核对账目、指导现场财务工作,及时发现问题并跟踪解决。

16.3　现场资金及预算管理

16.3.1　现场资金

现场资金均应纳入现场财务管理范围,不允许存在账外资金及资产,不允许坐支现金。

现场资金来源包括与项目有关的现场收入。例如：合同款收入、存款利息收入、现场资产处置收入、从公司调往现场的款项等。

现场资金支出包括与项目有关的现场支出。例如：合同款支出、零星采购支出、税款支出、购置固定资产支出，差旅费、津贴、办公费用、房租水电、业务招待费、交通费、通信费等管理费用支出，调回公司的款项等。

现场长时间不用的合同款收入应尽快调回公司，公司财务资产部应及时了解现场收入情况。根据项目情况项目主管部门、财务资产部商讨决定是否将现场闲置资金调回。

16.3.2 现场预算

现场预算包括项目效益预算，项目效益预算是现场预算的一个依据。项目效益预算是现场签订各种分包合同、支付管理费用、相关税款及其他支出的依据。

项目经理负责依据项目效益预算中相关部分编制现场管理费（包括现场发生的购置固定资产支出、管理费用、财务费用、无合同的零星采购等）、工程现场税费支出、现场签约的合同款项支出预算，按年度进行预算分解并控制支出。

项目现场部分预算不足，项目经理需及时调整预算。

现场应根据现场预计收支情况按需编制资金收支计划。资金收支计划是调往现场款项的审批依据之一。

16.4 项目资金结算管理

16.4.1 现场银行账户的管理

现场银行账户的开立、使用、清理、关闭以及日常管理，应按公司相关银行账户管理规定相关批复执行。

16.4.2 现金及银行存款日记账的登记

现场出纳应每日按照现场现金收支及银行收支情况，逐笔登记现金日记账和银行存款日记账，包括收支时间、收支内容、收支金额等。

16.4.3 银行支票保管

现场出纳负责银行支票保管，支票领用、注销需设登记簿登记；支票存根及作废支票不得遗失，应作为现场会计档案，定期装订并存档保管。

16.4.4 现金、银行存款日清月结

现场出纳应每日盘点库存现金，保证库存现金余额与现金日记账余额核对一致。

现场出纳应每月将银行存款日记账发生额及余额和银行对账单核对，保证银行存款日记账发生额及余额与当期银行对账单一致。不一致的，应及时查找原因并书面说明。

现场财务人员或公司财务人员每季度或半年根据现场银行对账单编制银行账户余额调节表。

项目经理(或现场财务总监)应至少每月末复核现场现金及银行存款,保证账账相符、账实相符。

16.4.5　库存现金限额及安全要求

1. 库存现金限额要求

为保证资金安全,现场应控制库存现金金额。原则上,库存现金余额不能超过每次提款限额的120%。特殊情况需提高库存现金限额及每次现金提款额的,应履行报批手续并报公司财务资产部备案,审批权限见附件16-2。

2. 库存现金安全要求

项目经理应落实现金提取及保管的安全并定期检查,原则上每次提现应注意保密并采取安保措施。

16.4.6　现场借款管理

1. 项目以外单位及个人借款

现场不允许对项目以外单位及个人借款,特别不允许对公司以外单位及个人借款。如有特殊情况确需对项目以外单位及个人借款,需对方提出借款申请,明确借款原因和归还时间,经项目经理审批,公司财务资产部领导批准后,报公司主管领导批准。单笔借款达到一定金额需加报公司财务主管领导、总经理批准。对公司以外单位和个人借款,一律报公司财务主管领导、总经理批准。审批权限见附件16-2,审批单见附件16-3。禁止对公司以外无合同关系的单位或个人提供借款。

2. 备用金借款

备用金借款分为个人备用金借款和专项备用金借款。

个人备用金借款是指项目现场人员出差期间的差旅费支出借款(包括出差过程中发生的交通费、住宿费、通信费、招待费等)以及一般日常公务杂费借款等。

专项备用金借款是指有特定用途、金额较大的支出。如:组织大型会议、展览、培训、大型接待、大宗办公用品采购、零星采购付款及其他金额较大的支出等。

(1)审批权限:个人备用金借款应明确借款原因及报销时间,审批权限见附件16-2,审批单见附件16-3;专项备用金借款应明确借款原因及报销时间,审批权限见附件16-2,审批单见附件16-3。

(2)按时报销:个人备用金借款应在出差回到现场或完成相关工作后一周内报销,专项备用金借款应在专项工作结束后两周内报销。

(3)及时结清:借款人调离现场前,应归还所借备用金,现场财务人员应结清、核销相关账目。

3. 现场借款清理及催收

(1)现场财务人员应建立借款备查簿或账簿登记借款情况,包括借款日期、币别及金额、借款单位、经手人、经手人联系方式及预计还款时间、实际还款时间等。

(2)现场财务人员应于到期日前联系借款人还款,定期(至少一个月)将到期未还借款情况报告项目经理,由项目经理组织催收。

(3)如出现超过3个月的借款未还情况,项目经理除继续组织催收外,还应报告项目经理及公司财务资产部。

16.4.7 业务项下付款依据

业务项下付款应在项目效益预算范围内,以相关合同/协议、单据等文件资料为依据,并且必须符合合同/协议所规定的付款条件及时间。

合同/协议需在项目策划控制中心备案,并取得备案号。申请付款时,需提供合同/协议审批备案登记表复印件及付款计划表。

特殊情况下,一定数额的现场零星业务支出,可在现场费用、税款预算内,以相关采购文件及单据作为付款依据。

16.4.8 业务项下付款审批程序

业务项下付款(含当地税金、零星业务支出),应按以下规定执行相应审批程序后支付。

(1)现场业务人员逐项填写项目现场业务项下付款审批单(见附件16-4),并按要求提供付款依据和相关单据。现场业务人员可根据现场项目管理需要,对相关审批单按时间进行编号管理。

(2)现场付款经项目经理审核并签字,项目经理重点审核付款的合规性和合理性、结算金额及单据资料与实际业务进展及合同条款的一致性等;项目经理在审核支付分包商工程款时,应先对涉及分包商的应收款项、预付款项等往来款项进行核对,再安排款项支付;项目经理审批签字后交现场财务人员。

(3)现场财务人员负责审核付款金额、付款条件及进度,审核付款审批单的完整性、准确性以及所附单据的合规性等,并签字。

(4)按付款审批权限(见附件16-2)报批后方能对外支付。

16.4.9 支付咨询费的规定

禁止在项目现场支付咨询费。但根据执行项目的实际需要,如果确实需要在现场支付咨询费的,现场财务人员以银行转账方式支付,收款人必须与已备案合同/协议约定的收款方一致。

16.4.10 费用报销要求

费用报销要求如下。

(1)提供经审批的项目现场报销单(见附件16-5)。

(2)现场项目经理和现场财务人员审核单据及相应审批文件并签字后,出纳进行报销并记流水账。由现场财务总监或公司财务人员定期编制财务凭证。

(3)如遇特殊情况,无法取得发票(如个人),应随发生随报销,并附支出明细类别及原因说明,提供当事人及见证人两人以上签字证明,审批权限见附件16-2。

(4)除现场人员出差所发生的差旅费等相关费用可以在现场报销以外,公司其他非项目人员发生的相关业务支出不得在现场报销。

（5）现场购买的办公用品、礼品应由项目经理指定专人进行实物保管及领用登记。

16.4.11　费用支出报销审批程序

招待费（宴请费和礼品费等）支出报销审批权限，见附件 16-2。

其他费用支出审批权限，见附件 16-2。

16.4.12　当地社会责任支出

项目现场在项目当地的社会责任支出应纳入效益预算，以签报方式报批，签报应包括支出事由、支出对象、支出途径、支出责任人、支出资产构成及其数额以及财产交接程序，经项目经理、公司部门经理审核，公司主管领导审批后方可对外支付。一定数额以上需经公司财务主管领导、总经理审批，审批权限见附件 16-2。

16.5　项目现场固定资产购置、保管、处置管理

16.5.1　固定资产管理

项目现场管理的固定资产按照《企业会计准则第 4 号——固定资产》相关规定执行。

项目现场管理的固定资产包括现场购置（接受转让）的固定资产，以及公司购置，现场使用、保管的固定资产，包括施工机具、交通运输工具、办公设备等。笔记本电脑、相机等便携式设备采取何处购置入账，何处实物管理、处置的原则。

16.5.2　固定资产归口管理部门

项目现场固定资产的归口管理部门是公司主管财务资产部门，具体按公司财务资产部的相关规定执行。

16.5.3　现场购置固定资产审批程序

购置（包括接受转让方式取得的）固定资产，项目现场需要填写项目现场固定资产购置审批单（见附件 16-6），并按要求履行签字审批程序后附发票进行报销。

固定资产购置（不含车辆）审批权限见附件 16-2。

车辆购置需经公司财务资产部领导批准后，签报公司主管领导审批，超过一定数额的需经财务主管领导和总经理审批。审批权限见附件 16-2。

16.5.4　固定资产台账管理

1. 现场购置的固定资产的台账管理

项目经理负责指定人员（一般情况下为兼职出纳）建立固定资产台账（见附件 7），登记固定资产名称、型号、购入日期及地点、存放地点、购置（接受转让）价格、预计使用年限，并由实物管理人签字，并按相关要求于每季度首月特定日期前向项目部、公司财务资产部报送上一季度现场固定资产台账。

2. 公司购置、现场使用的固定资产的台账管理

公司购置、现场使用的施工机具、交通运输工具等也需按照现场财置的固定资产的台账管理中的要求纳入现场固定资产台账登记、报送管理。

3. 固定资产定期盘点

现场项目经理至少每年年底组织对现场固定资产（包括现场购置固定资产、接受转让的固定资产以及公司购置现场使用、保管的固定资产）进行盘点，并按实际情况反映固定资产的增减变化，以保证固定资产实物与台账相符，盘点记录需经盘点人、监盘人、项目经理签字。

对盘点过程中发现的固定资产盘盈（盘亏），应分析原因。对于盘盈，应该填写项目现场固定资产购置审批表（见附件16-6）；对于盘亏，应填写项目现场固定资产处置清单（见附件16-8），并履行相关审批手续，并对盘点情况进行财务处理和台账登记。

项目现场固定资产盘点表（见附表16-9）应报项目部、公司财务资产部并作为项目现场财务档案存档保存。

16.5.5 固定资产账务核算

现场购置（接受转让）的固定资产通过固定资产台账实施跟踪管理，日常不计提折旧，并账时并入工程施工随工程进度结转成本，清理变卖、转让、报废、盘亏处置时的残值等收入一次性冲减项目支出。

公司购置、现场使用、保管的固定资产在公司完成账务处理。

16.5.6 固定资产后续处置

固定资产清理变卖、转让、报废或盘亏等后续处置由公司财务资产部统一归口管理。

1. 固定资产处置审批

现场固定资产清理变卖、转让或报废处置前或盘亏后，应事先与公司财务资产部沟通，现场项目部需填写项目现场固定资产处置清单（见附件16-8），由实物保管人员签字确认后经项目经理批准，报公司财务资产部会签后，按照审批权限（见附件16-2）进行审批。

2. 固定资产处置时的相关文件处理

固定资产处置时，现场应认真做好处置记录，负责取得有关处置证明文件及相关资料，并连同相关处置收入单据及时交现场财务人员进行相关台账登记及账务处理。

公司购置、现场使用的固定资产的处置正本文件应及时交回财务资产部，现场保存复印件。

3. 固定资产转让给其他项目的相关要求

项目结束后，经公司财务资产部协调，现场固定资产转让给后续项目或其他项目继续使用的，除按照固定资产转让处置相关手续办理外，转出方和转入方项目经理及实物保管人员均应在项目现场固定资产处置清单（见附件16-9）上签字确认，转出方及转入方现场按照转让价格进行固定资产台账登记。转入方需办理固定资产转入手续，填写附件16-6。

项目结束时，项目经理应对未处置的固定资产提出处置建议，报项目部、公司财务资部,并在实际处置时,按固定资产处置履行审批手续。

16.6　现场账务管理及财务预决算、决算

16.6.1　职责分工

现场会计主管负责项目现场账务工作,包括编制会计凭证、记账,按期编制并向公司财务资产部报送报表等,准确反映项目现场财务状况。

16.6.2　管理部门

税务负责现场税费申报和税票保管,按照年度将完税税票复印件报送公司财务资产部。

16.6.3　往来款项管理

项目经理(或现场财务总监)负责组织现场财务人员至少每季度开展一次现场借款、应收款项、应付款项及预付款项等往来款项核对、清理工作,并保留清理记录。

项目经理应将逾期3个月以上未收现场合同收入及逾期未归还的个人和单位借款等应收款项书面报告公司财务资产部,抄报公司主管领导。报告至少包括:项目发生逾期原因、项目部已采取的收款措施、下一步的催收工作计划及解决方案等。逾期3个月未还借款情况明细表见附件16-10,逾期3个月未收账款情况明细表见附件16-11。

项目现场财务预决算及决算工作作为项目整体财务预决算及决算的一部分,需纳入项目整体财务预决算及决算范围。项目完工及结束时,现场需提供项目现场管理费、工程现场税费支出及现场签约的合同款项支出预算执行情况、资产负债情况、应收未收及应付未付情况、固定资产处置情况、银行账户情况、税务情况及涉诉情况等资料,报送项目部、公司财务资产部。

16.7　现场债权债务管理

现场财务人员应负责债权如应收工程款、应收质保金的核算、其他应收款项的核算管理以及债务,材料设备采购的核算及其他应付款项的核算管理。

16.7.1　应收工程款

16.7.1.1　事前控制

项目财务部兼职的信用管理部门,在承揽工程前要充分了解各种信息,收集业主资料,进行企业信用评估。合同要实行归口管理,合同签订之前按照第17章"项目合同管理"需经财务部门会签,财务部对有关工程款的结算方式、付款时间、期限以及违约责任等条款进行重点关注。

16.7.1.2　事中控制

项目财务部应随时关注业主的相关信息,进行动态管理。一旦对方出现异常情况并有可能危及到本单位工程款的顺利回收时,督促相关部门催收账款。财务部应定期向业主单

位寄送对账单,以确保双方在应收账款数额、还款期限、付款方式等方面的认可一致。

项目财务部按欠款单位建立应收账款明细账,定期统计应收款金额、账龄及增减变动情况,及时反馈给项目经理及职能部门,必要时对逾期应收款以催款函方式进行催款。

16.7.1.3 事后控制

事后控制包括合同到期时款项的收回控制以及款项到期由于各种原因无法收回而形成坏账损失的处理。

施工合同到期时,策划控制中心应书面进行工程尾款的催收。对于逾期未收回的款项,项目财务部应及时报告给公司财务资产部进行审查。

项目财务部应查明坏账产生的原因,明确相关责任人、相关责任部门,并做出相应的处理。

项目财务部也应对已注销的坏账进行备查登记,并加强监督,仍旧定期寄送对账单,注意诉讼时效。

16.7.2 应收款项

1. 应收款项管理范围

应收款项包括应收票据、应收账款、其他应收款和长期应收款。

2. 应收款项风险分类

应收款项按其风险分类如下:单项金额重大的应收款项;单项金额不重大但按信用风险特征组合后该组合风险较大的应收款项;质保期满后仍未收回的质保金,单独计提坏账准备;单项金额不重大的应收款项。

3. 应收款项风险管理

达到单项金额重大或单项金额不重大但按信用风险特征组合后该组合风险较大的应收款项涉及的往来客户,应于中报和年报时向公司提交该部分应收款项变动情况、账龄分析及客户资信状况、有无资产抵押或担保等情况的说明。

4. 坏账准备计提政策

项目部应基于管理层判断的基础上,个别认定单项重大应收款项并逐项分析计提坏账准备,除单项认定的重大应收款项之外,可使用账龄法分析计提坏账准备。应于资产负债表日对应收账款分析后计提坏账准备,记入资产减值损失。

5. 坏账评定及核销政策

(1)坏账的确认标准。凡因债务人破产,依据法律清偿后确实无法收回的应收款项;债务人死亡,既无遗产可供清偿,又无义务承担人,确实无法收回的应收款项;债务人因遭受战争、国际政治事件及自然灾害等不可抗力因素影响,对确实无法收回的应收款项;债务人逾期5年未能履行偿债义务,已经全额计提坏账准备,并经报公司批准列作坏账处理的应收款项。

(2)坏账损失核算方法。采用备抵法核算坏账损失。

(3)坏账核销流程。项目财务部按照坏账确认标准整理需核销的坏账清单,并详细说明该坏账的账龄、已经计提的坏账准备、无法收回的原因、该账款对应债务人的名称及基本资信情况、是否为公司关联方等,并提交相关证明文件上报公司审批。

以前年度已经按照坏账核销的,但在本年度又全额或部分收回的,或通过重组等其他方式收回的应收款项,应在当期披露会计报表附注中详细说明其转回原因、对当期报表利润的影响,及原估计作为坏账处理的合理性;若实际转回的款项是因关联交易产生的,应单独披露。

16.7.3 应收票据

境外单位原则上不接受未经银行承兑的商业汇票。

接受应收票据时,仔细审核票据的真实性、合法性,防止以假乱真,避免或减少应收票据风险。

16.7.3.1 应收票据的批准

应收票据的取得、贴现和背书必须经由项目经理批准;接受客户票据需经项目经理批准手续,降低伪造票据以冲抵、盗用现金的可能性。

16.7.3.2 应收票据的账务处理

应收票据的账务处理,包括收到票据、票据贴现、期满兑现时登记应收票据等有关的总分类账。

现场财务人员应仔细登记应收票据备查簿,以便日后进行追踪管理。

16.7.3.3 应收票据的保管

项目财务部应设专人保管应收票据,且保管人员不得经办会计记录。

对于即将到期的应收票据,应及时向付款人提出付款;对已贴现的票据应在备查簿中登记,以便日后追踪管理。

16.7.4 应付票据

应付票据的管理制度应参照应收票据的管理规定执行。项目应当设置应付票据备查簿,详细登记每张商业汇票的种类、号数和出票日期、到期日、票面余额、交易合同号和收款人姓名或单位名称以及付款日期和金额等资料。应付票据到期结清时,应当在备查簿内逐笔注销。

特别需要注意的是,应付票据的签发、取得和转让,应当遵循诚实信用的原则,具有真实的交易关系和债权债务关系,且出票人和收款人不得为同一法人单位。

16.8 现场财务档案管理

现场财务档案指会计凭证、会计账簿、会计报表以及与财务会计有关的一切相关资料,包括原始凭证、记账凭证、各期会计报表、财务报告、现场各银行账户对账单、现场现金日记账、现场银行存款日记账、银行余额调节表、支票领用登记表、作废银行支票及已使用银行支票存根、现场固定资产管理台账、固定资产盘点记录及处置文件、银行账户开户相关资料、当地税务申报资料等。项目现场报送财物资料明细表见附件16-12。

项目经理负责现场财务档案资料的安全和完整。现场财务人员负责对以上财务档案进行分类,按时间顺序定期(月或年度)装订,编号保管。

原则上,项目执行过程中,现场应分批将财务档案带回公司,移交公司财务资产部,移交人为公司财务资产部人员或现场财务总监,接收人为公司财务资产部档案管理员,监交人为公司财务资产部指定人员,三方要履行交接签字手续,交接资料作为财务档案保存。

现场财务档案管理人员发生变动,项目经理应督促相关人员及时交接财务档案,并履行交接签字手续。

16.9　项目薪酬管理

现场财务人员应规范职工薪酬的管理,完善职工薪酬的计提和发放流程。

现场财务人员应明确职工薪酬的核算范畴,职工既包括公司员工,也包括签订固定劳动合同的员工、临时聘用的员工。

现场财务人员应核算全部从业人员的劳动报酬,包括工资、奖金、津贴和补贴,职工福利费,医疗保险、养老保险等社会保险费,住房公积金,工会经费和职工教育经费,非货币性福利,因解除与职工的劳动关系给予的补偿,其他与获得职工提供的服务相关的支出。

现场财务人员应规范工资支付行为,更好地发挥工资分配的激励和约束作用;坚持薪酬与岗位责任结合,与经营业绩挂钩。

16.10　项目税务管理

项目纳税工作必须合法、合理,现场财务人员在充分了解当地会计核算办法和税法的基础上,根据业务性质、项目的实际情况,从项目层面做好税务筹划工作,严格按照当地的法律法规进行财务处理,按时纳税,合理避税,严禁偷税、漏税。此外,针对国际工程中的免税项目,项目财务部应与设备采购与管理部及其他相关部门进行配合,完成永久性设备和材料的免税申请,以及临时进口设备和材料的免税申请、清关保函的办理及撤销。此外,要与分包商充分协商好相关税务缴纳等问题,避免出现多重缴税或者因免税申请未及时办理导致的罚款等。

16.11　附则

具体实施细则由项目财务部负责修改及解释。

16.12　附件

附件16-1：项目现场外派财务总监需求计划表
附件16-2：项目现场审批权限及签报审批表
附件16-3：项目现场借款审批单
附件16-4：项目现场业务项下付款审批单
附件16-5：项目现场报销单

附件 16-6：项目现场固定资产购置审批单

附件 16-7：项目现场固定资产登记台账

附件 16-8：项目现场固定资产处置清单

附件 16-9：项目现场固定资产盘点表

附件 16-10：逾期 3 个月未还借款情况明细表

附件 16-11：逾期 3 个月未收账款情况明细表

附件 16-12：项目现场报送财务资料明细表

附件 16-1：项目现场外派财务总监需求计划表

项目现场外派财务总监需求计划表

填表日期：

项目名称	
项目签约日期	年 月 日
项目（预计）生效日期	年 月 日
项目工期	年 月 日——年 月 日
申请派驻财务总监理由	
申请外派财务总监期限	年 月 日——年 月 日
对派驻财务总监要求	

注：请将项目基本情况简介、目前项目进展或执行情况、项目现场资金收支预算及项目现金流量表等相关资料附后。

项目经理：　　　　　　　　　　　　　公司主管项目领导：

附件16-2：项目现场审批权限及签报审批表

项目现场审批权限及签报审批表

序号	相关审批内容	规定条款	常务副经理批准	项目经理批准	财务资产部部长批准	公司主管领导批准	公司财务主管领导、总经理批准	备注
一	业务项下付款	16.4.7	120万元以下	120万元及以上、300万元以下	300万元及以上、450万元以下	450万元及以上、600万元以下	600万元及以上	
	支付咨询费	16.4.9	按照公司相关合同管理控制程序相关审批程序审批					
二	现场购置固定资产(不含车辆)	16.5.3	5000元以下	5000元及以上、6万元以下	6万元以上、18万元以下		18万元及以上	
	现场车辆购置	16.5.3		60万元以下		60万元及以上		
	固定资产处置	16.5.6	处置单位金额5000元以下(指购入价格)	处置单位金额5000元及以上、18万元以下(指购入价格)	处置单位金额18万元及以上、30万元以下(指购入价格)	处置单位金额30万元及以上、60万元以下(指购入价格)	单位处置金额60万元及以上(指购入价格)	
三 现场借款	对项目以外单位及个人借款(对项目以外单位个人借款/个人借款)	16.4.6				单笔120万元以下的签报公司主管领导审批准	单笔借款金额120万元及以上	对公司以外单位和个人借款，一律加报公司财务总监，总经理批准
	备用金借款 个人备用金借款	16.4.6	累计5000元以下	累计5000元及以上、6万元以下	累计6万元及以上、12万元以下	累计12万元及以上		
	备用金借款 专项备用金借款		累计6万元以下	累计6万元及以上、18万元以下	累计18万元及以上、30万元以下	累计30万元及以上		
四 库存现金及每次提现	每次提现现金限额	16.4.7	6万元(或等值货币)以下	6万元及以上、18万元以下	18万元及以上、30万元以下	30万元及以上		报批手续应报财务部门备案
	库存现金限额		7.2万元以下	7.2万元及以上、21.6万元以下	21.6万元及以上、36万元以下	36万元及以上		
	无原始单据支出	16.4.10	单笔3000元以下，累计6万元以下	单笔3000元及以上、6万元以下；累计6万元及以上、18万元以下	单笔6万元及以上、12万元以下；累计18万元及以上、30万元以下	单笔12万元及以上、30万元以下；累计30万元及以上、48万元以下	单笔30万元及以上，累计48万元及以上	
五	招待费支出	16.4.11	5000元以下	5000元及以上、1万元以下	1万元及以上、3万元以下	3万元及以上、10万元以下	10万元及以上	
	其他费用支出	16.4.11	1万元以下	1万元及以上、3万元以下	3万元及以上、5万元以下	5万元及以上		
六	社会责任支出	16.4.12			6万元以下	6万元及以上		

附件16-3：项目现场借款审批单

项目现场借款审批单

年　　月　　日

借款人（或借款单位）		借款人所属部门（所属单位）			
借款事由					
借款金额（大写）		借款金额（小写）			
借款期	年　月　日	预计还款日期		年　月　日	
附件		附件张数			

注：对公司以外单位及个人借款，应附借款申请或签报（如有），签报审批符合制度要求即可。

借款人：　　　　现场常务副经理：　　　　现场财务总监：

项目经理：　　　　财务资产部部长：　　　　公司主管领导：

公司财务主管领导：　　　　　　　　　　　总经理：

附件16-4：项目现场业务项下付款审批单

项目现场业务项下付款审批单

年　　月　　日　　　　　　　　编号：

项目名称		对外合同号		备案号	
本次付款依据合同/协议类别		合同/协议号		备案号	
收款单位					
付款内容			发票/单据种类		
发票/单据金额			附件/单据数量		
备注					
（1）业务部门	业务员		项目常务副经理	（120万元以下）	项目经理	（120万元及以上，300万元以下）
（2）财务人员及主管部门总经理	现场财务人员	（审核合同条款及单据）		财务资产部部长	（300万元及以上，450万元以下）
（3）公司领导	公司项目主管领导	（450万元及以上，600万元以下）	公司财务主管领导	600万元及以上	总经理	（600万元及以上）

注：现场支付咨询费按照《项目现场财务管理实施细则》有关规定执行。

附件16-5：项目现场报销单

项目现场报销单

年　　月　　日　　　　　　　　　　　编号：

项目名称				
报销事由				
报销金额	大写		小写	
摘要	借方	贷方		金额

附单据　　张

报销人：　　　　　　项目常务副经理：　　　　　　现场财务人员：

项目经理：　　　　　财务资产部部长：　　　　　公司主管领导：

公司财务主管领导：　　　　　　　　　　　　　　总经理：

附件16-6：项目现场固定资产购置审批单

项目现场固定资产购置审批单

项目名称			申请时间			
固定资产名称	规格型号	单位	数量	预计单价	预计总价	备注
合计	—		—		—	

固定资产保管人员：　　　　现场财务人员：　　　　项目常务副经理：

项目经理：　　　　　　　财务资产部部长：　　　　公司主管领导：

公司财务主管领导：　　　　　　　　　　　　　　总经理：

附件16-7：项目现场固定资产登记台账

项目现场固定资产登记台账

截止日期：　　年　　月　　日

编号	资产名称、型号	类别	数量	购入日期	购置地点	购置价格	使用人	存放地	产权档案保管人	状态(使用/已处置)	备注

项目经理：　　　　　　　　　　　　　　　　固定资产保管人员：

附件16-8：项目现场固定资产处置清单

项目现场固定资产处置清单

项目名称				处置原因				处置时间		
固定资产名称	型号	购入日期	购置地点	购入价格	购入数量	处置价格	签字(受买人)			备注
合计	—	—	—							

注：如有处置固定资产申请(或签报)，审批后符合制度要求即可。

经手人：　　　　　　　　　　　　　　　　固定资产保管人员：

项目常务副经理：　　　　　　　　　　　　项目经理：

公司主管领导：　　　　　　　　　　　　　总经理：

如果转让给后续项目，转入方需签字，转出方和转入方各一份。

若转入公司使用，需到财务资产部固定资产管理员处办理转入手续。

转入方固定资产保管人员：　　　　　　　　转入方项目常务副经理：

转入方项目经理：

附件 16-9：项目现场固定资产盘点表

项目现场固定资产盘点表

盘点日期：　　　年　　月　　日

固定资产资产名称、型号	类别	数量	购入日期	购置价格	使用人（保管人）	存放地	实盘数量	盘盈/盈亏	处理建议

盘点人：

监盘人：　　　　　　　　　　　　　　　项目经理：

附件 16-10：逾期 3 个月未还借款情况明细表

逾期 3 个月未还借款情况明细表

时间：

借款日期	借款金额	借款单位	经手人	预计还款时间	实际还款时间	催收记录

项目经理：　　　　　　　　　　　　　　财务人员：

附件 16-11：逾期 3 个月未收账款情况明细表

逾期 3 个月未收款项情况明细表

时间：

应收款项内容	应收金额	对方单位	应收时间	实际收款时间	催收记录	备注

项目经理：　　　　　　　　　　　　现场财务人员：

附件 16-12：项目现场报送财务资料明细表

项目现场报送财务资料明细表

类别	报送资料（备案资料）	报送人	报送时间	报送部门
按月报送	现场财务报表	会计主管及税务	每月 10 日前报送上月资料	项目主管部门、财务资产部
	现金收支明细账	会计主管或出纳		
	银行存款收支明细账	会计主管		
	银行对账单	出纳		项目主管部门、财务资产部
	财务分析报告	会计主管	每月 25 日前报送当月资料	策划控制中心
按季度报送	固定资产台账	会计主管	每季度首月 10 日前报送上季度资料	项目主管部门、财务资产部
	3 个月以上逾期未还借款、逾期未收账款	会计主管	出现逾期的下月，以后按季度报送	项目主管部门、财务资产部
项目完工及结束后报送	现场往来款项报告	现场经理	项目完工及结束后次月	
	现场预算执行情况、资产负债情况、账户情况、税务情况、涉诉情况等	现场经理	项目完工及结束后次月	
备案	现场制定的内控制度、费用报销、资产管理等规定	现场财务人员	制定相关规定的次月	项目主管部门、财务资产部
	现场财务人员配备及变更	现场经理	配备出纳或变更出纳的次月	
	超过 6 万元的提取现金金额及超过 7.2 万元库存现金金额	出纳	超过限额批准后的次月	财务资产部
	固定资产购置、盘点、处置资料	现场经理	购置、盘点、处置的次月	项目主管部门、财务资产部

第17章

项目合同管理

17.1　目的

项目合同管理的目的是规范项目部合同管理工作,避免或减少因合同管理不当造成的损失,降低合同签订及履约风险。

除非本章中特别指明,本章所称合同是指总承包合同及总承包合同下公司与合作单位及分包商签订的各类合同,包括但不限于:

(1) 工程承包类合同,包括总承包合同、合作协议、分包合同(如设计分包、土建分包、安装分包、调试分包、运行分包等)、分包工程招标文件、工程保险合同等。

(2) 采购贸易类合同,包括公司采购合同、采购合同招标文件、承运合同、运输保险合同等。

(3) 咨询服务类合同,包括设计咨询服务合同、法律咨询服务合同、工程咨询合同等,但不包括人员聘用合同(人员聘用合同管理见第 20 章"项目人力资源管理")。

本章内容适用于 EPC 项目的合同管理。

项目部应按照项目施工组织方案中合同管理策划的要求,编制项目合同管理策划,并依据合同管理策划和项目合同管理的要求编制项目合同管理细则。

项目合同管理流程图见附件 17-1。

17.2　管理职责

策划控制中心负责 EPC 项目总承包合同管理及分包合同格式范本起草。

设计管理部负责总承包合同项下的内部设计合同或协议以及设计分包合同管理。

设备采购与管理部负责总承包合同项下采购的材料、设备供应合同管理。

施工监控部负责总承包合同项下施工分包合同管理。

关于项目分包商管理详见第 18 章"项目分包管理"。

17.3　合同的评审与签订

总承包合同签署后,为履行总承包合同,项目部应根据相关法律、法规以及公司相关管理制度进行设计、采购、施工、调试、运行的分包,形成设计分包合同或设计咨询合同、采购合同、物流合同、施工分包合同、调试合同、运行合同、保险合同、咨询服务合同等各类合同。合同的签订流程见附件 17-2。

17.3.1　合作单位/分包商的选择

项目部应按照第 18 章"项目分包管理"规定和程序选择确定合作单位及分包商。

17.3.2　合同的起草

17.3.2.1　参照文本

项目部合同承办人原则上应参照以下内容起草各类合同。

(1) 国际组织编制的合同条件,如 FIDIC、NEC3 合同条件等。

(2) 建设部发布的示范合同文本,如《建设工程施工合同示范文本》等。

(3) 公司发布的示范合同文本。

(4) 公司已签订和执行的具有示范意义的各类合同文本。

17.3.2.2　注意事项

起草合同时应注意以下事项。

(1) 合同语言应严谨、简练、准确,符合相关法律、法规、规章和习惯做法。

(2) 合同中的术语、特有词汇、重要概念应设专款解释。

(3) 合同内容原则上应坚持与总承包合同背靠背的原则,不能与总承包合同相违背。

(4) 合同起草时应充分考虑到对各类风险的规避和转移,最大限度地维护公司的利益。比如,合同中原则上规定扣留一定比例的保留金,作为履约担保,或者要求合作单位/分包商办理见索即付银行履约保函。合作单位/分包商还需办理必要的保险。

(5) 合同起草时应充分考虑到设计、采购与施工的界面衔接,土建与安装、不同设备安装之间的界面衔接,公司与合作单位/分包商需共同协调,密切配合,确保不因彼此的延误或干扰给其他交叉或关联工作带来影响。

(6) 在起草各类合同时,针对专业、技术部分内容应由项目部的设计管理部、施工监控部等相关部门(或岗位)配合完成。必要时,合同文本需经过律师或专家审核。

17.3.3　合同的谈判

项目部在合同谈判前应进行策划,分析掌握合同风险,制定谈判策略,确定谈判小组,选择谈判时机,控制谈判进程,保证合同谈判达到预期目标。合同谈判策划书见附件 17-3。

17.3.4　合同的评审

项目部在签订各类合同前,应进行内部评审。项目部设计管理部、设备采购与管理部及施工监控部应按照各自的职责分工进行合同内部评审,然后提交策划控制中心进行审核,并经项目经理批准。内部评审单见附件17-4。内部评审完毕,按照公司合同管理控制程序的相关规定进行合同评审。

合同评审要坚持以下原则。

(1) 合法性原则。合同内容应符合中国和项目所在国的法律、法规和规范。

(2) 公平性原则。不能有显失公平的条款,不能违背权利义务对等的原则。

(3) 风险可控原则。应充分考虑各种风险的防范、规避、转移等措施,避免合同陷阱。

(4) 可行性原则。合同文本应切实可行,并可通过合同的实施达到预期目标。

17.3.5　合同的签订

按照合同管理控制程序,公司法定代表人可授权项目经理签署总承包合同下的全部或部分合同,授权人应在授权范围内签订合同,并承担签订合同带来的任何风险和责任。

合同签订时,合同双方签字代表应为法定代表人或法定代表人授权签字人。如为法定代表人授权签字人,应在签字前出具法定代表人授权委托书。

17.4　合同的履行

17.4.1　合同履约开始时间

合同经相关方签字盖章,且满足约定的生效条件时方可全面实际履行。如果根据实际情况需要提前实施,项目部应报公司领导同意后方可执行。

17.4.2　合同交底

合同交底应包括合同的主要内容、合同实施的主要机会和风险、合同签订过程中的特殊问题、合同实施计划和合同实施责任分解等内容。合同交底应由主持该合同项招投标工作人员负责进行。合同交底应以书面方式进行。项目经理应组织项目部相关人员贯彻落实总承包合同交底内容,并进行履约责任分解。总承包合同交底记录表及合同履约责任分解表分别见附件17-5和附件17-6。

17.4.3　合同履行

项目部在合同履行过程中实行动态管理,跟踪收集、整理、分析合同履行中的信息,并对合同履行合理、及时地进行调整,及早提出和解决影响合同履行中存在的问题,以最大限度地规避或减少风险。

按照总承包合同的约定认真履行合同责任和义务,及时向业主收款。同时,加强对合作单位/分包商的履约管理,为合作单位/分包商提供必要的支持,确保合作单位/分包商的服务满足相关合同的要求,进而更大限度地保障总承包合同的顺利履行。

在合同履行中,应加强合同的风险管理。工程实践中的合同风险主要包括:

(1) 外界环境的风险,如法律环境、自然条件等。

(2) 工程技术和施工方案等方面的风险,如工程进度、大型施工机具入场、施工组织、新技术、新工艺等。

（3）项目关系方，包括业主、合作单位的资信和履约能力。

（4）项目管理过程风险，如业主决策变化、合作单位索赔、缺乏行业项目管理经验等。

（5）其他风险因素。

项目部应定期召开合同风险讨论会，群策群力，对合同风险进行全面的分析，并制定切实可行的对策与措施，充分做好风险的防范、转移和规避工作。

17.5 变更、索赔、反索赔

项目部应制定变更（含调价）、索赔责任制等相关管理制度。项目部可根据实际情况建立以策划控制中心为核心和牵头部门的索赔工作小组，小组成员包括设计管理部、设备采购与管理部、施工监控部等，定期召开索赔工作会议（考虑到索赔工作的时效性），经集体讨论研究形成索赔工作会议纪要。这样一方面有助于做好索赔的风险管理工作，另一方面可为日后索赔工作的开展提供基础数据和材料。

项目部负责变更（含调价）、索赔责任的部门（或岗位）应注意发现索赔点，注重日常资料的积累。变更（含调价）和索赔资料一般主要包括：

（1）招投标文件。

（2）合同。

（3）来往信函。

（4）会议纪要。

（5）施工管理日志、周报、月报。

（6）变更命令和现场指令。

（7）各类项目执行文件。

（8）各类担保保证文件。

（9）各类保险单。

（10）政府官方部门发布的对项目有影响的法规、条例和规定。

（11）工程照片。

（12）收付款文件（含发票）。

（13）有关部门发布的人机料市场信息和外汇信息。

（14）其他相关资料。

项目部负责变更、索赔责任的部门（或岗位）应熟悉相关法律、法规、规范，在合同签订和履行时能熟练运用，并作为变更、索赔的依据，维护公司的利益。必要时，聘用律师或与律师事务所签署服务协议，以便在合同管理、变更和索赔、诉讼仲裁中充分发挥作用。

项目部向业主提出变更主张和索赔要求的主要索赔点应依据总承包合同的约定和相关法律法规的规定，一般包括：

（1）业主不按时提供现场。

（2）业主对现场承包商发现的化石、硬币、有价值的物品等提出处理指示。

（3）业主应对业主要求中的下列部分，以及由业主提供的下列数据和资料的正确性负责：

1）在合同中规定的由业主负责的或不可变的部分、数据和资料。

2）对工程或其任何部分的预期目的的说明。

3）竣工工程的试验和性能的标准。

4）除合同另有说明外，承包商不能核实的部分、数据和资料。

（4）业主改变进行规定试验的位置或细节，或指示项目部进行附加的试验，且试验结果符合要求。

（5）由业主、业主人员或在现场的业主的其他承包商造成或引起的任何延误、妨碍和阻碍。

（6）业主指示项目部暂时停工，以及暂时停工后的复工，但暂时停工不是项目部的原因引起的。

（7）由业主应负责的原因妨碍项目部进行竣工试验。

（8）业主无故延误竣工后试验。

（9）如果对项目部为调查未通过某项竣工后试验的原因，或为进行任何调整或修正，要进入工程或生产设备，业主无故延误给予许可。

（10）业主支付延误。

（11）业主的风险。

（12）不可抗力因素。

（13）劳动力、货物以及工程的其他投入的成本的升降。

（14）业主指示变更，包括对工程范围、质量标准、原定工程实施方式或顺序的变更。

（15）由项目部提交的经业主批准的变更单（或变更建议书）。

（16）经业主批准的工程重大措施的变更。

（17）合同或适用法律规定可提出索赔要求或变更申请的其他因素。

项目部应加强合作单位的履约管理。如合作单位发生以下情况：不按合同规定时间和程序提交各类计划、方案、报告；不按计划配置人员、材料、设备；不按合同规定进行或完成施工作业活动；其他违反现场各项规定的行为；长期拖欠其分包商或供应商工程款或货款，或拖欠员工工资，或拖欠政府税款，项目部应就此及时以书面形式（如会议纪要、信函等）提醒或通知合作单位/分包商，如提醒通知无效应根据合同进行索赔。

同时，项目部应提高履约意识、加强履约能力，认真遵守合同规定，减少和避免合作单位/分包商依据合同条款向公司索赔。

针对合作单位/分包商向公司提出的索赔，项目部相关部门应积极应对，根据分包合同/协议进行反索赔工作。

项目部策划控制中心须注意索赔的时效性，在索赔有效期内及时向业主或合作单位索赔。项目部应按照合同中规定的索赔程序进行索赔。一般程序是：在意识到索赔事件发生后，及时向业主或合作单位/分包商发出引用适用合同条款的索赔通知，然后立即编制索赔报告，并在合同规定的时间内提交，当需要向业主进行索赔时，分包单位和/或分包商应积极配合项目部进行证据的搜集。索赔报告的内容一般按照附件17-7的要求编制，包括总论、合同引证、索赔款额计算、工期延长计算、证据等。

变更单、变更计算书、调价报告、索赔通知书、索赔报告等一律采用书面形式。满足下列条件之一，即构成重大变更或索赔：

（1）变更、索赔（含被索赔）金额超过 200 万元。

（2）影响合同的实际履行。

（3）影响项目的年度 KPI 指标。

在需要签署合同补充协议时，应根据合同管理控制程序的规定进行合同评审。

17.6　合同的终止

合同的终止主要包括以下情形。

（1）合同正常履约完成而终止。

（2）因不可克服的困难（如不可抗力）而协商终止合同。

（3）因业主或合作单位/分包商违约导致合同终止。

发生合同终止时，项目部应与业主或合作单位/分包商友好协商，必要时签署合同终止协议或和解协议。在签署终止协议前，合同承办人应在内部评审后报公司相关部门，根据合同管理控制程序的规定进行合同评审。项目部应主要做到：

（1）进行履约情况评估，检查工程或服务的质量，并核算已完工程以及为完成预期工作所做合理准备工作的价格，做好收款和付款工作。

（2）做好合同文件管理工作，按照合同提交和收取全部文件。

（3）做好索赔工作，对于双方产生的争议，按照争议解决程序处理。

（4）友好协商解决合同终止，必要时签署终止协议或和解协议。

在项目部根据合同及第 15 章"项目计量支付管理"的相关规定完成给合作单位/分包商的最终付款时，应要求合作单位/分包商出具结清证明，表明项目部已经根据合同支付给合作单位/分包商全部款项，包括但不限于人员费、设备费、材料费、动员撤离费、管理费、利润、税金、保险等，合作单位/分包商声明放弃合同下的任何索赔的权利。

在合同终止时，项目部应与业主或合作单位/分包商根据合同办理结算业务，同时应根据第 25 章"项目总结管理"的相关要求，总结项目合同管理工作中的经验教训。

17.7　合同纠纷的处理

合同发生纠纷时，项目部应迅速收集整理下列有关证据。

（1）合同文本，包括附件、变更或解除的协议，有关电报、信函、图表、视听材料等。

（2）有关票据、票证。

（3）质量标准的法定或约定文本、封样、样品、鉴定报告、检测结果等。

（4）证人证言。

（5）其他有关材料。

如合同纠纷可能导致重大变更或索赔，项目部应及时上报公司相关部门。

项目部应首先采用友好协商、调解方式解决合同纠纷，并在达成一致时签署和解协议。和解协议须按照合同管理控制程序的规定办理合同评审程序。

项目部在协商或调解不能达成一致时，应及时上报公司，并按照合同的约定方式和公司的统一部署加以解决。

17.8　合同文件的管理

项目部策划控制中心应做好合同文件的管理工作,建立并每月更新合同台账,并按第12章"项目进度管理"中有关项目工作月度报告的要求,按月填报以下合同管理工作内容。

(1) 合同台账,当月签署的全部合同文本(含变更)、保函、保险单等签字版扫描件和电子版作为附件。

(2) 合同诉讼仲裁案件录入信息表,相关补充资料可以作为附件。

项目部应按照第23章"项目文档管理"的规定做好合同文件的管理、归档和保密工作,切实做到文件保存齐全、完整,分类明晰,有可追溯性,并切实做好保密工作,避免给公司造成损失。

17.9　保险

17.9.1　保险的种类

保险分为强制性保险和非强制性保险。具体险别一般包括但不限于以下几种。

(1) 工程一切险。

(2) 第三方责任险。

(3) 设计责任险。

(4) 雇主责任险。

(5) 人身意外伤害保险。

(6) 机动车辆险。

(7) 货物运输险。

17.9.2　投保文件

项目部应按照保险公司的合理要求提供办理保险所必需的文件,这类文件可能包括但不限于:

(1) 合同;

(2) 承包金额明细表;

(3) 工程设计文件;

(4) 工程进度表;

(5) 工程略图。

项目部策划控制中心与保险公司协商并形成保险合同。

17.9.3　保险索赔

保险公司与项目部应在签署保险合同时,共同明确保险索赔程序。

一般保险索赔程序如下。

(1) 发生索赔事件后尽可能保留现场或保留证据。

（2）按保险合同规定的时间通知保险公司。

（3）需要报案的应及时报案，并留有报案证据。

（4）记录事故经过，并计算事故发生的损失，提供给保险公司参考，并在被要求时填写出险通知。

（5）与保险公司勘损人员协商确定查勘事故现场的时间。

（6）陪同勘损人员查勘现场，并接受询问。

项目部策划控制中心（保险工作管理责任人）应对保险合同、保险单、索赔程序向项目部相关人员进行交底与责任分解；然后，由相关责任人向与保险索赔相关的合作单位/分包商进行交底。

17.9.4　保险工作注意事项

保险工作应注意以下事项。

（1）项目部办理保险时应力争降低费率，同时要降低免赔额。

（2）项目部办理保险时应注意增大保险的覆盖范围，力争增加一些项目（如罢工、民众骚乱、恶意破坏、施救费用、专业费用、清除残骸、地下设施等）作为附加条款。

（3）如果工程范围发生变更，则项目部应按保险单的约定及时通知保险公司，并对保险费率作相应调整。

（4）如果发生工期延长的情况，则项目部需通知保险公司对保险期限作相应的扩展。

（5）如果施工给第三方造成损失需要赔偿时，在保险公司授权之前，不应做出任何承诺和赔付，否则保险公司可能不予赔偿。

（6）对于工程财产保险，包括工程本身以及相关设备机具等，不得向多家保险公司重复保险，否则保险公司仅有按比例承担相应责任的义务。财产保险一般不能超值保险，否则，在出险后保险公司最多赔偿该财产的实际价值。

（7）项目部应加强工程项目的风险管理。办理保险并不能保证各种损失都得到赔偿。保险合同有很多除外责任的规定和免赔额的规定。

（8）项目部应建立定期提示和检查制度。

（9）事故发生后，首先明确事故责任，只有在保险责任内，项目部才可向保险公司索赔。同时应及时提交相关材料。

（10）如果项目部与保险公司就保险看法不一致，应首先争取友好协商解决。如协商不成，可找公估公司评判。最终才选择诉讼或仲裁。

17.10　附件

附件 17-1：项目合同管理流程图

附件 17-2：项目合同签订流程

附件 17-3：合同谈判策划书

附件 17-4：合同内部评审单

附件 17-5：总承包合同交底记录表

附件 17-6：总承包合同履约责任分解表

附件 17-7：索赔报告

附件 17-1：项目合同管理流程图

项目合同管理流程图

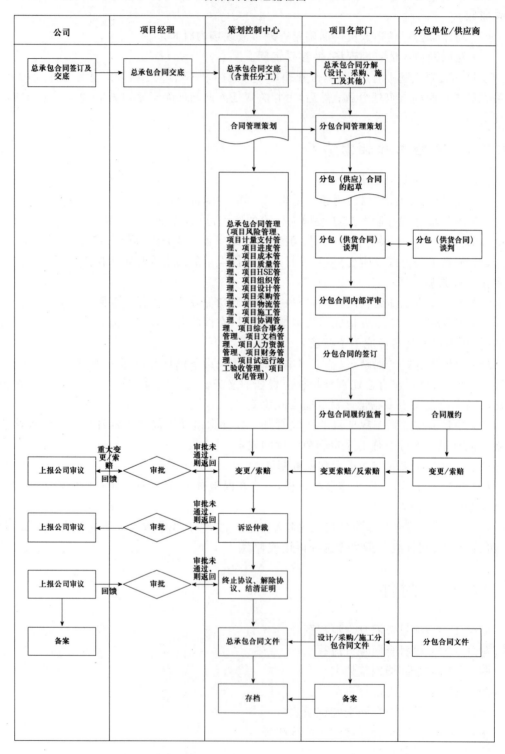

附件 17-2：项目合同签订流程图

项目合同签订流程图

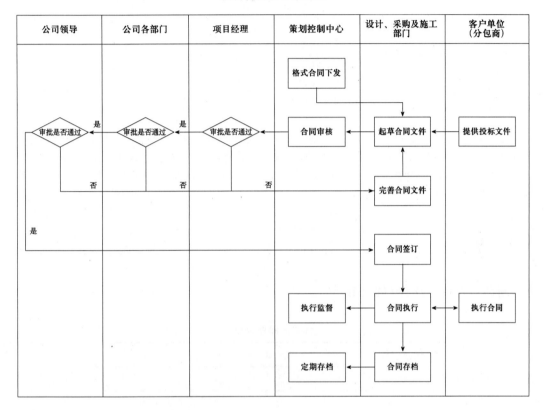

附件 17-3：合同谈判策划书

合同谈判策划书

项目名称及编码				
项目基本情况				
合同谈判策划			建议人	时间
项目前期运作过程需说明事项	需说明事项：			
	合同谈判重点及建议：			
经济风险策划	经济风险说明：			
	合同谈判重点及建议：			
资金风险策划	资金风险说明：			
	合同谈判重点及建议：			
项目工期风险策划	项目工期风险说明：			
	合同谈判重点及建议：			
项目开工风险策划	项目开工风险说明：			
	合同谈判重点及建议：			

项目技术、质量风险策划	项目技术、质量风险说明：		
	合同谈判重点及建议：		
项目资源保障风险策划	项目资源保障风险说明：		
	合同谈判重点及建议：		
项目法律及合同条款风险策划	项目法律及合同条款风险说明：		
	合同谈判重点及建议：		
项目其他风险策划	其他风险说明：		
	合同谈判重点及建议：		
策划执行人			

合同谈判的原则：在于最终明确界定合同当事人之间的关系和责权，在相互都满意的基础上，签订合同。因此，准备充分，在相互谅解的前提下寻求一致，是取得谈判成功的有效途径。通过合同谈判，确保合同谈判内容符合公司内部规章制度，符合法律法规，合同权利义务与责任风险分配基本合理，争取有利的合同条件，全力维护公司的合法利益。

编制		审核		批准	
时间		时间		时间	

附件 17-4：合同内部评审单

合同内部评审单

文件名称		
文件编码		
合同拟稿人		
合同金额		
要点		
评审部门或岗位	评审人员	评审意见
设计管理部		
设备采购与管理部		
施工监控部		
策划控制中心		
HSE 安全环保部		
财务部		
项目副经理		
项目经理		

备注：1. 相关职能部门由合同承办人确定，评审意见一栏不够填写的，可另附页填写。

2. 审批流程由合同承办人全程跟踪落实。

附件 17-5：总承包合同交底记录表

总承包合同交底记录表

合同名称		合同编号	
工程地点		合同价格	
业主单位		业主代表	
项目经理			

1. 项目背景与合同范围

2. 合同条件

（1）工程质量验收标准

（2）工期

（3）双方的责任和义务

（4）价格与支付方式

（5）变更、索赔

（6）违约责任、争议解决方式

（7）保留金

（8）保函

（9）保险

（10）缺陷通知期限

……

3. 业主要求

4. 合同履约时机会与风险及执行中的方法措施

5. 项目部人员问题答疑

交底人：　　　　　　　　交底日期：

接受交底人：

姓名	岗位	姓名	岗位	姓名	岗位

附件 17-6：总承包合同履约责任分解表

总承包合同履约责任分解表

序号	合同责任明细	目标	牵头部门（或岗位）	配合部门（或岗位）	合同条款
1	设计				
1.1	工程的开工				
1.2	起草、谈判、评审、签署设计咨询合同、设计分包合同				
1.3	设计标准、技术标准和法规				
1.4	设计义务一般要求				
1.5	初步设计				
1.6	详细设计				
1.7	设计进度				
1.8	设计变更				
1.9	优化设计和限额设计				
1.10	审核设计咨询方或分包方付款申请文件				
1.11	设计文档				
1.12	设计风险				
...					
2	采购物流				
2.1	材料、设备的种类、型号、规格、性能、标准				
2.2	采购物流招标,选择供货商				
2.3	起草、谈判、评审、签署采购物流合同				
2.4	采购物流执行				
2.5	采购物流进度				
2.6	审核卖方付款申请文件				
2.7	采购物流文档				
2.8	采购物流风险				
...					
3	施工				
3.1	电、水和燃气				
3.2	场地平整				
3.3	许可、执照或批准				
3.4	土建、安装施工检验标准				
3.5	分包招标,分包商的选择				
3.6	起草、谈判、评审、签署分包合同				
3.7	施工组织设计、施工方案、进度计划、进度控制				
3.8	临建				
3.9	测量				
3.10	土建				
3.11	安装				
3.12	试运行与竣工验收				

序号	合同责任明细	目标	牵头部门 （或岗位）	配合部门 （或岗位）	合同条款
3.13	缺陷通知期限				
3.14	现场清理				
3.15	审核分包商的付款申请文件				
3.16	施工文档				
3.17	施工风险				
3.18	总体进度计划				
3.19	总体进度过程控制				
3.20	进度风险				
…					
4	质量安全环保				
4.1	贯彻公司质量安全环保体系和制度				
4.2	遵守安全环保法律法规				
4.3	质量安全环保的过程控制				
4.4	质量安全环保文件管理				
4.5	现场安保				
4.6	质量安全环保风险				
…					
5	合同商务				
5.1	法律和语言				
5.2	合同商务法律法规和工程规范				
5.3	合同生效条件				
5.4	基准日期				
5.5	预付款保函、履约保函等各类保函				
5.6	工程一切险、第三方责任险等各类保险				
5.7	分包商、供货商、咨询方等合作伙伴的选择				
5.8	编制、审核、报批各类合同文本				
5.9	监督检查各类合同执行情况				
5.10	资金安排				
5.11	合同价格				
5.12	暂列金额				
5.13	税费				
5.14	物价调整				
5.15	法律调整				
5.16	付款计划				
5.17	预付款				
5.18	保留金				
5.19	计量与支付				
5.20	变更、索赔				
5.21	反索赔				
5.22	诉讼、仲裁				
5.23	连带责任				

续表

序号	合同责任明细		目标	牵头部门 （或岗位）	配合部门 （或岗位）	合同条款
5.24	责任上限					
5.25	误期损害赔偿费					
5.26	不可抗力					
5.27	合同商务文件管理					
5.28	项目全部文件管理					
5.29	法律咨询					
5.30	合同商务风险					
5.31	项目全部风险					
5.32	公共关系					
5.33	员工管理					
...						
编制		审核		批准		
时间		时间		时间		

附件 17-7：索赔报告

索赔报告

索赔事项：

序号	内容	说　明	编制人
1	总论部分	这是对索赔事件的综述。应简明扼要地叙述发生索赔事件的日期和到目前为止的处理过程，简要说明为了减轻索赔事件造成的损失而做过的努力，并提出索赔事件对项目部增加的额外费用总数和总的工期索赔要求	
2	合同引证部分	这部分要论证项目部拥有索赔的权利，这是索赔成立的基础。合同引证部分必须做到叙述清楚、层次分明、论证有力、逻辑性强，一般包括以下内容：重申发出索赔通知书的时间；简述索赔事件的处理过程；引证索赔要求的合同依据（可分为工期和费用两个方面）；引用并指明所附的其他证据资料（可分为工期和费用两个方面）	
3	索赔款额计算部分	索赔款额的计算方法应根据索赔事件的特点及掌握的证据资料等因素来确定，要确保方法合适，款额合理，具有说服力。同时，需提供详细的证明资料。项目部可索赔的费用一般包括：直接费，包括额外发生的（包括加速施工）人工费、材料费、机械折旧费及机械购置费、分包商费等；间接费，包括工地管理费、总部管理费、保函费、保险费、税金、贷款利息、业务费、临时工地设施费等；由于业主原因延长工期的间接费等；业主拖延付款利息；交涉索赔发生的费用；利润；其他	

续表

序号	内容	说　　明	编制人
4	工期延长计算部分（只针对总承包合同）	目的是获得工期延长，避免承担误期损害赔偿费。同时，为了响应业主赶工的要求，还可据此获得赶工费	
5	证据部分	通常以索赔报告附件的形式出现。项目部应建立完善的文档管理程序，以便随时查询、整理和补充索赔证据。同时，要注意证据的效力或可信程度	

审核：	批准：	日期：

第18章

项目分包管理

本章所称分包商是指公司对外签订的关于特定 EPC 项目总承包合同项下的各类分包合同(包括设计、采购、运输、代理、工程、咨询及服务等)的履约单位。

18.1 目的

项目分包管理的目的是规范公司对总承包项目分包商的选择、评价和管理,确保分包商提供的服务符合合同约定、公司管理要求及相关法律法规的规定,并通过整合公司内外优质资源,与分包商达到"优势互补、利益共享、风险共担"的目的。项目分包管理流程图见附件 18-1。

18.2 管理职责

策划控制中心负责编制、修订项目分包管理内容。设计管理部负责组织标前勘察与设计分包商的资格预审(资格预审表见附件 18-2)及招标工作;设备采购与管理部负责设备材料供应商及运输代理的资格预审及招标工作;施工监控部负责施工分包商的资格预审及招标工作,必要时各相关部门应组织对分包商的考察工作;策划控制中心在项目实施阶段指导设计、采购及施工部门对分包商的选择、评审工作(荐标审批表见附件 18-3),并监督检查各部门对分包商和合作单位的管理和控制工作;在项目收尾阶段负责组织分包商考核评价工作。

公司相关部门根据职能分工,按照项目分包管理的规定,参与工程分包商和合作单位的选择、评价和控制工作。

18.3 EPC 项目分包商名录的建立

策划控制中心负责建立健全 EPC 项目分包商名录(样表见附件 18-4),并根据新的合作评价及市场信息保持对名录库的更新。

18.4 分包商的选择

下面从选择原则、选择条件、选择方式 3 个方面介绍分包商的选择。

18.4.1　选择原则

分包商的选择原则如下。

（1）有利于提升公司的核心竞争力，提高配置优质市场资源的能力，推进公司的跨越式发展。

（2）有利于提高公司总承包模式项目工程分包管理水平，规范和完善工程分包行为，降低公司经营成本。

（3）有利于工程进度/质量/环境/职业健康安全目标的实现及合同履约。

（4）有利于长期合作单位的培养，坚持与分包商的"优势互补、利益共享、风险共担"及"优势互补、竞争选择、动态管理"的原则，促进工程分包管理的制度化、标准化和流程化建设。

18.4.2　选择条件

分包商的选择条件如下。

（1）分包商持有有效的经过年检的营业执照、注册资金满足合同规模和风险管控的要求，企业财务状况和资信等级良好。

（2）分包商需提供企业资质证书、组织机构代码证、安全生产许可证、连续近3年安全质量及业绩证明。

（3）分包商出示企业法人代表授权委托书及委托人信息简表。

（4）分包商需提供施工（制造）技术能力证明。

（5）具有与合同建设规模相适应的勘察设计、施工安装等资质等级，如有境外分包商应同时具有对外承包经营权资格。

（6）依据项目需要，分包商应提供特殊作业人员（电工、电焊工等）证书和安全员证书的复印件，施工管理机构、安全质量管理体系及其人员配备。

18.4.3　选择方式

分包商的选择方式如下。

（1）公开招标选定分包商。设计管理部、设备采购与管理部及施工监控部分别制定相应招标文件和评标办法，按照相应法律法规，以公开招标的方式择优选择分包商，报公司批准后确定。

（2）业主指定分包商。在不违背公司利益的前提下，按照与业主签订的总承包合同中对指定分包商的约定，确定分包商。

（3）其他方式确定分包商。由于项目技术复杂或有特殊要求，涉及专利权保护，受自然资源或环境限制，新技术或技术规格事先难以确定等原因，可供选择的具备资格的投标单位数量有限，实行公开招标不适宜或不可行时，可在EPC项目分包商名录内实行邀请招标。

18.5　分包商资信评价

对分包商资信评价的内容包括如下部分。

资质、信誉、经历、资源、能力和服务。可按职责分工对分包商进行资信评价。各责任部门将评价信息反馈给策划控制中心，由策划控制中心统计评价结果。

资信评价结果可分为3个等级：优秀、合格和不合格。评价为优秀的分包商可直接列入合格分包商名单,优先列入 EPC 项目分包商名录;评价为合格的分包商列入合格分包商名单,策划控制中心在后期项目中考虑录用;评价为不合格的分包商不列入合格分包商名单,且视情节(在施工中的违规程度)给予警告直至取消资格的处罚。资信评价结果作为下一年度或项目开工前资质审查的依据。

18.6 分包商工作考评

18.6.1 考评内容

考评内容包括队伍的综合素质、工期进度、工程质量、安全生产、文明施工、劳动合同、持证上岗、工资支付以及与项目部在项目实施过程中的工作配合、遵纪守法等内容。

18.6.2 考评

考评流程如下。

(1) 设计管理部、设备采购与管理部及施工监控部每季度对分包商(供应商)进行季度考核评价。

(2) 设计管理部、设备采购与管理部及施工监控部在每季度考核的基础上,每半年对分包商进行一次履约综合考核评价,填写 EPC 项目分包商绩效考核表(见附件 18-5),向策划控制中心报备。

(3) 在完成合同约定的工作后或最终结算前,设计管理部、设备采购与管理部及施工监控部对各分包商进行综合考核评价,填写 EPC 项目分包商绩效考核表,报策划控制中心核查。

(4) 策划控制中心组织年度考评结果评审,及时更新项目部 EPC 项目分包商绩效考核表分包合作资源库。

(5) 对履约考评不通过或发生重大质量安全责任事故及媒体曝光的单位,策划控制中心应及时向项目经理报告,并提出是否将该分包商调整出 EPC 项目分包商名录的意见,合同计划组据此核定更新名录库。

18.7 分包商结算

款项结算由分包商按照合同约定,向各自负责部门提出结算申请及相应结算资料;各责任部门受理后按照第 15 章"项目计量支付管理"相关内容进行款项的确认,并按分包商合同规定办理会签审批,依据项目部财务结算流程办理款项支付手续。

18.8 附件

附件 18-1:项目分包管理流程图
附件 18-2:EPC 项目投标单位资格预审审核表
附件 18-3:EPC 项目荐标审批表
附件 18-4:EPC 项目分包商名录
附件 18-5:EPC 项目分包商绩效考核表

附件 18-1：项目分包管理流程图

项目分包管理流程图

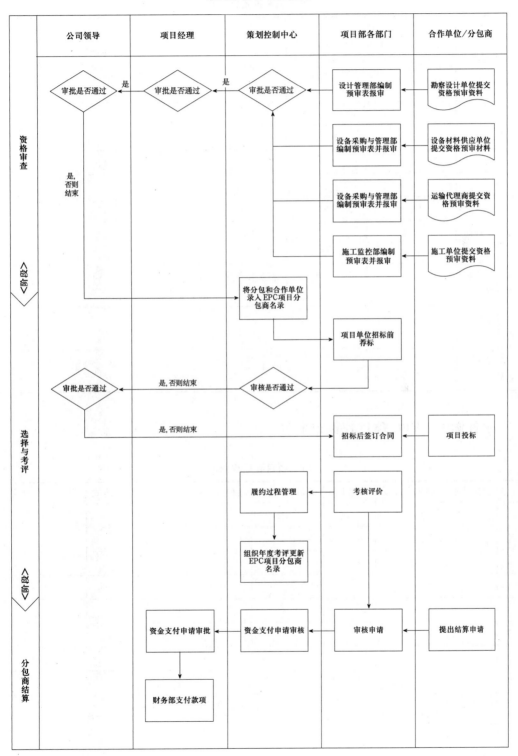

附件18-2：EPC项目投标单位资格预审审核表

EPC项目投标单位资格预审审核表

序号	投标单位	营业执照、组织机构代码证及税务登记证	企业相关资质证书及安全生产许可证(外地企业备案册)	企业类似工程业绩及获奖情况	近3年财务审计报告或银行资信证明	第三方检测报告	拟派人员的相应资格证书	生产设备、试验设备	审核结果（合格/不合格）
1									
2									
3									
4									
5									
设计管理部审核意见				设备采购与管理部审核意见					
施工监控部审核意见				策划控制中心审核意见					
项目经理审批意见									
公司领导意见									

附件18-3：EPC项目荐标审批表

EPC项目荐标审批表

序号	投标单位	投标单位资质	相关业绩	历史合作情况	单位信息来源	联系人	联系方式	传真	邮箱
1									
2									
3									
4									
5									
6									
7									
8									
责任部门意见				策划控制中心审核意见					
项目经理审批意见									

附件 18-4：EPC 项目工程分包商名录

EPC 项目工程分包商名录

编制单位：策划控制中心　　　　　　　　　　　　　　　　　　　　　　　　　第　页共　页

序号	分包商名称	资质等级	主营范围	注册资本金	法定代表人	代表业绩	持质量/环境/安全证书	银行资信等级	住址/电话/传真/邮箱
一	勘察设计								
二	施工安装								
三	支持服务								

编制/日期：　　　　　　　　审核/日期：　　　　　　　　批准/日期：

附件 18-5：EPC 项目分包商绩效考核表

EPC 项目分包商绩效考核表

填报单位：　　　　　　　　　　　　　　编号：

考核	标准分		考核内容及评分标准（"＋"为额外加分、"－"为倒扣分）	考核分
	总分	分项分		
工程进度	30	15	年度计划： 完成公司项目部下达的年度实物工作量计划和形象进度（15分），欠10％及以内（8分），欠 10％以上（－5分）	
		15	项目管理： (1) 人、机、料、法、环等资源配置合理，到位及时（4分）； (2) 项目实施计划/施工组织设计/方案的针对性和指导性和操作性较强，实施效果良好，年月进度计划统计和总结上报及时、准确、真实、全面和可靠（5分）； (3) 建立了定期工程例会制度，及时研究解决相关问题（3分）；组织开展了劳动竞赛，加快工程进度效果明显（3分）；被项目业主或公司项目部评为劳动竞赛优胜单位（每次＋2分）	

续表

填报单位：			编号：	
考核	标准分		考核内容及评分标准	考核分
	总分	分项分	（"＋"为额外加分、"－"为倒扣分）	
工程质量	20	6	实物工程质量： (1) 分项、单位工程合格率达到 100%（3分），达到创优目标要求（＋2分）； (2) 工程外观质量良好，质量通病得到有效控制（3分）	
		12	质量管理： (1) 制定并执行了项目年度质量目标分解、考核和奖惩制度（2分）； (2) 编制并执行了施工技术交底计划和施工图现场核对工作（2分）； (3) 测量试验仪器送法定机构标定合格，并获业主代表批准（2分）； (4) 所有建筑材料，分批次取样通过进场复试合格，并获业主代表批准（2分）； (5) 竣工资料搜集整理符合合同约定和公司总部要求（2分）； (6) 贯彻质量管理标准覆盖率达 100%，质量体系运行记录真实可靠，无不符合项（2分），有一般不符合项（1分），有严重不符合项（－2分）； (7) 被项目业主或公司项目部评为样板工程（每项＋2分），在项目业主或公司项目部检查评价中获第一名（每次＋2分），获第二名（每次＋1分），获倒数第一名（每次－2分），获倒数第二名（每次－1分）	
		2	质量事故控制： (1) 未发生等级质量事故（2分）； (2) 因工程质量重大隐患而受到项目业主或监理工程师通报的单位（每次－2分）	
安全生产	20	14	安全管理： (1) 制定并执行了年度安全目标分解、考核和奖惩制度（2分）； (2) 贯彻落实职业健康安全管理体系标准，运行记录真实可靠，无不符合项（2分），有一般不符合项（1分），有严重不符合项（－2分）； (3) 项目安全管理机构健全，管理制度完善（2分）； (4) 特殊工种持证上岗（2分）； (5) 安全工作重点突出，有针对性地制定了操作流程和防范措施（3分）； (6) 定期进行了安全检查，整改及时到位（3分），在项目业主或项目部检查中获第一名（每次＋2分），获第二名（每次＋1分），获倒数第一名（每次－2分），获倒数第二名（每次－1分）； (7) 相关方对安全事故隐患有严重不合格投诉或媒体曝光（每次－2分）	
		6	事故控制： (1) 未发生因工重伤、死亡事故（3分），每死亡1人（－2分），每重伤1人（－1分）； (2) 未发生重大交通、机械、火灾和爆炸事故（3分），发生事故（－2分）	

续表

填报单位：　　　　　　　　　　　　　　编号：

考核	标准分		考核内容及评分标准 （"＋"为额外加分、"－"为倒扣分）	考核分
	总分	分项分		
计量支付	20	10	计量支付： (1) 依据合同约定和项目部要求，按时报送已完合格工程计量支付单和相关资料（5分）； (2) 搜集汇总业主代表现场签认的变更索赔资料，及时报送项目部（5分）； (3) 因业主代表审核变更、索赔资料不符合合同约定要求，每退回一次（－2分）	
		5	资金管理： (1) 贯彻了公司财务和资金管理制度，做到专款专用，无擅自挪用现象（3分）； (2) 定期工程结算，对下未超标准拨付工程款（3分），每擅自拨超5%（－2分）	
		5	成本控制： (1) 逐级建立了责任成本核算体系，有完善的责任成本管理制度（3分）； (2) 项目无因管理不当，引发的法律合同纠纷（2分）	
文明施工	20	1	制度建设： (1) 建立健全项目文明施工管理组织和规章制度（0.5分）； (2) 定期进行文明现场检查且有记录（0.5分）	
		4	实施效果： (1) 贯彻环境管理体系标准，运行记录真实可靠，无不符合项（1分），有一般不符合项（0.5分），有严重不符合项（－2分）； (2) 企业形象标识醒目，标牌齐全、规格统一（0.5分），作业场所布局合理、整洁（0.5分）； (3) 办公、生活设施齐全（0.5分），无严重污染和扰民，无食物中毒和传染病传播（0.5分），未发生任何刑事治安案件（0.5分）； (4) 被项目业主或公司项目部评为文明单位（0.5分）； (5) 相关方对生态保护、水土保持和环境污染有严重不合格投诉或媒体曝光（每次－2分）	
队伍管理	5	5	劳务合同： (1) 每个劳务工人签订了符合《劳动法》规定的劳动合同，并为每个劳务工人办理了意外伤害险（1分）； (2) 根据相关规定，建立了农民工工资专项基金，按期足额发放劳务人员工资（1分）； (3) 团队精神状态好，人心齐、风气正，做到"工程优质、人员优秀"（1分）； (4) 项目各项工作有序，未发生影响大局的事件（1分）； (5) 被评为公司项目部先进集体（1分）	
总计	100	100		

第19章

项目风险管理

19.1　目的

项目风险管理的目的是为规范项目全面风险管理工作,明确项目全面风险管理架构中的职责分工及工作接口;同时建立项目部开展风险管理的工作指引,提高项目部整体风险防范能力,从而有助于项目的顺利、有效实施。

19.2　管理职责

19.2.1　公司职责

项目风险管理中,公司职责如下。

(1) 监督项目部开展风险识别、评估工作,确保其尽职履行直接管理责任。

(2) 就项目部对重大事件、重大决策和重要业务流程提出的风险管理策略及解决方案加以评估后报风险管理委员会审议。

(3) 协调需要跨管理层级开展的风险管理工作。

19.2.2　公司总部部门职责

安全生产管理部负责指导项目部开展战略风险分析,关注项目所在地地区经济风险、客户需求风险、市场竞争风险、技术与业务创新风险、资源储备风险、战略合作风险等对项目实现预期收益的影响;同时负责指导项目部开展法律与合规风险分析,侧重关注法律环境发生变化以及未按照法律、法规和部门规章规定行使权利、履行义务,而对项目实现预期收益的影响,尤其关注法律变化风险、合规风险、合同管理风险、法律诉讼风险、品牌和公司声誉风险等。

财务部负责指导项目部开展市场风险和信用风险的分析,关注业主信用风险、交易对手风险、担保风险等信用风险因素变动对项目实现预期收益的影响;负责指导项目部开展财务风险分析,侧重对流动性风险,以及资金活动管控、全面预算管理、财务报告等对项目实现预期收益的影响。

法务人员、安全生产管理部等负责指导项目部开展运营风险分析,如在进度、成本、质量、采购、HSE、合同、人力资源、行政办公等各项经营管理活动方面,由于人为因素、制度流程缺陷和外部突发事件而引起的风险。

生产管理部负责审查项目部规章制度建设情况,特别是现行制度的有效性和执行情况进行检查,督促项目减少制度建设空白点,控制风险,提升项目部总体内部控制工作。

19.2.3 项目各部门职责

项目部应设立专职风险管理职能机构或明确风险管理的主管部门。项目部策划控制中心是风险管理的归口管理部门,对各部门风险管控进行监督、指导及检查。

HSE安全环保部负责环境、安全的风险管控;财务管理部管控财务和资金风险;设计管理部负责设计相关风险管控;设备采购与管理部负责材料、设备采购方面风险管控;施工监控部负责施工方面风险管控。

19.3 风险管理框架

19.3.1 风险策划

在项目策划阶段,策划控制中心应组织各部门开展风险策划工作,形成风险策略方案并统筹纳入项目策划管理。

19.3.2 风险管控

在项目实施阶段,应根据风险策略方案开展风险识别、评估和应对,监控风险事件的变化状态,建立适度预警体系,适时启动应对预案,并在全过程中履行报告职责。各部门应对风险进行识别,并进行评估,采取适当风险应对措施,以实现风险控制,策划控制中心应根据项目实际情况建立适宜的风险预警机制。

19.3.2.1 风险识别

根据风险的来源等特征对风险因素进行统计,并对风险的各种影响因素加以分类整理,该项工作由策划控制中心组织项目部各部门人员进行,策划控制中心主要负责总承包合同履约风险,设计、采购及施工管理等部门负责各自专业可能存在的风险。

1. 识别过程

(1)收集数据或信息,包括项目环境数据资料、类似工程相关数据资料、设计与施工文件、过去项目的经验和历史资料。

(2)不确定性分析,可以从项目环境、项目范围、项目行为主体、项目阶段、项目目标等方面着手分析。

(3)确定风险事件,并将风险加以归纳、整理,建立项目风险清单体系。

(4)编制项目风险识别报告,风险识别报告通常包括已识别的项目风险、潜在的项目风险、项目风险的征兆等。

2. 识别过程考虑因素

通过风险识别,应确定企业活动、产品或服务中能够控制或能够施加影响的健康、安全与环境危害因素。识别过程中应综合考虑以下因素。

(1) 正常的生产活动。

(2) 停工、维护、临时抢修等活动。

(3) 所有进入工作场所的人员的活动,包括合同方人员和访问者的活动。

(4) 工作场所的设施(无论由本单位还是由外界所提供)。

(5) 事故及潜在的危害和影响,包括来自产品或材料的包装缺陷,结构失效,天气、地质灾害及其他外部自然灾害,恶意破坏或违反安全规程。

(6) 丢弃、废弃、拆卸和处理。

(7) 以往活动的遗留问题。

(8) 人为因素,包括违反 HSE 管理要求。

3. 识别方法

经常采用的识别工具与技术有问卷调查、小组讨论、专家咨询、情景分析、政策分析、行业标杆比较、访谈法等。这些对于安全威胁信息的搜集、整理、分析,可以起到预警作用;通过及时调整和布防,可以加强对实际威胁的防范。对于各种威胁信息可从如下渠道获取和识别。

(1) 历史事件记录、类似地区发生的事件记录。

(2) 政府/应急部门有关的报告及数据统计。

(3) 专题调查研究、行业报告。

(4) 与员工的工作访谈、管理层访谈等。

(5) 报纸、电视、互联网。

(6) 社会安全专项检查表、问卷调查。

(7) 经验判断、专家咨询。

(8) 统计推论、流程分析、头脑风暴、系统分析、模拟情景分析和系统工程技术方法等。

风险识别应考虑过去、现在、将来 3 种时态和正常、异常、紧急 3 种状态。应通过风险识别确定活动、产品或服务中能够控制或能够施加影响的威胁因素。项目应在每年年初,组织相关人员集中进行风险因素辨识。项目部各部门应在项目的策划阶段、项目设计及施工方法选定阶段,由活动或设计的负责人组织相关人员集中进行风险因素辨识。项目部在组织各项生产经营活动时,应全过程动态辨识危害因素。项目部应建立激励机制,鼓励员工参与风险因素辨识。

19.3.2.2 风险评估

风险评估对项目各阶段风险因素可能造成的影响进行定性、定量分析,并估算出各种风险发生的概率及其可能导致的损失大小,找到项目的关键风险。

1. 评估过程

(1) 评估的主要事项。

① 风险发生的概率,即发生的可能性。

② 风险事件对项目的影响评价,如风险发生后果的严重程度和影响范围。

③ 风险事件发生时间估计。

④ 在风险评估时应考虑不同风险间的交互作用。

（2）分析风险事件发生的可能性。

项目风险事件发生的概率，即发生的可能性，一般可利用已有数据资料分析与统计、主观测验法、专家估计法等方法估算。

（3）估计风险损失。

项目风险损失是项目风险发生后，将会对项目实施过程和目标产生的不利影响。估计风险损失，主要从以下几方面进行：

① 工期损失的估计，主要指风险事件对项目工期影响的估计。

② 费用损失的估计，需要估计风险事件带来的一次性最大损失和对项目产生的总损失，应根据经济因素、赶工、突发事件处理等各种不同类型风险而增加的费用做具体估算。

③ 对工程质量、功能、使用效果等方面的影响。

④ 其他影响，应考虑对安全、健康、环境、合法性、公司信誉等方面的影响。

（4）评定风险事件的级别。

对相应的风险事件，确定它的风险量，并按照风险量进行分级，如很低、低、中等、高、很高。

2. 评估准则

项目风险评价的基本方法有：综合评分法、层次分析法、模糊分析法、风险图法、PERT法等。结合 EPC 项目实际情况，项目部可基于"最低合理可行"的原则，制定合适的风险评估准则，明确不同风险的可接受标准。

最低合理可行（As Low As Reasonably Practically，ALARP），是当前国际上衡量风险可接受水平普遍采用的一种项目风险判据原则。该原则依据风险的严重程度将项目可能出现的风险进行分级。项目风险由不可容忍线和可忽略线将其分为风险严重区、ALARP 区和可忽略区。风险严重区和 ALARP 区是项目风险辨识的重点，项目风险辨识必须尽可能地找出该区所有的风险。同时该原则也提供了项目风险确定的判据标准，所以项目风险辨识也应该以此为原则。

项目风险评估，一般使用威胁的可能性—严重性评估矩阵，用于没有具体风险处置措施前的初始风险评估，即依据项目既定的威胁可能性、严重性评估准则，评估项目及重要资产可能面临的风险，并确定风险等级和处置排序。

表 19-1 和表 19-2 为进行风险评估的矩阵表。其中得分 20 及 20 以上区域为风险严重区，得分 4 分以上、10 分以下区域为 ALARP 区，得分 4 分及 4 分以下区域为风险严重区。

表 19-1　威胁的可能性—严重性矩阵

	严重性				可能性				
	人员	财产	环境	声誉	1. 极不可能	2. 不太可能	3. 可能	4. 很可能	5. 几乎确定
1	轻微伤	轻微损害	轻微影响	小影响	1	2	3	4	5
2	轻伤	局部小范围	影响较小	中等的影响	2	4	6	8	10

	严重性				可能性				
	人员	财产	环境	声誉	1. 极不可能	2. 不太可能	3. 可能	4. 很可能	5. 几乎确定
3	重伤	重大破坏	影响有限	影响巨大	3	6	9	12	15
4	永久性完全丧失劳动能力、单人死亡	大范围的破坏	重大影响	在国家范围内造成巨大影响	4	8	12	16	20
5	多人死亡	巨大的破坏	巨大的影响	造成国际影响	5	10	15	20	25

表 19-2   风险等级和处置

等级	定义	评分(可能性 * 严重性)	处 置 原 则
Ⅳ	低	1～4	低风险,可接受的风险,根据风险处置方案维持风险等级
Ⅲ	中	5～9	中等风险,需采取应对措施,及时制定处置方案,确定风险责任人。应在一定期限内对风险进行处置并降低
Ⅱ	高	10～16	高风险,需紧急采取应对措施,及时确定风险责任人和制定处置方案,尽快降低风险
Ⅰ	极高	17～25	极高风险,需立即采取综合处置措施或在风险降低之前,停止该高风险的活动

当对社会安全风险进行评估时,建议公司进行必要的脆弱性分析。脆弱性即薄弱环节,可被威胁方用来侵入、损坏、盗取资产或使其关键功能遭到破坏。这是一个变量,反映了某个蓄意攻击的成功几率。

关于项目风险分析的方法,一般均采用蒙特卡罗模拟的方法,相关软件有 Primavera Risk Analysis 及 Oracle Crystal Ball 等,其中 Oracle Crystal Ball 相关内容详见本书附录 B。

19.3.2.3 风险应对

项目风险可以通过降低可能性(预防措施)或消除其潜在后果(消减措施)来控制,并可以由以下一个或几个由高效到低效排列的方法来应对风险。

(1)风险规避。对超出风险承受度的风险,通过放弃或者停止与该风险相关的业务活动以避免和减轻损失的策略。

(2)风险降低。在权衡成本效益之后,准备采用较低风险的技术、工序、设备和人员等资源来替代较高风险的技术、工序、设备和人员等资源,如项目优先次序的调整等控制措施降低风险或者减轻损失,将风险控制在风险承受度之内的策略。

(3)风险分担。借助他人力量,采取业务分包、购买保险等方式和适当的控制措施,将风险控制在风险承受度之内的策略。

(4)风险承受。在权衡成本效益之后,根据自身对风险承受能力,在可控范围内适当承受风险的策略。

风险应对也可遵循"最低合理可行"原则——当项目人员、财产及声誉等遭受各种造成损害的风险,需要进行风险识别、评估,并采取适当处置措施,确保将风险控制在项目最低可接受程度,即最优化风险管理投入,并因此从风险管理改进中获得最大的效益。

所采用的风险应对措施应考虑综合手段,从合同、经济、组织、技术、管理等各个方面综合评估确定解决方案,充分考虑风险应对措施与项目进度、成本、资源、质量目标的交互影响和相容。具体可采用的措施包括但不限于以下几种。

(1) 技术措施。使用成熟工艺技术等。

(2) 组织措施。通过项目任务书、责任证书、合同约定等方式对风险加以分配。风险分配应从项目整体效益的角度出发,最大限度地发挥各参与方的积极性;体现公平合理,责权利平衡;应符合工程项目的惯例,符合通常的处理方法。

(3) 保险或担保。工程保险作为风险分担的一种方式,是应对项目风险的一种重要措施,可依项目实施情况投保基本险种或特殊险种;同时采用灵活多样、适度可行、经济有效的担保形式。

19.3.2.4　风险控制

制定风险应对措施后,要继续开展风险控制工作,即对已识别风险的应对情况加以跟踪、监测剩余风险并刷新识别新风险,以保证风险计划的执行,评估风险应对的有效性。风险控制工作由项目的专职风险管理机构负责组织其他各部门的专业人员进行。

1. 风险控制的范围和原则

风险控制的范围和原则如下:

(1) 管理各类风险处置前后的改变情况,对趋势加以分析、判断。

(2) 风险控制涉及到选择替代对策、应急预案、采取纠正措施,或修改项目风险管理应对策略和措施。

(3) 持续开展风险识别、风险评价、风险应对,包括风险控制在内的整个风险管理过程。

2. 风险控制程序

风险控制程序如下。

(1) 持续开展项目风险的识别和度量;观察潜在风险的发展;追踪项目风险发生的征兆;采取各种风险防范措施;应对和处理各种风险事件,消除或缩小风险后果;管理和使用项目不可预见费用;调整项目风险管理应对策略和措施等。

(2) 项目专职风险管理职能机构或部门应定期汇总其他各部门风险应对策略和措施的有效性、风险评估时未曾估计到的后果,以及为适当应对风险所采取的中途纠正措施,作为风险控制的依据。

(3) 定期组织风险级别评定工作,对项目风险进行系统审视,对风险水平呈上升趋势的风险需再行制订应对计划,报项目经理批准后通报相关部门执行。

19.3.2.5　风险预警

在整个项目进程中,应不断地收集和分析与项目相关的各种信息,建立项目风险预警体系或指标,通过对项目实施情况的分析,识别是否达到预警状态,以便及时采取相应措施加以调整,有利于当利润目标影响因素超出风险容忍度时及时调整计划,确保目标利润的实现。

19.3.2.6　风险上报

策划控制中心应组织各部门将项目实施上述风险管控的过程加以总结、整理后，编制形成项目风险报告，包括项目风险管理报告（其模板见附件 19-1）、专项风险管理报告以及风险管理快报等报告公司。

其中，项目风险管理报告要求按季度（每季度最后一天）上报报告期内项目风险管理情况；专项风险管理报告主要反映重大业务、重大项目等的风险管理情况；风险管理快报按事件（在发生重大突发风险事件后 24 小时内）向公司及当地有关部门上报重大突发风险事件或发现的重大隐患的相关情况。对风险事件的处理详见第 9 章"项目 HSE 管理"。

此外，项目实施过程中，需接受公司的监督、检查，并对监督、检查出的风险点提交应对措施，并就所提风险建议措施提交实施及改进跟踪反馈。

19.3.2.7　风险管理工作的监督与总结

在项目执行过程中，为保证项目风险管理工作的持续性和有效性，公司将根据公司风险管理制度的要求，对正在施工项目进行不定期检查，以指导和规范项目的风险管控工作。

为保证后续项目实施可以借鉴和吸取已完工项目的成功经验和失败教训，推进公司风险文化建设，提升风险管理水平，在项目移交总结阶段，需整理风险管理全过程记录，对项目全面风险管理工作加以总结，纳入项目总结报告。

19.4　附件

附件 19-1：项目风险管理报告（模板）

附件 19-1：项目风险管理报告（模板）

项目风险管理报告（模板）

一、项目基本情况

1. 项目合同基本内容及项目组织结构（包括双方履约责任、项目计划竣工日期等的变化情况）。项目基本信息如下：

项目名称	
业主名称	
监理单位	
总承包商	
工程承包模式	
合同金额	
承包范围	
工程内容	
结构型式（或主要工艺）	
采用规范	
工期	

2. 分包商情况：主要分包商及所承担的主要工作内容。

类别	合作单位/分包商名称	合同金额	主要工作内容	备注
设计				
施工				
采购				

3. 保函开立情况：为该项目开立的预付款保函和履约保函等担保情况。重点说明担保类型、担保额及保函释放情况。

| 被担保单位 | 受益人 | 担保类型 | 期限 | | 开立银行 | 协议金额 | 余额 | 是否展期 | 开立单位 |
			开始日期	结束日期					

二、项目进展情况

详细说明目前项目履约情况及履约过程中存在的主要问题及不能履约的主要原因。

1. 项目进展情况（设计、施工、采购等相关进度情况）。

举例：已实施的时间、已完工成情况、现场劳务人员情况。

2. 业主付款情况及支付合作方工程款情况。

1、项目当前进展情况

项目开工日期		项目合同竣工日期	
项目合同工期		项目竣工日期	
项目当前进展情况 （文字描述）	总体： 设计： 施工： 采购：		

续表

近期里程碑						
已过工期(%)						
工作内容	权重	本月计划进度	本月实际进度	累计进度	本月计划完成率	下月计划进度
设计(%)						
采购(%)						
施工(%)						
试车(%)						
总进度(%)						
质量状况						
安全生产情况						
计划严重滞后的差异分析说明						

2、项目资源情况

项目人员总数		公司员工		分包商员工	
施工机具台套		公司采购		合作单位/分包商采购	

3、项目工程款收支情况

累计收款人民币(万元)		占全部应收工程款的%	
累计付款人民币(万元)		占全部应付工程款的%	

三、项目的收入、成本情况分析

1. 截止到季末,完成年累计营业收入、营业成本、营业利润情况,完成全年计划情况的百分比。

2. 营业收入、营业成本、营业利润与计划相比差异较大的原因分析。

四、项目管理情况(文字说明)

1. 项目进度管理情况。

2. 项目质量和安全管理情况。

3. 项目合同管理情况。

4. 项目物资采购、场站管理情况。

5. 项目劳务管理情况。

6. 项目资金管理情况。

7. 项目控制的其他方面情况。

五、项目面临的主要风险(重点描述)

1. 主要风险类型:说明风险成因、风险影响因素、风险的表现形式、风险产生的后果及影响程度等(与上季相比是上升,还是下降或者未变)。

2. 风险防范措施。

六、未来拟采取的风险管理措施计划(重点描述)

七、与风险管理相关的资料清单

1. 工程图纸：图纸目录、图纸总说明、规划总平面图（或工艺流程图等）、室外总图、项目总体效果图等。

2. 里程碑计划。

3. 关键线路图。

4. 分包商情况：设计分包商、施工分包商。

5. 重要风险事件摘要：如会议纪要、监理会议记录、公开信息（如项目报纸中当地报纸）、其他涉及风险管理的相关资料。

第20章

项目人力资源管理

20.1　目的

项目人力资源管理的目的是为贯彻公司人力资源战略,规范项目部的人力资源管理工作,保障项目部人力资源配置,充分发挥人力资源的主观能动性,以支持项目的顺利实施。在项目组织管理基础上,本章重点阐述项目人力资源管理相关职责及要求。

20.2　管理目标

项目人力资源管理的目标如下。

(1)保证项目对人力资源的需求得到最大限度的满足。

(2)最大限度地开发与管理项目内外人力资源,促进项目的稳定发展。

(3)维护与激励项目内部人力资源,使其潜能得到最大程度的发挥,使其人力资本得到应有的提升与扩充。

20.3　管理职责

人力资源管理部的职责如下。

(1)建立项目人力资源管理制度、流程和标准体系,并组织实施,同时监督现行制度的执行情况并改进完善。

(2)建立项目人力资源管理体系,规划项目组织机构、岗位设置、人员定编、人员需求、岗位说明书、招聘标准编制等;制定新员工招聘标准要求,跟踪进行新员工的面试以及岗位竞聘工作,要求严格执行公司相关规定和需求选拔人才。

(3)编制季度人力资源现状分析报告,并提出改进意见,保证组织长期持续发展和员工个人利益的实现。

（4）建立项目绩效管理制度，设立绩效指标，开展绩效考核等工作，并对绩效实施过程进行监控，对存在的问题进行总结和分析上报。

（5）开展年度培训需求调研，结合公司人力资源发展规划，编制年度培训计划，满足员工职业发展需求及公司对组织能力发展的要求；分解年度培训计划至月度并有效实施，组织调研、分析，发现培训过程中的问题，提出解决方案并推动执行。

（6）管理项目所有员工的考勤记录、上报工作；监督执行好员工的休假管理制度；负责项目员工劳资、福利管理；负责项目员工职称评审管理。

（7）负责与公司相关部门及人员就人力资源事项的沟通与对接。

（8）据项目现场的实际需要开展临时员工、商务、技术人员的招聘，并按照项目所在地（国）相关法律法规对外聘（外籍）员工进行管理。

（9）现场员工的稳定，劳务纠纷的处理。

（10）人员培训。

20.4　管理要求

20.4.1　基础管理工作

人力资源管理部进行的基础管理工作如下。

（1）建立项目人力资源管理制度、流程和标准体系等。

（2）建立和更新维护项目部员工档案（详见附件 20-1）。

（3）负责项目部人员的配置、调岗、离任管理。

（4）根据项目需要，负责临时员工、商务、技术人员等的招聘、续聘及解聘工作。相关工作应遵从国家（以及项目所在国家）相关法律的规定和公司规章制度的要求。

（5）负责相关劳动关系争议的处理。

（6）与公司协调对项目员工职称的评审。

20.4.2　人员培训管理

人力资源管理部对人员培训管理体现在以下方面。

（1）根据公司培训管理制度并结合项目实际情况，编制项目部培训管理办法。

（2）开展年度培训需求调研，结合公司人力资源发展规划和项目部的实际情况，编制年度培训计划并分解年度培训计划至月度。培训计划应该包括培训内容、参训人员、培训方式、培训用时、预算等因素。未纳入培训计划但确有需要的，应履行相应的审批程序。

（3）培训内容应结合项目部实际情况确定，包括人员进场安全教育、消防教育、岗前培训、岗位技能培训、专题培训等。

（4）综合考虑参训人员、培训需求、培训时间、费用预算等情况，确定合适的培训方式。可以采用的培训方式包括讲授法、视听技术法、讨论法、案例研讨法、角色扮演法等。

（5）进行培训预算管理，控制和监督培训费用的使用，确保不超预算。特殊情况需要超预算的，应履行相应的报批程序。

（6）每次培训应编制具体的培训计划表，组织培训工作的实施，通过调研、分析发现培训过程中的问题，提出解决方案并推动执行。培训实施计划表见附件 20-2。

（7）总结培训工作，不断改善培训内容，创新培训方法，提升培训效果。

20.4.3　薪酬与绩效管理

人力资源管理部对薪酬与绩效的管理体现在如下方面。

（1）根据劳动相关法律和公司薪酬管理办法，建立项目部薪酬管理办法。

（2）协助公司总部负责项目部自有员工的工资和福利管理；确定项目部自聘人员的薪酬，并负责其工资和福利管理；负责员工工资的调整和工资表制作。

（3）根据公司制度和项目实际情况，制定项目部考勤管理办法（考勤统计表见附件 20-3）及相关请休假管理制度（请销假申请单见附件 20-4）。相关考勤及请休假管理制度应对员工在迟到、早退、旷工、加班、事假、病假、工伤假、婚假、产假、计划生育假、陪产假、哺乳假、丧假、探亲假、年休假等方面做出规定。员工休假记录表见附件 20-5。

（4）负责考勤和请休假管理。

（5）根据公司绩效考核管理制度和项目实际情况，建立项目部绩效管理办法，设立绩效指标。员工绩效考核表见附件 20-6。

（6）组织开展项目员工季度、半年度、年度和项目收尾的绩效考核工作。

20.5　附件

附件 20-1：员工个人档案

附件 20-2：培训实施计划表

附件 20-3：员工考勤统计表

附件 20-4：员工请销假申请单

附件 20-5：员工休假记录表

附件 20-6：员工绩效考核表

附件 20-1：员工个人档案

员工个人档案

编号：　　　　　　　　　　　　　　　　　　　　　填表日期：　　　年　　　月　　　日

姓名：	性别：	出生日期：		民族：	
籍贯：	户口所在地：			婚否：	
毕业学校：			专业：		
毕业时间：	最高学历：		政治面貌：		
档案存放地：		身份证号码：			

续表

住址：		联系方式：	
通信地址：			邮编：
身高：	体重：	性格：	特长：
兴趣爱好：		加入公司时间：	
自我评价：			

紧急情况联系人

姓名	工作单位	现住址	联系方式

家庭资料

姓名	关系	年龄	工作单位	现住址	电话

主要从业经历

时间	工作单位	部门	职务

重要培训情况

培训时间	培训单位	培训内容	培训结果

重大奖惩

时间	内容	时间	内容

备注：

附：1. 请如实详填本表各项内容；
　　2. 如内容发生变化，请及时通知人力资源管理部。

附件20-2：培训实施计划表

培训实施计划表

拟办单位： 填写日期： 年 月 日

培训班名称		本年度办班数		培训地点		培训负责部门(人)	
培训目的							
培训对象				培训人数		培训时间	
教学目标							

培训科目	科目名称	培训方式	讲师姓名	培训时间	培训地点	备注

培训进度	周次	培训内容摘要	备注
	第1周		
	第2周		
	第3周		
	第4周		
	第5周		
	第6周		

附件 20-3：员工考勤统计表

项目部员工考勤统计表

_____年_____月

日期\姓名	1	2	3	4	5	6	7	8	9	10	11	12	13	14	15	16	17	18	19	20	21	22	23	24	25	26	27	28	29	30	31

_____年_____月

日期\姓名	1	2	3	4	5	6	7	8	9	10	11	12	13	14	15	16	17	18	19	20	21	22	23	24	25	26	27	28	29	30	31

_____年_____月

日期\姓名	1	2	3	4	5	6	7	8	9	10	11	12	13	14	15	16	17	18	19	20	21	22	23	24	25	26	27	28	29	30	31

考勤符号：出勤√ 休假○ 请假△ 出差* 旷工×

部门负责人： 人力资源主管： 项目经理：

附件 20-4：员工请销假申请单

员工请销假申请单

编号： 填表日期： 年 月 日

姓名		性别		部门		职位	
请假类型				请假原因			
□事假 □病假 □休假							
请假时间	自_____年_____月_____日_____时 至_____年_____月_____日_____时						

续表

部门意见	部门负责人签字： 年 月 日
分管项目领导意见	签字： 年 月 日
销假确认	人力资源主管： 年 月 日
备注	

附件20-5：员工休假记录表

员工休假记录表

员工姓名： 所属部门： 入职时间：

序号	申请日期	休假日期		休假		事假		病假		休假人签名	主管领导签名	备注
		起	止	天数	剩余	天数	事由	天数	事由			
1												
2												
3												
4												
5												
6												
7												
8												
9												
10												
11												
合计												

附件 20-6：员工绩效考核表

员工绩效考核表（样表）

被考核者				考核周期
姓名：	岗位职务：			
考核指标	权重类别	评价标准	单项指标基础分	单项基础分耦合权重后得分
工作绩效	％	依据二级目标绩效考核指标评价标准及评分方法拟定，并根据二级目标绩效情况对员工考核指标进行评分		
专业知识	％			
学习能力	％			
工作态度	％			
工作纪律	％			
创新能力	％			
团结配合	％			
沟通协调	％			
领导艺术（领导岗位适用）	％			
……				
考核得分：				
考核意见：				
主管领导签名		日期		
分管副经理审批（部门员工绩效考核时适用）		日期		
人力资源主管审批		日期		
项目经理审批		日期		
被考核者签收		日期		

第21章

项目协调管理

21.1 目的

项目协调管理的目的是规范 EPC 项目的协调工作,明确协调范围、内容、方式及程序,提高协调效率和水平,排除障碍、解决矛盾、处理争端,确保项目管理目标的实现。项目协调管理采用相应的组织形式、手段和方法,对项目管理过程中产生的各种关系进行疏导,对产生的干扰和障碍予以排除,以便理顺各种关系,保证项目顺利进行。

21.2 项目协调的基本原则

项目协调的目的就是为了调动各种积极因素,实现人、财、物的资源耗用平衡,力争达到 HSE、进度、成本、质量目标统一,实现工程项目的建设目标。其基本原则如下。

(1)个别服从整体的原则。当单项工程的工作安排与整体工程目标发生矛盾时,单项工程的进度服从整体协调的指令。相关工程项目的进度要服从主要控制点的进度安排,一般工程项目要服从主要工程项目的要求,专业协调服从于总体协调。

(2)进度、成本服从质量、安全的原则。工程项目实施过程中,质量必须满足设计和合同条款要求,当进度与质量发生矛盾时,进度要服从质量;当成本与质量发生矛盾时,成本必须服从质量;当质量与安全发生矛盾时,质量要服从安全。

(3)部门工作服从工程项目建设总目标的原则。应贯彻执行"一个中心,三个转移",即在 EPC 项目建设过程中,分别以设计、采购及施工作为中心,各种资源应集中于中心部位。尤其在施工开始后,设计、采购供应等工作必须满足工程项目施工的要求。各部门的工作必须以工程项目建设总目标为前提,确保施工任务按计划进行。

21.3 项目协调的范围

项目协调按照范围可划分为内部协调和外部协调两部分。项目部内部协调,包括项目管理部及各部门之间内部为完成建设任务、实现建设目标而进行的协调工作。项目部外部协调为项目部与外部相关各方之间的协调。工程项目建设在接受政府监管时与各级政府主管部门之间的协调,包括从工程项目立项到竣工验收过程中涉及的审批事项,如报建、消防、劳动安全、职业卫生等各方面,以及业主、监理、分包商及供货商之间的协调。

按照内容项目协调还可划分为如下 5 个方面。

(1) 人际关系的协调。人际关系指项目组织内部的人际关系、项目组织与关联单位的人际关系。人际关系的协调主要解决人员工作之间的联系和矛盾。

(2) 组织关系的协调。主要解决项目组织内部的分工与配合问题。

(3) 供求关系的协调。主要包括项目实施所需的人力、资金、设备、材料、技术、信息的需求及供应,平衡供求。

(4) 配合关系的协调。主要是与业主、监理、分包商、供应商之间在配合关系上的协调,达到齐心协力的目的。

(5) 约束关系的协调。主要是为了了解和遵守国家及地方在政策、法规、制度等方面的制约,以得到执法部门的指导和许可。

21.4　项目协调工作的依据

项目协调工作主要依据项目所在国家地区相应的法律法规,经过批准的本项目建设文件,包括工程立项、设计审批文件、工程建设总体统筹控制计划,以及工程合同、项目管理组织机构、职能分工、项目管理流程等。

21.5　项目协调的层次

EPC 项目部是项目建设的最高决策、协调机关;策划控制中心负责项目建设的组织实施和过程整体控制与协调;项目部负责协调项目建设现场各专业工作以及各参建单位关系,对项目建设目标实施控制。具体协调事宜,首先在各部门内部控制及协调,需要与其他部门的协调时,则由各部门负责人同级负责协调,如协调出现问题,则将问题反馈至策划控制中心,经策划控制中心协商仍无法解决,可将问题反馈至常务副经理及项目经理,由其召开项目管理例会(相关专题会议)最终协调。对于"三重一大"问题,必须通过集体讨论做出决定。在协调过程中,必须避免管理中的"责任环",即避免项目组织成员之间的相互责任关系形成环路的情况。

21.6　项目协调的主要方式及责任尺度

21.6.1　行政组织协调

行政组织协调主要按工程项目建设的决策、管理、执行层次及其职能分工进行协调,相同部门上级指导下级,下级对上级负责,不同部门同级协商。

21.6.2　制度协调

制度协调主要按照工程项目建设法规制度和程序标准,协调参建单位和工程项目建设实施过程中涉及的各方面工作。

21.6.3 合同协调

合同协调主要依据工程合同,侧重以合同手段协调 EPC 总承包商和分包商及供应商的关系。

21.6.4 会议协调

会议协调通过召开各层次的会议,协调工程建设中各层面的关系,明确目标、制定工作措施、落实责任,解决相关问题。相应协调制度见附件21-1。

21.6.5 协调责任尺度

项目负责人应根据有关责任的分权性原则,对各种工作选择合理与适当的文件形式进行协调。除了合同条款外,可将协调文件按责任大小做如下排序:单独设计或者提供参数,以及会议记录的整理方,承担全部责任;共同签署类,如共同设计、会签等,各方承担相应责任;通知、会议记录的接收方,承担有条件责任,根据合同规定,接收文件一定期限内不提出异议,可视为认可。

21.7 项目协调的内容

1. 项目初始阶段

项目初始阶段协调内容如下。

(1) 协商建立项目的报告制度。

(2) 确定项目的变更程序。

(3) 确定项目的工作分解结构。

(4) 确定有关的项目会议制度。

(5) 确定项目文档的记录和档案的管理原则。

(6) 确定现场管理的有关程序及项目管理部的责任。

(7) 确定现场的安全要求。

(8) 确定现场财务会计管理的规定。

(9) 确定开工的有关条件。

(10) 确定项目付款单据的管理和结算程序。

(11) 确定工程项目检查验收、试车考核验收等工作的有关要求。

(12) 确定项目开工会议的日期。

(13) 提供项目设计分包商、物资供应商、施工分包商的有关文件和资料。

(14) 确定设计承包商发送至施工现场的图纸和设计文件的要求。

(15) 确定物资供应商的名单及项目管理部批准的提交日期。

(16) 确定项目部对设备、材料催交的责任和承担的内容范围。

(17) 确定项目部参与开箱检验的内容、程序和联络方式。

(18) 确定制造厂商图纸和资料的分发事项。

（19）确定招标的范围和内容。

（20）确定招标文件。

（21）参加招标、评标工作。

（22）组织签订分包/供货合同。

（23）确定并审查开工报告。

（24）确定项目所用的规范和手册。

2．项目实施（设计、采购及施工）阶段

项目实施（设计、采购及施工）阶段协调内容如下。

（1）进一步明确设计、采购及施工管理中主要工作程序。

（2）加强信息沟通。

（3）进一步明确项目部的职责和工作范围。

（4）建立项目部与监理单位、分包商/供应商之间的接口关系。

（5）检查各项需要项目部提供条件的落实情况。

（6）明确各方的责任和范围，确定项目进展中的主要会议规定，确定项目主要报告的规定。

（7）确定工程变更的管理程序。

（8）确认项目管理工作的主要工作计划、进度计划和预算文件。

（9）确定对设计图纸的认可要求。

（10）确定重大设计变更的认可程序。

（11）根据设备的类别和性质，确定是否需要委托第三方检验及检验方式、判定依据和验收认可细则。

（12）确定中间检验项目内容、各方参加方式及检验结果的判定。

（13）确定现场开箱检验的项目、内容和参加方式。

（14）确定设备材料国内外运输、接运的有关事项及条件。

（15）确定保证连续施工的条件。

（16）施工资金的拨付和物资的供应。

（17）确定各方项目管理代表在现场的工作范围和职责。

（18）确定派驻现场的管理机构、负责人及联络制度和方式。

（19）确定重大施工方案的程序。

（20）确定施工组织设计的程序。

（21）确定质量管理制度。

（22）检查和验收隐蔽工程、中间交接。

（23）当业主或监理对工程进度、质量、费用、安全等工作提出有关意见时，应积极组织相关人员采取措施进行整改和处理，并将整改及处理意见及时向业主或监理提交报告。

（24）项目部在协调外部各方的工作中，应与业主紧密联系，积极寻求理解、支持和帮助。

（25）项目部与政府部门或机构联系工作之前，应及时通知业主，向其咨询有关情况，取得配合和支持。必要时，请业主出面给予协调和解决。

（26）确定正常工程费用的支付程序。

（27）确定特殊费用的确认和支付程序。

（28）确定费用变更的条件和认可程序。

（29）向业主或监理提交工程进展统计月报，根据要求提供有关资料，以保证工程进度款的拨付。

3. 项目试运行、验收及收尾阶段

项目试运行、验收及收尾阶段协调内容如下。

（1）单项工程完工后，确定进行工程交工的条件和程序。

（2）装置性能考核合格后，协助签署合同项目验收证书。

（3）协调进行竣工结算。

（4）取得履约证书。

（5）协调办理合同遗留问题的处理。

（6）由项目部负责组织交工资料的整理，移交给业主及有关部门。

（7）协调并办理其他工程有关的遗留问题。

21.8　附件

附件 21-1：会议协调制度

附件 21-1：会议协调制度

会议协调制度

1　适用范围

由项目部主持、参加的由两个或两个以上参建单位（包括项目部、监理单位、设计分包商、供应商、施工分包商等）出席的所有工程例会和专题会议。包括工程调度会、HSE 专题会、质量管理例会、进度计划专题会、技术专题会。

2　职责

2.1　项目管理部综合性会议由办公室负责主办。

2.2　由上级机关主办、项目部协办的有关工程建设的会议，包括现场办公会、设计协调会、设计审查会等，由办公室和对口业务部门负责会务工作。

2.3　项目管理部专业性会议经主管领导同意后，由专业部门负责主办，综合部协调配合。

2.4　会议主办部门具体负责会议的议程安排、会议材料、会议通知、会议记录、会议纪要等工作，综合部负责统一协调会场安排等事宜。

2.5　各有关单位的项目经理或负责人对本单位出席会议情况和执行会议有关要求情况负责。

3　会议纪律及一般规定

3.1　参加会议的人员必须准时到会。

3.2　参加会议的人员若因故不能出席或不能准时出席，应及时安排适当人员临时代替出席，并应于会前一小时通知会议组织者（经会议组织者同意），无特殊理由，不得迟到、请假、缺席或中途退出。

3.3 到会者应自觉签到，否则按缺席论处。

3.4 会场内不准喧哗、不准接打电话(手机应关闭或设置在震动模式上)。

3.5 按会议要求有序报告或发言，不得随意插话或打断发言。

3.6 为提高解决问题效率，各单位须在会议前一天向会议主办单位书面提出要求会议解决的问题，以便主办单位提前考虑解决问题的办法。

3.7 会议应有纪要，会议纪要由组织单位(部门)负责起草、签发或组织会签，并应在会后一日内发至与会的每个单位或个人。会议纪要的收发方应建立并保持收发记录。

3.8 会议纪要应有固定的格式，内容包括：签到表、会议时间、地点、主持人、参加人和纪要内容等。会议上形成的决策性意见和一致性决定，均应在会议纪要中予以明确。

3.9 会议纪要经会议组织代表签发或组织会签后形成项目管理有效文件，对所有与会单位有约束力。

3.10 各类会议纪要必须统一按要求编号、归类和存档。

3.11 会议纪要经签发成为项目管理的有效文件，对所有与会单位均具有约束力，各与会单位对会议所决定的有关事项积极做出反应，缺席、迟到或早退并不免除执行会议决定的有关事项的责任。

3.12 工程调度会、质量、HSE管理例会召开频率将根据工程实际需要进行适时调整。

4 工程调度会

4.1 目的：通报近来工程的总体进展和主要工作部署，研究、解决工程重要变更及其给HSE、质量、进度和费用等方面的影响等问题，确保建设项目在宏观上处于受控状态。

4.2 组织者：项目部。

4.3 会议时间：每月召开一次。

4.4 参加会议人员：项目部项目经理及各部门负责人、设计单位代表、施工分包商项目经理及项目主要管理人员。

4.5 会议程序：各部门报告项目总体进展、近期工作部署和各项工作重点，以及需提交项目经理协调解决的问题；项目部各部门报告项目监控情况以及急需解决的问题，研究、分析近期工作动态及其对项目总体控制目标的影响，拟订处理方案；主持人发表意见并总结会议。

5 项目管理例会(或监理例会)

5.1 目的：项目管理例会(或监理例会)是为了协调工程建设的各有关单位行动，解决工程建设过程中设计、采购、进度、施工质量及HSE等各方面矛盾和问题，确保工程建设安全、环保、优质、高效进行。

5.2 组织者：项目部(或监理公司)。

5.3 会议时间：每周一次。

5.4 参加单位及人员：项目部项目经理、监理公司项目总监、副经理、项目部各部门负责人、专业工程师；各承包商项目经理、有关部门主要负责人。

5.5 会议程序：项目部(或监理公司)通报本周现场HSE、质量、进度控制状况，存在问题，下周重点工作提示；各分包商报告本周工作进展和下周主要安排，提出需协调、解决的问题；专业工程师和部门经理报告专业工程管理情况，对各分包商的问题提出初步解决意见,并进一步提出管理要求。公司相关人员提出具体意见和要求。会议主持人发表意见并总结会议。

6　HSE管理例会

6.1　目的:传达上级和地方有关HSE管理的新精神,结合项目实际总结HSE工作的成绩,分析存在的问题和潜在的风险及隐患,研究制定主动控制的预案和措施,确保项目HSE管理工作始终处于受控状态。

6.2　组织者:HSE安全环保部。

6.3　会议时间:每月初召开。

6.4　参加会议人员:项目经理、HSE安全环保部负责人、施工监控部负责人、监理公司HSE工程师;各分包商项目经理、HSE经理(工程师)。

6.5　会议程序:各分包商书面汇报上月HSE管理情况、存在问题及下月HSE管理计划。项目部HSE安全环保部负责人(HSE工程师)总结上月HSE管理情况,主持有针对性的讨论,分析存在的重要问题和隐患整改处理方案、措施,并进一步分析其对项目进度、费用等方面管理的影响。项目部各专业工程师提出要求。主持人总结会议,并明确下月HSE管理的重点工作。

7　质量管理例会

7.1　目的:总结质量管理经验,肯定工作成果,暴露质量问题,研究处理质量问题的措施,确保工程质量处于受控状态并达到或超过既定的质量目标。

7.2　组织者:施工监控部。

7.3　会议时间:每月召开一次。

7.4　参加会议人员:施工监控部负责人、专业工程师;设备采购与管理部;各分包商的质量经理(工程师)、标段工程师及专业负责人等。

7.5　会议程序:各分包商书面汇报上月施工质量管理情况、存在的问题及下月施工质量管理的计划;项目部总结上月施工质量管理情况,主持讨论、分析存在的重要问题的整改处理方案、措施,并进一步分析其对项目进度、费用等方面管理的影响;项目部专业工程师针对会议内容,提出相应的质量管理要求;主持人总结会议,并明确下月施工质量管理的重点工作。

8　工程进度控制例会

8.1　目的:围绕里程碑控制点,综合分析各方面因素,加强进度的动态调节和主动控制,以里程碑控制点为确保工程交工的控制点。

8.2　组织者:策划控制中心。

8.3　会议时间:每月末召开。各分包商在每月底向项目部各部门上报本月计划完成报表,策划控制中心审批后于月底向项目部上报本月计划完成报表。

8.4　参加会议人员:项目经理、策划控制中心负责人、施工监控部负责人、专业工程师及进度管理工程师、办公室负责人及合同、造价工程师;设备采购与管理部;设计管理部;各承包商项目经理、控制经理、施工经理等。

8.5　会议程序:各分包商书面汇报上月工程进度情况,分析其对里程碑考核控制点的影响,计划调整方案以及提请协调的问题;项目部总结上月工程总体进度情况,陈述对各承包商里程碑控制点的考核意见和对总体进度计划的协调意见。总结上月工程进度并部署本月工程计划；策划控制中心进度、合同及造价等专业工程师，设计管理部、设备采购与管理部及施工监控部提出要求；主持人总结会议，明确会议决定。

9　技术专题会议

9.1　目的：本会议是对工程建设过程中出现的重要变更和重大技术方案进行讨论、细化、完善，分析并尽可能减少其对工程进度、费用、质量和 HSE 的影响，从而实现科学组织、合理实施和保证工程质量的目的。

9.2　组织者：施工监控部。

9.3　会议时间：根据需要召开。

9.4　参加会议人员：项目经理、策划控制中心负责人、专业技术负责人；设计管理部、设备采购与管理部、施工监控部及有关专业工程师；设计单位代表；各分包商项目经理、施工经理及有关专业负责人。

9.5　会议程序：提出变更或技术方案的单位全面介绍方案。各方代表就方案的科学性、合理性展开讨论。主持人确定并描述会议决定意见。

10　设计协调会议

10.1　目的：本会议是对工程建设过程中出现的重大设计问题、设计进度等与设计单位的协调，从而确保设计进度、质量能满足工程建设总目标的要求。

10.2　组织者：设计管理部。

10.3　会议时间：根据需要召开。

10.4　参加会议人员：项目经理、设计管理部、设计单位项目经理及有关专业负责人。

10.5　会议程序：项目相关人员就设计存在的问题进行阐述，设计单位应提出解决方案。各方代表就方案的科学性、合理性展开讨论。主持人确定并描述会议决定意见。

11　物资供应协调会议

11.1　目的：本会议是对工程建设过程中因设计、制造、交货、质量、运输、施工等方面出现的物资供应问题与相关单位的协调，从而确保施工进度、质量能满足工程建设总目标的要求。

11.2　组织者：设备采购部。

11.3　会议时间：根据需要召开（在工程项目必要时可作为例会制度）。

11.4　参加会议人员：项目经理、设备采购与管理部及相关专业工程师等；设计单位代表；相关施工分包商及有关专业负责人；出现问题的相关供货厂商（必要时）。

11.5　会议程序：设备采购与管理部就出现的物资供应问题进行阐述，由提出问题的单位就问题出现的原因和解决方案进行说明。各方代表就方案的科学性、合理性展开讨论。主持人确定并描述会议决定意见。

第22章

项目综合事务管理

22.1 目的

项目综合事务管理的目的是规范项目部综合事务管理工作,避免或减少因综合事务管理不当造成的损失,确保各项工作的顺利展开。

22.2 管理职责

办公室负责项目部综合事务管理,具体包括:

(1) 负责项目部制度建设、重要文件的起草、活动的组织、印章管理、会议管理等综合性事务管理工作。

(2) 负责项目部行政类文档的管理。

(3) 负责项目部车辆的管理。

(4) 负责项目部非生产类行政物资的管理。

(5) 负责项目部对外的新闻宣传及公共关系管理。

(6) 负责项目部接待工作及重大活动的管理。

22.3 项目部综合行政事务管理

22.3.1 一般事务性工作

办公室负责项目部一般事务性工作,具体包括:

(1) 负责组织项目部有关管理规章制度的拟订。

(2) 负责项目部重要活动的组织和安排。

(3) 负责项目部重要文件、领导讲话及工作报告及工作总结的组织起草。

(4) 负责处理领导交代的一些日常事务性工作,为领导提供服务和保障。

22.3.2 印章管理

办公室全面负责项目部印章管理工作；应根据公司印章管理制度并结合本项目实际情况，编制项目部印章管理办法及制定相应管理措施，报公司备案。

项目部印章，需由项目部领导及公司领导逐级审批后，根据国家和企业有关规定设计、刻制、备案。

出现下列情况时，印章须停用。

（1）项目的各类用章在工程全部完工后自动失效并停用。

（2）印章遗失或被窃，须声明作废。

印章停用后，应及时将停用印章封存，建立印章回收、存档登记档案（注明印章名称、印模、交付人、接收人、回收日期），上报公司印章管理部门履行报批程序进行处置。

严禁填盖空白合同、协议、证明及介绍信。因工作特殊确需开具时，须经项目部领导签字确认方可开具；待工作结束后，未使用的必须立即收回。

在用印时要审阅、了解用印内容，对用印情况应进行详细登记（用印登记表参考附件22-1）。

印章管理员要坚持原则，对不符合规定的用章，有权拒绝并向本组负责人汇报，不得擅自用章。

印章的保管人应相对固定，要严格执行印章管理规定，采取措施，确保印章安全；印章管理员因事离岗时，须由部门负责人指定人员暂时代管，以免贻误工作；印章保管人更换，应办理交接手续，由部门负责人监督交接；印章保管必须安全可靠，不可私自委托他人代管。

负责印章使用和管理的单位及管理人员，因印章管理不善而造成损失的，将追究单位负责人和印章保管人员的责任。

印章使用审批人应按照有关规定在自己的职权范围内审批用章事项。超越职权审批造成严重后果的，由审批人承担相应责任；印章管理员明知审批人无权、越权审批或用章事项违反规定而用章，造成严重后果的，应承担相应连带责任。

有下列情形之一的，对直接责任人予以通报批评或行政处分；情节严重的，处以经济处罚或调离原工作岗位，直至解除劳动合同；构成犯罪的，移送司法机关追究刑事责任。

（1）未经许可擅自携带项目部名称章外出的。

（2）未经相关程序审核批准，擅自使用项目部名称章的。

（3）未经审核确认使用项目部名称章的，导致公司利益受到重大影响的。

（4）擅自私刻、启用印章或者盗用印章造成严重后果的。

22.3.3 会议管理

项目部周度、月度等定期例会及领导指示临时召开会议的组织管理工作，包括：

（1）参考附件22-2的会议流程安排表，确定会议内容，主要包括会议时间、地点、程序的拟定，参会人员等。

（2）会议的准备工作，做到分工到人。例如，拟写并发放会议通知、会议资料的准备、会议室布置、各项设备的测试、场外布置、交通安排及宣传工作等。

（3）会议的过程管理，包括会议计划的调整、突发情况的处理等。

（4）会议过程的服务，包括茶水、水果、鲜花等。

（5）会议纪要整理、下发（会议纪要格式参考附件22-3）。

（6）监督落实经办及承办部门对会议纪要内容的处理及推进工作。

会议室的管理，主要为管理和协调各部门、各单位对会议室的使用，各部门应在拟举行会议前一天向办公室提交会议室使用申请表，并在会议召开前到会场查看布置情况（会议室使用申请表格式参考附件22-4）。

22.4 行政类文档管理

22.4.1 管理要求

行政类文档管理是对项目实施过程中所涉及的行政文档进行管理的过程。所谓行政类文档是项目实施过程中所涉及的非技术类或业务类文档。

行政类文档的管理由办公室负责，技术类/业务类文档由信息及数据管理部和策划控制中心负责管理。

行政类文档的分类、编号、接收、发送、修改、归档、借阅等管理参照第23章"项目文档管理"的相关要求。

22.4.2 公文的管理

22.4.2.1 一般要求

项目部的公文，是项目部在日常管理过程中形成的具有法定效力和规范体式的文书，是依法经营和进行公务、商务活动的重要工具。

公文处理分为收文和发文。收文办理一般包括传递、签收、登记、分发、拟办、批办、承办、查办、立卷、归档、销毁等程序；发文办理一般包括拟稿、审核、签发、打印、校对、用印、登记、分发、立卷、归档、销毁等程序。

公文处理应当坚持实事求是、精简、高效的原则，做到及时、准确、安全。

公文处理必须严格执行国家保密法律、法规及公司的有关保密规定，确保国家秘密、企业商业秘密的安全。

办公室是行政类公文处理的管理机构，负责项目部所涉及公文的起草、审核、接收、发送、保存等管理工作。

22.4.2.2 公文种类

公文种类主要包括：命令，决定，指示，公告，通告，通知，通报，报告，请示，批复，信函，会议纪要等。常用的公文种类如下。

（1）决定。适用于对重要事项或者重大行动做出安排。

（2）通知。适用于批转下级单位的公文，转发上级单位和不相隶属单位的公文；发布规章；传达要求下级单位办理和有关单位需要周知或者共同执行的事项；任免和聘用干部。

（3）通报。适用于表彰先进，批评错误，传达重要精神或者情况。

（4）报告。适用于向上级单位汇报工作，反映情况，提出意见或者建议，答复上级单位的询问。

（5）请示。适用于向上级单位请求指示、批准。

（6）批复。适用于答复下级单位请求事项。

（7）信函。适用于不相隶属单位之间相互商洽工作，询问和答复问题；向有关主管部门请求批准等。

（8）会议纪要。适用于记载和传达会议情况和议定事项。

以项目部名义行文的有：

（1）向公司报告、请示工作。

（2）转发公司的重要文件。

（3）向各职能组印发重要决定、通知、通报等。

（4）签发文件，应由行政组出示意见后报领导审阅签发。

22.4.2.3 公文格式

公文一般由发文单位、紧急程度、发文编号、签发人、标题、主送单位、正文、附件、印章、成文时间、附注、抄送单位及人员、印发单位和时间等部分组成。各部分格式要求如下。

（1）发文单位应当写全称或者规范化简称；联合行文，主办单位应当排列在前。

（2）秘密公文按公司相关规定执行。

（3）紧急文件加盖"加急"章。

（4）公文标题，应当准确简要地概括公文的主要内容，一般应标明发文单位，并准确标明公文种类。标题中除法规、规章名称加书名号外，一般不用标点符号。

（5）公文如有附件，应当在正文之后、成文时间之前注明附件顺序和名称。

（6）成文时间，以领导人签发的日期为准。

22.4.2.4 起草公文的要求

起草公文的要求如下。

（1）符合国家的法律、法规和方针、政策及公司的有关规定，并与项目部各部门进行必要的协商。

（2）情况确实，观点明确，条理清楚，文字精练，书写工整，标点准确，篇幅力求简短。

（3）用词用字准确、规范。文内使用简称，一般应当先用全称，并注明简称；使用国家法定计量单位。

（4）人名、地名、数字、引文准确。引用公文应当先引标题，后引发文字号。日期应当写具体的年、月、日。

（5）公文中的数字，除成文时间、部分结构层次序数和词、词组、惯用语、缩略语、具有修辞色彩语句中作为词素的数字必须使用汉字外，应当使用阿拉伯数码。

（6）结构层次序数，第一层为"一"，第二层为"（一）"，第三层为"1"，第四层为"（1）"。

（7）公文打印的字体、字号、排版规格等按相关规定执行，公文用纸一般用 A4 型，左侧装订。

22.5　车辆管理

车辆是指项目部所有交通车辆，不包括生产用工程机械车辆。办公室负责车辆的统一管理、调配，并应结合本项目实际情况，编制项目部车辆管理办法并制定相应管理措施。

项目部专职司机必须签订安全行驶责任书，负责车辆使用、保养、维修及证照保管、安全驾驶等事项，并负责对司机人员的安全驾驶教育、考勤等日常管理。

车辆档案是车辆登记、维护、报废等事项的重要记录，应认真填写、妥善保管，并确保车辆相关内容（行驶证、车辆登记证、车辆购置税证、保险单、车辆照片及行驶公里数等内容）的记载及时性、完整性和准确性。车辆购买后行政组要及时配合财务管理部门做好固定资产验收，建立详细档案，并报公司综合管理部备案。

项目部车辆使用的油料由行政组指定专人负责采购，并安排专人对油料进行统一管理。

项目部车辆的维修保养要有专项管理制度和具体实施细则，应确保在专业、正规的厂家进行车辆维修和保养，并建立相应台账。

车辆在执行公务途中如发生交通事故，应立即与当地执法机构、办公室负责人取得联系共同解决。

车辆管理相关表格参考附件22-5～22-8。

22.6　项目部行政物资管理

办公室负责项目行政物资管理，具体如下。

（1）负责各类非生产性行政物资的管理工作，包括生活类和办公类固定资产和低值易耗品的配备、仓储、使用、清理、检查及成本控制等。

（2）负责项目部办公设备等固定资产的管理工作，包括固定资产的登记（格式参考附件22-9）、资产使用管理及维护，通过定期盘点及成本分析，检查资产使用及维护情况，及时回收归还已完成工作使命的资产，具体做法须参照公司关于固定资产管理的相关规定。

（3）商务礼品和日常药物用品的管理。

（4）行政物资相关的其他管理工作（相关格式参考附件22-10～22-14）。

22.7　新闻宣传及公共关系管理

办公室负责新闻宣传及公共关系管理工作，具体如下。

（1）负责项目的对外形象管理以及项目部重要事项在公司官网、外部媒体的报道宣传工作。

（2）负责现场各项宣传报道，组织现场各部门做好各项重大事件的宣传报道工作，确保项目员工对整个项目进度的全方面了解，提高员工的积极性。

（3）与驻地政府部门及公共机构日常关系的建立及维护，包括：

① 与项目所在地公安部门关系的建立与维护，保证项目财产、人身安全。

② 与项目所在地医疗机构及政府机构关系的建立与维护，确保紧急情况时可以及时就

医和营救。

③ 与项目所在地消防部门关系的建立与维护,确保紧急状况的处理。

④ 与项目所在地居民关系的建立与维护,以减少项目实施阻力,确保项目顺利推进。

⑤ 与其他相关机构关系的建立与维护。

22.8 项目部接待及重大活动管理

办公室牵头负责项目部接待及重大活动的管理,具体如下。

(1) 建立项目接待管理制度、流程和标准体系,并组织实施,同时监督现行制度的执行情况并改进完善。

(2) 根据项目接待及重大活动的需要研究方案,制订接待或重大活动管理计划,确定责任人、时间、规格、安全措施、现场布置、车辆安排、餐饮安排等内容,重要的接待及活动管理计划应报企业审定批准(接待计划表格式参考附件22-15)。

(3) 编制接待费用预算,指导各模块严格按照费用预算执行,不允许超出预算费用(特殊情况除外),控制监督费用支出,保证费用支出的属实性。

(4) 重要接待或活动在正式启动前应对准备工作进行验证或预演,并制定应急方案以防重要接待及仪式突发性变化。

(5) 接待及活动结束后应将照片、影像、签名、提词、绘画、礼品等资料整理归档。

(6) 总结接待过程中出现的问题,提出改进措施,以规范完善接待管理办法,不断提高接待水平与能力。

22.9 附件

附件22-1:用印登记表

附件22-2:会议流程安排表

附件22-3:会议纪要格式

附件22-4:会议室使用申请表

附件22-5:车辆使用申请表

附件22-6:车辆日常检查表

附件22-7:车辆故障请修单

附件22-8:车辆保养记录表

附件22-9:固定资产登记表

附件22-10:办公用品请购单

附件22-11:办公用品一览表

附件22-12:办公用品领用表

附件22-13:办公用品盘点单

附件22-14:办公用品耗用统计表

附件22-15:接待计划表

附件 22-1：用印登记表

用印登记表

序号	日期	用印部门	申请人	事由	用何印	批准人	用印人	备注

附件 22-2：会议流程安排表

会议流程安排表

流程	序号	工作	负责人	已落实情况	备注（注意事项和具体附件、时间）
会议准备	A1	参会人员通知			
	A2-B1	邀请集团领导邀请函			
	A3	邀请嘉宾邀请函			
	A4-B2	会场座次安排			
	B3	预订会议室			
	B3-1-D1	预订投影仪			设备调试
	A5-D2	准备笔记本电脑			
	B4	预订花插			
	B5-D3	架设投影设备			
	B6	摆放桌签			
	A6-B7	接送人员			
	D4	会议横幅			
	D5	会议指示牌			
	B8	预订会务办公室,准备办公设备			
	B9	接送车辆			
	B10	车位			
	D6	录音设备			
	D7-C1	背板或横幅		签约使用	
	A7-C2	翻译人员			
	D8	照相			领导合影
	A8-B11	签约仪式地点预订			
	D9	摄像			
	D10-C3	新闻稿			
	A9-C4	安排主持人宣布议程			
会议中	C5	主持人串场词			
	C6	会议记录			
	C7-A10	安排发言			
	B12	准备茶杯/咖啡杯/水杯			
会议结束	A10-B13	发放礼品			
	D11	外网宣传			
	B14	预订参会人员房间			
	C8	整理会议记录并发送			

附件 22-3：会议纪要格式

项目部××会议纪要

编号：

时间		主持人	
地点		记录人	
会议主题			
参会人员			

会议内容：

1.

2.

……

发送	（各参会单位）		
抄送			
核准			

签字：（各参会单位）

附件 22-4：会议室使用申请表

会议室使用申请表

填写日期：_____年_____月_____日

使用日期	
使用时间	
备选时间	（如有冲突，填写备选时间）
会议名称	
具体地点	

项目参会人员		共　人
外部参会人员		共　人

所需设备	□红茶　　□绿茶　　□咖啡 □横幅　　□桌签　　□花插 □投影　　□摄影　　□摄像 □圆珠笔/纸　□签字笔/纸　□文件夹
备注	

使用部门			管理部门	
申请部门	申请人	部门经理	管理人	办公室主任

附件 22-5：车辆使用申请表

车辆使用申请表

申请日期：_____年_____月_____日

申请人		部门		随行人数	
目的地			事由		
计划用车时间		月　　日　　时　至　月　　日　　时			
部门负责人签字			派车人签字		
备注					

注：第一联留办公室

申请人		部门		随行人数	
计划用车时间	___日___时～ ___日___时	部门负责人签字		派车人签字	
目的地		事由			

以下内容在用车完毕后由驾驶人填写，交回管理部办公室备查

共计行车里程		（公里）	汽油		（公升）
有无违章罚款或事故			原因		
备注					
用车人签字			部门经理签字		

注：第二联交驾驶人，车辆用毕由驾驶人交回管理部办公室

附件 22-6：车辆日常检查表

车辆日常检查表

车号：　　　　　　　　　　　　　　　　　　　　　　　填写日期：＿＿＿＿年＿＿＿＿月＿＿＿＿日

项目＼日期	洗车	加油记录			车况记录					维修记录		备注
		汽油	机油	金额	配件			外观	运行	维护内容	金额	
		加油里程数	换油里程		轮胎	音响	冷气					
合计	—				—	—	—	—	—	—		

审阅：　　　　　　　　　　　主管：　　　　　　　　　　　填表人：

附件 22-7：车辆故障请修单

车辆故障请修单

编号：　　　　　　　　　　　　　　　　　　　　　　　填写日期：＿＿＿＿年＿＿＿＿月＿＿＿＿日

车号		里程数		责任人	
请修项目					
估计金额					
修理厂					
损坏原因					
审核意见					

主管：　　　　　　复核：　　　　　　　主管：　　　　　　　请修人：

附件 22-8：车辆保养记录表

车辆保养记录表

车号		引擎号	
使用部门		主要使用人	
		驾驶员	

保养修理记录

年		项目	金额	保养前路码表数	经手人（签章）	主管（签章）
月	日					
合计						
本月费用	汽油金额		保养金额		修理金额	合计

附件 22-9：固定资产登记表

固定资产登记表

财产科目：   项目编号：

购置日期：　　　年　　　月　　　日   使用年限：

购置金额：

序号	日期	资产名称	凭证字号	使用部门	备注

附件 22-10：办公用品请购单

办公用品请购单

填写日期：_____年_____月_____日

序号	办公用品名称	规格	单位	数量	用途	需用日期	估计价值	备注

申请人：	请购部门负责人意见：	办公室主任意见：	主管领导意见：
年　月　日	年　月　日	年　月　日	年　月　日

附件 22-11：办公用品一览表

办公用品一览表

序号	办公用品名称	规格	单位	单价（元）	备注

附件22-12：办公用品领用表

办公用品领用表

填写日期：_____年_____月_____日

部门		领用人			核发	
领用物品	用途	规格	单位	数量	单价	总价

保管员：　　　　　　　　　　　　　　　　办公室主任：

附件 22-13：办公用品盘点单

办公用品盘点单

填写日期：_____年_____月_____日

编号	名称	规格	单位	单价	上期结存		本期购进数	本期发放数	本期结存		备注
					数量	金额			数量	金额	

保管员：　　　　　　　　　　　　　　　　　主管：

附件 22-14：办公用品耗用统计表

办公用品耗用统计表

部门	上月耗用金额(元)	本月耗用金额(元)	差异额(元)	差异率(％)	人数	说明

经办人：　　　　　　　　　　　　　主管：

附件 22-15：接待计划表

接待计划表

年　　月　　日

来宾单位				来宾人数		参观日期	
姓名	性别	年龄	职务	姓名	性别	年龄	职务
来宾参观事由及要求							
有无摄像及其他新闻要求							
接待部门			主要接待人			陪同人	
饮食安排			住宿安排			接车司机及车辆	
接待计划							
接待部门负责人				办公室主任			
项目经理							
备注							

第23章

项目文档管理

23.1 目的

随着项目管理信息化的发展,以及信息工具的普及,文档作为信息的实际载体,不仅要突破原有文档管理仅停留在保存的局限,还应对文档存有的信息进行挖掘和处理。项目文档管理的目的是规范项目部的文档管理工作,确保项目文档资料系统性、完整性和准确性,充分利用管理信息系统和工具,保障项目的顺利实施。

23.2 管理职责

信息及数据管理部负责技术类/业务类文档的统筹管理以及所有文档的收发工作。

办公室负责行政类文档的统筹管理工作。

项目部各业务部门负责本部门的文档管理工作。

对于管理职责、权限不明确的文档管理工作由策划控制中心协调分配。

23.3 视频监控及管理信息系统

为加强 EPC 项目文档及相关信息控制,应根据项目情况建立视频监控及管理信息系统,并对施工影像及相应文档信息进行管理。

23.3.1 视频监控管理

项目部信息及数据管理部指定视频监控管理责任人,配备设备,对施工进度影像、项目公共关系影像、工程定点整体照片进行拍摄及管理。

(1)视频监控。应建立视频监控系统,对项目重要部位进行全方位、全时段监控,对项目部重大活动、工程重大进展、施工工艺工法、安全生产、关键施工工序、关键节点、应急抢险、项目党工团建设与文化建设、上级领导检查指导、先进人物风采、职工生活等要对相应影像资料留档(其中包括关键施工工序的视频影像资料),并进行分类收集整理且配以文字说明,设立影音资料库。

(2)影像资料的管理及归档要求。在项目施工过程中,影像资料主要由项目信息及数据管理部负责拍摄、整理、上报以及归档,并按季度报公司宣传部门,建立报送清单,并有报送记录,在项目结束时将资料全部上报。

23.3.2　管理信息系统建设

管理信息系统建设体现在如下方面。

(1)组织和人员岗位设立。为了保证项目部管理信息系统的顺利推广,项目部应设立以项目经理或总工为组长的信息化应用小组,同时应设立信息管理岗位,并指定专(兼)职的信息管理员。

(2)信息化应用小组和信息系统工程师职责。信息化应用小组负责项目部的信息化建设和管理信息系统推进的整体管理和资源调配,信息系统工程师负责各种信息系统的软硬件维护和信息传递。

(3)信息安全管理。项目部应建立信息安全管理制度和进行员工信息安全培训,加强日常的信息数据、计算机终端和网络的安全管理,确保管理信息系统的安全运行和信息数据的安全传递。

(4)互联网和公司内部网络接入。项目部与外界信息交换,一般信息通过互联网进行,项目部开工后必须尽快开通互联网的接入,带宽根据上网计算机的数量采用相应带宽的光纤,重要涉密信息通过公司内部系统进行传递,公司内部账号由信息系统工程师向其公司申请办理。

(5)软件正版化。为了预防信息软件的版权风险,项目部使用的计算机必须安装正版的操作系统、办公和安全软件。

(6)管理信息系统办公。项目日常文档及办公应采用管理信息系统及线下操作同时进行日常办公、文件传输、信息交换等工作。项目开工后由信息系统工程师向项目员工发放账号,人员调动或离职必须在规定日期内上报项目信息及数据管理部进行账号调转或注销。

23.4　文档管理的一般要求

文档管理是指对作为信息载体的资料进行有序的收集、加工、分解、编码、传递、存储,并为项目各方提供专用的和常用的信息的过程。

项目部应根据公司的文档管理制度并结合管理信息系统,制定项目部文档管理办法。

项目文档资料的管理应从项目申请立项到竣工验收的全过程,项目部各部门应在职责范围内对项目实施过程中所形成的文件、图纸、资料,随时进行积累整理、立档和保管,并采取必要措施,防止档案资料的损毁和遗失以及有关保密档案资料的泄密。

项目文档充分利用管理信息系统的优势,实现无纸化办公,但必要的单据、传真及合同等文件仍需采用纸质文件,原版可进行存档,但扫描版可传至管理信息系统。

管理信息系统应能够实现信息有效检索、提取,全文检索功能会对变更及索赔等工作起到事半功倍的效果。

23.5　文档的类别

23.5.1　按级别和来源划分

按文件级别和来源分为：

(1) 上级公司的文档。

(2) 业主/监理单位的文档。

(3) 项目部的文档。

(4) 分包商/合作单位及其他单位的文档。

(5) 项目外部的其他文档。

23.5.2　按文件内容划分

23.5.2.1　项目信息文件

项目信息文件指项目实施过程中传递的任何书面信息文件，包括：

(1) 来往信件、传真。

(2) 备忘录。

(3) 会议纪要。

(4) 文件传递单等。

23.5.2.2　项目管理文件

项目管理文件指项目运行过程中必须编写的管理文件，包括：

(1) 项目协调程序。

(2) 项目进度与费用控制程序。

(3) 项目质量保证手册。

(4) 项目资源配置手册等。

23.5.2.3　项目技术文件

项目技术文件指按照合同要求，项目技术人员完成的各种设计文件及图纸等。

23.5.2.4　项目其他文件

项目其他文件除上述几种文件外，项目实施过程中产生的其他文件，包括：

(1) 进度报表。

(2) 绩效报告。

(3) 工作总结报告。

(4) 质量记录等。

23.5.3　按形式划分

按文件形式可分为：

(1) 各种书面文件。

（2）各种信函、电报、传真、电话。

（3）电子文件，其载体和传输方式包括光盘、USB 盘和计算机红外线对传、网络共享等。

（4）会议纪要，指项目中的例会、专题会等会议的会议纪要。

23.6　文档的分类和编号

为了便于文件的管理，实现项目信息文档管理的标准化、规范化和统一化，项目文档管理人员应根据公司的文档管理办法并结合项目管理信息系统，确定文档分类和编号办法，信息及数据管理部负责在管理信息系统中建立根目录、二级目录及三级目录，项目部其他部门负责四级及四级以上目录（视需要自行建立），若部门需要对三级目录进行增减或修改，需向信息及数据管理部申请，经策划控制中心批准后方可执行。项目业务/技术文件可按照根目录＋一级目录＋二级目录＋三级目录＋…＋日期＋流水号＋（版本号）进行建立。

项目部所有人员必须严格按照文件的标准编号（可参照附件 23-1）系统对每一份经手的文件进行准确的编号。

23.7　文档的接收和发送管理

23.7.1　文档接收和发送的一般要求

文档接收和发送的一般要求如下。

（1）信息及数据管理部负责所有文件的接收和登记工作。

（2）来文按处理类型主要分为"执行"、"传阅"两种。

（3）所有接收的项目文件和资料必须按项目有关规定进行登记、编号、标志、处理（扫描、上传至管理信息系统）和归档。

（4）所有接收的项目文件和资料，使用前应由有关的责任部门进行审查。如发现错误或疑问，应及时与提供方联系，协商解决，以确保输入文件的质量。

（5）文档管理人员在对接收到的文件进行处理和传递分发前，应视情况委托项目部有关职能部门对其有效性进行审查。如发现收到的文件和资料存在有效性问题，应立即与提供方联系。

23.7.2　来文的处理

23.7.2.1　处理程序

来文的具体处理程序（参考附件 23-2）如下。

（1）项目部指定人员按规定签收来文，签署签收日期并盖收文印章。

（2）填写项目部文件传递单（参考附件 23-3），包括传递单编号、来文单位、来文编号、来文主题、附件情况、签收人、签收时间，扫描并上传管理信息系统。

（3）将来文复印件附在文件传递单后面，交策划控制中心审阅，同时通过管理信息系统将来文提交策划控制中心审批。

（4）策划控制中心确定对来文的处理意见，指定需要处理、传阅的部门，同时确定需要知悉的项目部主要领导。必要时，策划控制中心在提出处理意见前应请示项目经理，同时，策划控制中心应在管理信息系统上对来文进行处理。

（5）跟进来文的处理过程，督促相关部门按时限要求及时关闭来文的处理，填写项目部文件传递单登记表（参考附件23-4）。

（6）将来文原件按照发件单位或部门、文件主题等进行分类归档。

23.7.2.2 分工

需要处理的来文，一般按以下分工。

（1）内部设计及设计分包商来文由设计管理部负责处理。

（2）设备供应商来文由设备采购与管理部负责处理。

（3）施工分包方来文由施工监控部负责处理。

（4）行政类来文直接交由办公室处理。

（5）设计原因的变更由设计管理部签署意见后，提交其分管领导审核确认。非设计原因的变更由施工监控部签署意见后，提交其分管领导审核确认，变更确认后报策划控制中心。

23.7.3 发文的处理

发文应内容应简洁、用词准确、措辞得当（项目部发文程序参考附件23-5）。

发文经办人起草完成发文后，交部门负责人签字，并视情况报主管项目副经理或项目经理签字。必要时，在对外发文前，经办部门应填写项目部公文会签单（参考附件23-6），将发文由相关部门会签，与此同时，发文经办人需在管理信息系统上进行同等相应操作。

完成发文签字手续后，文件交信息及数据管理部指定人员统一编号，并按规定盖章。

信息及数据管理部相关人员需填写项目部发文登记表（参考附件23-7）。

发文原件交接收人，并请接收人在发文复印件上签收，应填写签收日期并签字。

将签收的发文复印件按照收文单位或部门、文件主题等进行分类归档。

23.8 文档的修改与回收

项目文件和资料按程序进行更改版次的，应注明版次，新版文件发送的同时应注意对旧版文件进行标识、回收或销毁，同时在管理信息系统上进行同等相应操作。

由变更引起的项目文件和资料的修改，应按变更程序执行，对项目文件和资料的任何修改均应由原审批部门审批，同时在管理信息系统上进行同等相应操作。

作废文件和文件改版后的受控文件分别加盖"作废"和"受控"印章标识，工程项目文件资料应随项目进度及时收集、整理，并按项目的统一规定进行标识，同时在管理信息系统上进行同等相应操作。

应确保项目文档资料的真实、有效和完整，不得对项目档案资料进行伪造、篡改。

23.9　文件的归档

项目部根据公司档案工作制度的要求与相关参考文件,制定本项目部档案管理制度、档案分类与保管期限表,并报公司备案。

项目文件的归档应按类进行整理;为保证工程文档资料的原始性及真实性,从项目前期工作开始,需指定专人负责收集和整理。

归档文件必须完整、成套、系统;必须记述和反映项目的全过程;必须真实记录和准确反映项目建设过程和竣工时的实际情况,图像相符、技术数据可靠、签字手续完备。

项目文件归档应遵循项目文件的自然形成规律,保持卷内文件的有机联系,分类科学、组卷合理,便于档案的保管和利用,项目文件归档目录可参考附件 23-8。立卷可采用的方法包括:

(1) 工程文件可按建设程序划分为工程准备阶段的文件、监理文件、施工文件、竣工图、竣工验收文件 5 部分。

(2) 工程准备阶段文件可按建设程序、专业、形成单位等组卷。

(3) 监理文件可按单位工程、分部工程、专业、阶段等组卷。

(4) 施工文件可按单位工程、分部工程、专业、阶段等组卷。

(5) 竣工图可按单位工程、专业等组卷。

(6) 竣工验收文件按单位工程、专业等组卷。

各部门负责人组织完成本业务范围内资料的收集、整理,定期移交信息及数据管理部进行分类、整理、立卷等工作,在项目竣工后,经项目经理审核签字后,移交公司档案室存档。

对于电子文件,文件的形成部门应定期把经过鉴定符合归档条件的电子文件向策划控制中心所属信息及数据管理部移交,并按规定的格式将其存储到符合保管期限要求的脱机载体上。

若管理信息系统文档与实际文档冲突时,以实际文档为准。

23.10　文档的借阅

对项目部所形成的文档,文档管理人员要建立严格的登记制度和借阅制度。项目成员借阅文档时,应填写项目文档借阅单(参考附件 23-9),由借阅人所属部门负责人签字批准方可借阅。借阅文档交还时,文档管理人员要当面清点,如发现档案遗失或者损坏,应立即报告所在部门负责人。

23.11　附件

附件 23-1:文件编码说明

附件 23-2:来文处理程序

附件 23-3:项目部文件传递单

附件 23-4：项目部文件传递单登记表

附录 23-5：项目部公文签发程序

附件 23-6：项目部公文会签单

附件 23-7：项目部发文登记表

附件 23-8：项目文档归档目录

附件 23-9：项目文档借阅单

附件 23-1：文件编码说明

文件编码说明

建立文件标准编号系统，是 EPC 承包商进行信息文档管理工作的重要内容。将项目所有文件进行统一的编号的好处毋庸置疑，统一的编号使得 EPC 承包商所有文件便于管理，效率得到很大的提高。一个标准的文件编号一般包含以下部分：

标准编号组成内容说明如下表所示：

标准编号组成内容

文件类型编码	文件类型编码是两个字母或数字。代表文件的类型
专业组织或货物编码	各部门文件有所不同，采购部门代表了货物的种类，内部往来信函的编码表明了起草信函的部门。外部往来信函的编码表明了外部组织
单元编码、地点编码或其他编码	单元编码有 4 个数字，在单元编码索引中列出。 地点编码有 4 个字母，在地点编码索引中列出。 其他编码有 4 个字母或数字。只要申请人和信息文档管理部达成一致，就可以随时分配这种编码，包括采购文件、合同和供货商文件相关的编码。如果使用了其他编码，必须监督其使用的一致性，避免不同的编码指明同一件事。只要有新的编码修改或有编码删除，相关索引就应更新
序列号	序列号由 4 个数字组成。在序列号后加字母"E"只适用于英文版本。 序列号是为了鉴别文件是英文还是中文版本，适用于所有的文件和号码。如果文件由一个或更多不同格式的附件附录组成，可以在号码后对所有的附件附录使用相同的序列号
版本	版本号通常上指明了文件不同版本的发布。版本号一般不适用信函、会议记录、信息申请和质疑文件

注：索引包括图纸类型索引、专业编码索引、单元编码索引、文件类型索引、申请类型索引、行政管理/管理文件类型索引、地点编码索引、组织编码索引、供应商文件类型索引、货物编码索引。

附件 23-2：来文处理程序

来文处理程序

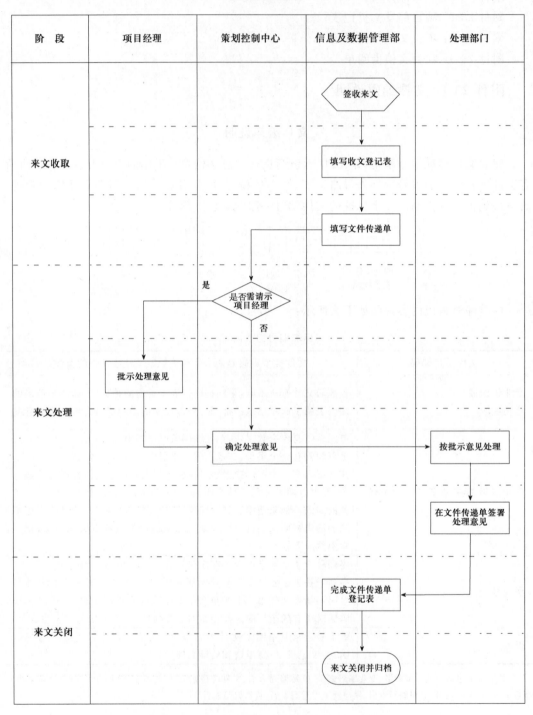

附件 23-3：项目部文件传递单

项目部文件传递单

编号：

来文单位		文件编号	
来文主题		签收人	
附件情况		签收时间	
请　□×××　　□×××　　□×××　　□×××　阅：			

项目（常务副）经理意见：

签名：　　　　时间：

××部意见：　□

××部意见：　□

××部意见：　□

××部意见：　□

备注：

说明：本表适用于项目部收到一般文件的内部处理，□里数字代表部门间处理顺序。

附件 23-4：项目部文件传递单登记表

项目部文件传递单登记表

序号	传递单号	来文主题	来文单位	附件	关键词	接收人	接收日期	处理部门	处理结果

附录 23-5：项目部公文签发程序

项目部公文签发程序

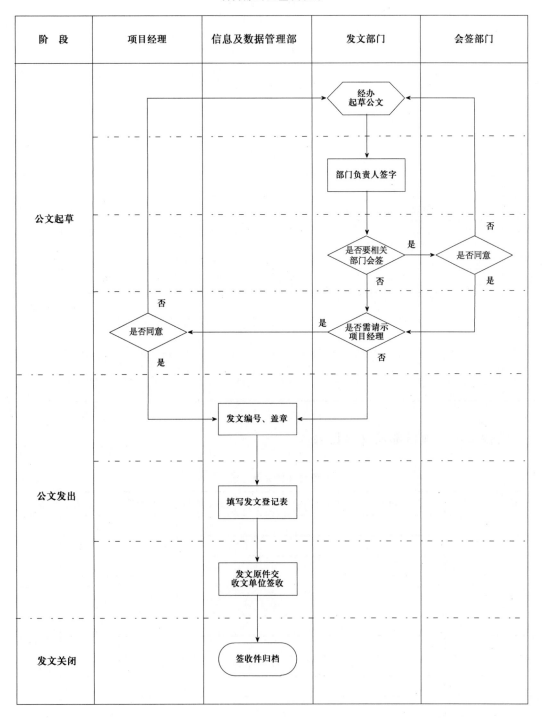

附件23-6：项目部公文会签单

项目部公文会签单

发文 单位		发文 文号		发文 日期	
时限	□普通件　□急件　□特急件		密级	□普通　□秘密　□机密　□绝密	
内 容					
会 签 顺 序		单位	接文时间	交文时间	
	1		月　　日　　时	月　　日　　时	
	2		月　　日　　时	月　　日　　时	
	3		月　　日　　时	月　　日　　时	
备 注					

附件23-7：项目部发文登记表

项目部发文登记表

序号	文号	主要内容	收文单位	拟稿人	发文日期	有无附件	签收人	备注

附件 23-8：项目文档归档目录

项目文档归档目录

1.0　授权文件

1.1　分包工作申请

1.2　投标者名单申请

1.3　授标推荐

1.4　所有业主的其他批准文件

2.0　授标前信函及文件

2.1　总承包商内部有关招标文件编制的来往信函

2.2　全套招标文件

2.3　标书释疑

2.4　投标人发来的信函

2.5　标书的补遗

2.6　资格预审文件

2.7　投标书

2.8　对标书中有关问题的澄清

2.9　评标文件

2.10　其他授标前文件

3.0　签订的分包合同文本

4.0　要求分包商提交的文件

4.1　项目实施计划、程序

4.2　材料批准的申请

4.3　总承包商、业主对材料的批准

4.4　所需备件明细表

4.5　竣工图纸

4.6　分包商主要工作人员简历

4.7　其他要求分包商提交的文件

5.0　现场指示

6.0　现场施工要求文件

6.1　分包商发出的现场施工要求

6.2　总承包商对现场施工要求的答复

7.0　分包合同变更

7.1　变更申请

7.2　变更令

8.0　外部来信

8.1　信件

8.2　传真

8.3　文件传送件

8.4　来自分公司及总部的信函

8.5　项目内部信函(备忘录)

9.0　发出的信函

9.1　信件

9.2　传真

9.3　文件传送件

9.4　发往分公司及总部的信函

9.5　项目内部信函(备忘录)

9.6　要求业主批准的申请

10.0　报表和会议纪要

10.1　日报表

10.2　周报表

10.3　月报表

10.4　会议纪要

10.5　材料状况报表/材料采购定单

10.6　内部状况报表

10.7　采购计划

11.0　进度报表

12.0　保险和保函

12.1　保险单

12.2　银行保函/履约担保/预付款保函

13.0　支付证书

14.0　质量保证和质量控制文件

14.1　质量保证/质量控制手册

14.2　质量保证/质量控制检查报告

15.0　安全和安保文件

15.1　安全手册

15.2　安全/事故报告

15.3　保安记录

16.0　分包合同索赔

16.1　分包商索赔报告

16.2　分包商索赔报告的批复

17.0　完工

17.1　分包合同结束汇签单

17.2　最终验收报告

17.3　分包合同评估

18.0　其他

18.1　询价文件

18.2　内部传阅文件

18.3　招标代理机构文件

附件 23-9：项目文档借阅单

项目文档借阅单

编号：

借阅日期：	计划归还日期：

借阅事由：

序号	文件编号及名称	媒质	密级	实际归还日期
1				
2				
3				
4				
5				
6				
7				
8				
9				
10				

借阅人签字：	部门负责人签字：

项目经理意见（涉密文件借阅）：

备注：

1. 借阅人应对所借阅的文件妥善保管，并及时归还。

2. 非密文件的借阅应由项目负责人签字授权，涉密文件的借阅应由部门负责人签字授权。

3. 涉密文件的使用，根据有关规定涉密文件只可以纸质方式存在，且非经允许不可复印流转。

第24章

项目考核管理

24.1　目的

项目考核管理的目的是实现公司战略与经营目标,推动目标管理体系在项目中的落实,规范项目考核激励机制,不断提升公司管理水平,建立健全绩效管理体系。

24.2　管理职责

24.2.1　公司总部职责

公司总部职责如下:

(1)制定项目部绩效管理的政策、制度、规定。

(2)组织项目部签订项目部目标管理责任书(具体格式参见附件24-1)。

(3)确定项目部目标管理责任书所载考核内容的评价标准与评价方法,包括总体目标管理责任书和年度目标管理责任书。

(4)成立考核小组,制定考核实施计划、收集与汇总分析考核基础数据、评价计分、形成考核结果,将考核结果通知项目部。

(5)核定项目部奖金数额,下发项目部。

(6)审核项目部上报的奖金分配方案。

(7)负责绩效考核资料的整理、分析、归档。

24.2.2　项目部职责

项目部职责如下:

(1)制定项目部员工绩效考核的管理办法、实施方案及具体实施。

(2)以公司下达的项目部目标管理责任书为依据,在保证质量安全的前提下,保证工期、降本增效。

（3）执行公司绩效考核管理的各项规定。

（4）根据公司考核计划安排上报相关材料，参加评价会议，就有关问题接受公司管理层的聆讯。

（5）在对考核结果有异议时向公司提出申诉。

（6）根据考核结果及公司相关规定，拟定奖金分配方案。

（7）配合公司完成总部绩效考核管理的相关工作。

24.3　项目部绩效考核

公司根据项目部目标管理责任书对项目部进行绩效考核，项目绩效考核结果与项目部的奖金及人员绩效考核挂钩。

项目部实行年度绩效考核、竣工结算总考核的考核方式。项目部绩效考核内容主要为项目部目标管理责任书所载内容，包括进度、成本、财务、质量与安全等生产目标和管理目标，相关考核内容的具体评价标准和评分方法由公司总部制定。

根据目标管理要求，项目总体目标管理责任书所载考核内容的评价标准与评价方法应根据公司规定在项目实际开工后一定时间内制定、下达实施，项目部年度目标管理责任书所载考核内容的评价标准与评分方法按年度制定、下达实施。

项目部根据公司的年度绩效考核工作安排，向公司总部提交年度绩效工作完成情况及相关成果文件；在项目竣工后，向公司总体提交竣工结算总考核的相关文件。

公司总部在对考核基础数据进行汇总分析后，形成绩效考核初步意见并提议召开相关评价会议，对各项目部绩效情况进行整体介绍。项目负责人视条件允许与时间方便现场或远程参加评价会议，就有关问题接受公司管理层的聆讯。

公司总部形成考核结果并将考核结果通知项目部。如项目部负责人对考核结果有异议，有权在收到考核结果通知后向公司提出申诉。

公司根据项目部目标管理责任书拟定应用考评结果方案，具体核定项目部奖金数额，上报公司领导审批后，下发项目部执行。

项目部拟定奖金分配方案并上报公司。

项目部建立员工绩效考评档案，并定期提交员工的绩效考评结果至公司备案。

24.4　附件

附件 24-1：项目部目标管理责任书（格式）

附件 24-1：项目部目标管理责任书（格式）

项目部目标管理责任书（格式）

××××××项目部：

根据公司发展战略、经营目标以及 EPC 项目情况，现下达给你项目部项目责任目标如下：

一、项目概况

二、全面履约,按期、保质完成工程

三、主要财务绩效指标(对应 KPI)

主要财务绩效指标

指 标 名 称	金 额
实现营业收入	××××××元
实现利润	××××××元
项目部管理费用控制	××××××万元
工程款回收率	合同约定的 100%

四、主要管理指标(对应 KPI)

1. 人才培养:在现有人员基础上,为公司培养高级项目管理和商务管理人才××人。

2. 制度执行:公司对项目部的管理要求满足情况 90%以上。

3. 遵纪守法:不发生重大、特大安全、质量、治安等责任事故和违纪违法事件;不发生损害国家与公司利益、形象和声誉的事件。

五、工程项目考核评分标准

项目考核评价实行百分制。项目主体及主要附属工程完工后,公司考核评价组成部门按照职责,通过召开部务会议形式,对照评价内容和标准,对各工程项目进行百分制打分,并按照附表终结考核权重折算后报公司审计部门,形成评价对象的考核评价结果。

附表 1　工程项目完工考核评分汇总表

工程项目完工考核评分汇总表

项目名称				被考评单位			
考核期							
类别	序号	考核评分项目	公司评分(1)	权重比例(2)		实际得分(1)*(2)	备注
财务绩效指标	1	项目利润率		30%	10%		
	2	资金上缴指标			10%		
	3	项目管理费			10%		
管理绩效评价指标	4	工期目标		70%	15%		
	5	质量目标			15%		
	6	安全、环保目标			20%		
	7	项目内部管理			10%		
	8	党群工作			10%		
考核总分							

制表:　　　　考核评价组组长:　　　　　　总经理:　　　　年　　月　　日

附表2 项目完工"项目利润率"分项考核评分表

项目完工"项目利润率"分项考核评分表

项目名称				被考评单位		
考核期						

序号	考评内容	标准分	评 分 标 准			得分
1	项目利润率	100	1. 考核期实现利润大于或等于计划实现利润得100分; 2. 考核期实现利润小于计划实现利润时,(计划实现利润-实现利润)/计划实现利润*100为当期(终期)考核分值。至0分为止			
	总计	100				

考评部门: 　　　　　　　　　　　　　　　　　　　年　　月　　日

附表3 项目完工"工程款回收率"分项考核评分表

项目完工"工程款回收率"分项考核评分表

项目名称				被考评单位		
考核期						

序号	考评内容	标准分	评 分 标 准			得分
1	工程款回收完成情况	100	1. 考核期实际工程款回收率大于或等于工程款计划回收率得100分; 2. 考核期实际工程款回收率小于工程款计划回收率,100-(工程款计划回收率-实际工程款回收率)*100为当期考核分值,至0分为止			
	总计	100				

考评部门: 　　　　　　　　　　　　　　　　　　　年　　月　　日

附表4 项目完工"成本分析"分项考核评分表

项目完工"成本分析"分项考核评分表

项目名称				被考评单位	
考核期					

序号	考评内容	标准分	评 分 标 准	得分
1	项目设计限额	40	1. 考核期实际设计费用总额小于或等于限额设计费用总额得40分； 2. 考核期实际设计费用总额大于限额设计费用总额，超过2%，扣10分，超过4%，扣20分，超过6%，扣30分，超过8%，扣40分	
2	项目采购成本	20	1. 考核期采购成本小于采购成本预算得20分； 2. 考核期采购成本大于采购成本预算2%，扣5分，超过4%，扣10分，超过6%，扣15分，超过8%，扣20分	
3	项目施工成本	20	1. 考核期施工成本小于施工成本预算得20分； 2. 考核期施工成本大于施工成本预算2%，扣5分，超过4%，扣10分，超过6%，扣15分，超过8%，扣20分	
4	项目管理费	20	1. 考核期实际发生管理费用占产值比率小于或等于应占产值比率得100分； 2. 考核期实际发生管理费用占产值比率大于应占产值比率，其与产值的比率与应占产值的比率的比值大于100%部分，作为基数100分的减值，减至0分为止	
	总计	100		

考评部门：　　　　　　　　　　　　　　　　　　　年　　月　　日

附表5 项目完工"工期目标"分项考核评分表

项目完工"工期目标"分项考核评分表

项目名称				被考评单位	
考核期					

序号	考评内容	标准分	评 分 标 准	得分
1	工期	100	当年度、季度计划的编制符合以下要求时得满分：(1)按时编制、上报年度、季度计划；(2)内容齐全、翔实；(3)主要节点工期、形象进度安排全面、合理、清楚；(4)质量、安全、环保的控制重点清楚,满足合同要求及业主工期的要求。有一项不符合要求扣10分。 满足施工组织设计和业主要求且完成年度计划的得满分；未完成年度计划每降低一个百分点的扣5分；因进度滞后,业主向公司发函的每出现一次扣10分	
	总计	100		

考评部门：　　　　　　　　　　　　　　　　　　　年　　月　　日

附表6 项目完工"质量目标"分项考核评分表

项目完工"质量目标"分项考核评分表

项目名称				被考评单位		
考核期						
序号	考评内容	标准分	评 分 标 准			得分
1	质量管理	30	已完工程达到合同、设计文件、规范、验标要求的,得基本分20分;获得公司及以上优质工程或荣誉,每项荣誉加5分,加至30分止			
2	质量事故	50	全年中相关方要求返工或稽查中下达质量隐患通知书,每起扣5分;发生四级重大质量事故扣30分;发生三级及以上重大质量事故本项得0分			
3	质量信息反馈	20	瞒报工程质量事故的本项得0分			
	总计	100				

考评部门: 　　　　　　　　　　　　　　　　　　　　　　　年　　月　　日

附表7 项目完工"安全、环保目标"分项考核评分表

项目完工"安全、环保目标"分项考核评分表

项目名称				被考核单位		
考核期						
序号	考评内容	标准分	评 分 标 准			得分
1	安全管理	30	基本分20。获得过年度公司安全工地及以上荣誉的加5分,加至30分止			
2	安全、环保事故	50	无安全、环保事故发生,得满分;每发生过一起环保事故扣10分;每发生一起安全事故,重伤一人扣10分,一次事故死亡1~2人每人扣20分,发生过较大及以上安全事故的本项得0分			
3	安全信息反馈	20	每月及时上报工程安全事故报表或有关信息的得满分,不及时每次扣2分;不报每次扣4分,扣到0分止;瞒报伤亡事故的本项得0分			
	总计	100				

考评部门: 　　　　　　　　　　　　　　　　　　　　　　　年　　月　　日

附表8 项目完工"内部管理"分项考核评分表

项目完工"内部管理"分项考核评分表

项目名称			被考评单位	
考核期				

序号	考评内容	标准分	评 分 标 准	得分
1	技术管理	30	1. 未按时编织实施阶段项目施工组织设计方案的扣10分； 2. 未按时进行设计交底的扣10分； 3. 由于设计、采购及施工接口配合不当对项目工期、质量或成本造成延误、损害及增加的情况，每出现一次扣10分	
2	制度执行	20	1. 项目部未建立或及时建立制度的扣10分； 2. 项目执行过程中，若出现不按照制度执行情况，每出现一次，扣2分	
3	信息化	20	1. 未按时建立信息化系统的扣10分； 2. 建立信息化系统，但未使用或未正确使用的扣10分	
4	人才培养	15	1. 人才培养达到计划人才培养目标得15分； 2. 人才培养人数每少于计划人才培养目标1人，扣3分	
5	遵纪守法	15	1. 项目员工每发生一次违法事件扣5分； 2. 不发生重大、特大安全、质量、治安等责任事故和违纪违法事件，不发生损害国家与公司利益、形象和声誉的事件，每出现一次扣5分	
	总计	100		

考评部门：　　　　　　　　　　　　　　　　　　　　年　　月　　日

六、奖惩办法

项目可提取奖金总额由公司根据最终完工利润确定：完成 X％～Y％时，按超过 X％部分的 100％比率奖励；完成超出 Y％时，奖励比率为超出 Y％比率以上的 20％。

项目总体完工奖金总额＝项目可提取奖金总额×项目考核评价分数/100。若出现一般事故以上奖金总额为0。

其中，全部奖励额的 30％奖励项目经理。70％根据工资基数奖励项目部其他成员。具体考核、奖惩按照公司颁发的《目标责任书》实施。

七、项目经理解职及项目经理部解体的条件及办法

希望你项目部全体员工在项目经理的领导下，团结一致、协作配合、共同努力，完成本责

任书下达的指标。公司将根据本责任书目标和你项目部职责以及考核结果给予相应的奖惩。

法定代表人或
授权代表签字：　　　　　　　　　项目负责人签字：

签字日期：　　年　　月　　日　　签字日期：　　年　　月　　日

第25章

项目总结管理

25.1 目的

项目总结管理的目的是总结公司所承担项目实施过程中的经验和教训,形成公司在项目管理和工程技术上的知识积累,并使之能够在项目间得以共享和传承,丰富和完善公司独特项目管理模式的理论和实践,不断提升公司核心竞争力,项目竣工(完工)后要提交项目总结。

25.2 管理职责

策划控制中心负责项目总结工作的策划、组织、报送及发布、出版等工作,并参与项目总结报告的审定。

25.3 流程

项目总结管理流程图见附件25-1。

25.3.1 项目总结工作总体要求

项目总结是项目管理的目标任务之一,并将纳入项目年度考核中。项目部应将项目总结作为项目日常管理工作的一部分。项目部成立后,项目经理应对项目部相关人员就项目总结工作进行分工,列入日常项目管理的目标任务,并根据职能分工将其纳入项目岗位人员考核。

项目总结是指从项目开发到项目完成全过程的总结,要重点记载其工程技术及组织管理的特色和收获,详细阐述实施过程的经验教训,切忌过程资料的简单堆砌和组合。

项目总结应结合项目中遇到的实际案例(事件)进行,每个主题都应围绕案例分析、管理理念及创新、处理过程及结果/效益、经验与教训等几部分展开记述,并利用图片、表格、图纸等多种方式增强表达效果。

工程技术总结应围绕从工程勘察及各阶段设计到采购、施工安装、调试运行（如有）等过程中的关键指标及新技术、新材料、新工艺、新设备的应用情况及经验教训总结。

项目总结鼓励引用项目日常管理工作中实用的管理手册、工作程序和工作表等。如有引用，要求附电子版文件，并统一编号，在总结报告附录中列出一览表。

25.3.2　项目总结工作计划制订

为确保项目总结工作的质量，策划控制中心应结合项目情况，制订项目总结工作计划表（见附件25-2），指定总结工作每一部分的责任部门及责任编写、校对、审核人员，组织讨论确定各部分节的编写要点，并设定完成期限。

策划控制中心将项目总结工作计划表交公司存档备案。

项目总结工作计划如有调整，策划控制中心应将变更的项目总结工作计划表报送公司存档备案。

25.3.3　项目总结报告编写

为便于项目总结工作顺利开展，可参考项目总结报告内容框架（参考）及目录（见附件25-3），并紧密结合各项目特点对报告结构进行调整。

报告内容应重点突出经验和教训，力求图文并茂，有理有据。

报告撰写期间，项目部应于每月15日参考项目总结进度（月度）报告（格式见附件25-4），向公司提交进度总结。

25.3.4　项目总结报告审定、提交、存档与发布

项目部应按时完成项目总结文稿的编写、校对、审核工作，按公司统一的排版要求（另文）编排后，打印成册交项目经理后报公司，并根据审定意见修改。

项目部将项目总结报告审定表（见附件25-5）、报告终版电子版一并提交公司存档。

25.3.5　项目总结的考核与奖励

项目总结是项目部考核的重要内容。项目部应就撰写业务总结工作对相关岗位员工考核。

项目部报请公司同意后，根据当年项目总结报告完成及评审情况，对优秀报告和个人进行奖励。

25.4　附件

附件25-1：项目总结管理流程图

附件25-2：项目总结工作计划表

附件25-3：项目总结报告内容框架（参考）及目录

附件25-4：项目总结进度（月度）报告

附件25-5：项目总结报告审定表

附件 25-1：项目总结管理流程图

项目总结管理流程图

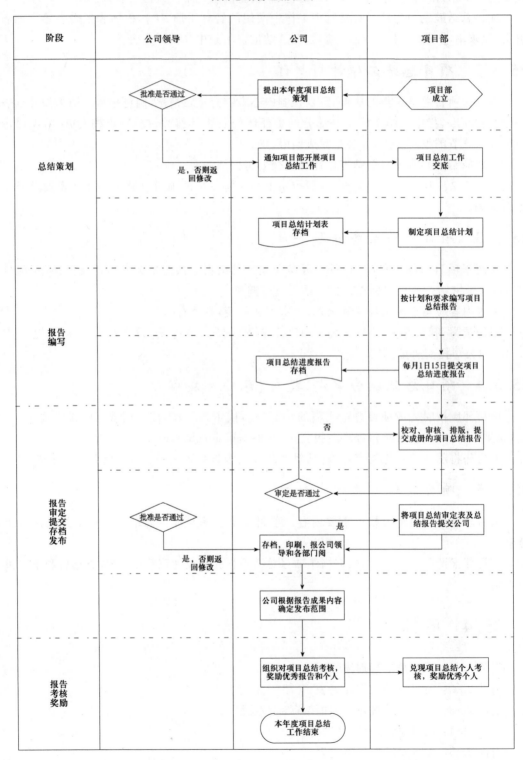

附件 25-2：项目总结工作计划表

项目总结工作计划表

项目总结基本信息

项目名称	

项目总结具体工作计划

序号	章节	编写要点 （需列明编写要点 及相关案例）	责任部门	相关部门	编写人	校对人	审核人	编写 支持者	预计编写 完成日期	预计审核 完成日期
1										
2										
3										
4										
5										
...										

项目经理 意见	

项目经理 签名		报送日期	

附件 25-3：项目总结报告内容框架（参考）及目录

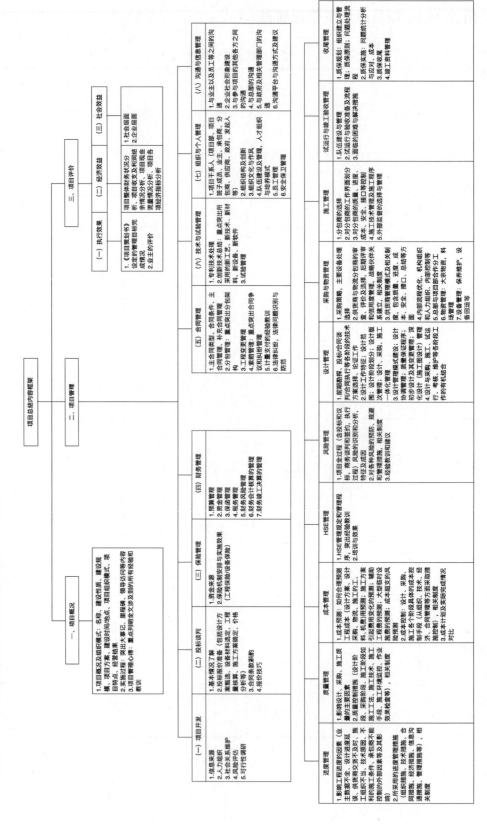

附件 25-4：项目总结进度(月度)报告

项目总结进度(月度)报告

项目总结基本信息								
项目名称								

项目总结进度报告

序号	章节	编写要点 (需列明编写要点 及相关案例)	责任部门	编写人	校对人	审核人	编写进度(编写中,需列明已 完成要点及案例)/(校对中)/ (审核中)/(审定中)	与进度计划 符合性评价
1								
2								
3								
4								
5								
…								
项目经理 意见								
项目经理 签名			报送日期					

附件 25-5：项目总结报告审定表

项目总结报告审定表

项目总结基本信息								
项目名称								

项目总结报告审定表

序号	章节	责任部门	编写人	编写人签名	校对人	校对人签名	审核人	审核人签名
1								
2								
3								
…								
项目经理 审定意见								
项目经理 签名				报送日期				

参 考 文 献

[1] 美国项目管理协会. 项目管理知识体系指南[M]. 5 版. 北京：电子工业出版社，2013.

[2] 何伯森. 工程项目管理国际惯例[M]. 北京：中国建筑工业出版社，2007.

[3] 张水波，陈勇强. 国际工程总承包 EPC 交钥匙合同与管理[M]. 北京：中国电力出版社，2009.

[4] 刘家明，陈勇强，戚国胜. 项目管理承包——PMC 理论与实践[M]. 北京：人民邮电出版社，2005.

[5] 吕文学. 国际工程项目管理[M]. 北京：科学出版社，2013.

[6] 王伍仁. EPC 工程总承包管理[M]. 北京：中国建筑工业出版社，2008.

[7] 杨俊杰，王力尚，余时立. EPC 工程总承包项目管理模板及操作实例[M]. 北京：中国建筑工业出版社，2014.

[8] 郭峰，王喜军. 建设项目协调管理[M]. 北京：科学出版社，2009.

[9] 中华人民共和国商务部. 境外中资企业机构和人员安全管理指南[R]. 2012.

[10] 刘沿温. 工程建设组织协调[M]. 北京：中国水利水电出版社，2007.

[11] 王卓甫，丁继勇. 工程总承包管理理论与实务[M]. 北京：中国水利水电出版社，2012.

[12] 王卓甫，简迎辉. 工程项目管理模式及其创新[M]. 北京：中国水利水电出版社，2006.

[13] 庞玉成. 复杂建设项目的业主方集成管理[M]. 北京：科学出版社，2016.

[14] 肖和平，张德义. Oracle Primavera P6 国际工程计划管理软件百问百答[M]. 天津：天津科学技术出版社，2016.

[15] E Harris P. Planning&Control Using Oracle Primavera P6 Versions 8. 1 to 15. 2 PPM Professional [M]. Australia：Eastwood Harris Pty Ltd，2016.

[16] ASCE. Quality in the Constructed Project：A Guide for Owners, Designers and Contractors[M]. 2th ed. American Society of Civil Engineers, Reston, Virginia, 2000, 16.

[17] Associated General Contractors. Project Delivery Systems for Construction [M]. Associated General Contractors of America, Arlington, VA, 2004.

[18] Contract and land management department. U. S. Project Delivery Method Overview [R]. Austin, 2008.

[19] P Robbins S，A Judge T. 组织行为学[M]. 孙健敏，李原，黄小勇，译. 14 版. 北京：中国人民大学出版社，2012.

[20] Kerzner H. 项目管理：计划、进度和控制的系统方法. [M]. 杨爱华，王丽珍，洪宇，等译. 11 版. 北京：电子工业出版社，2014.

[21] 汪世宏，陈勇强. 国际工程咨询设计与总承包企业管理[M]. 北京：中国建筑工业出版社，2010.

[22] 王惠敏，陈勇强. 石油建设工程项目管理(PMC)指导手册[M]. 北京：中国建筑工业出版社，2006.

[23] 李志永，刘俊颖. 国际工程项目管理实操[M]. 北京：中国城市出版社，2015.

[24] Chen Y Q, Lu H Q, Lu W X, et al. Analysis of Project Delivery Systems in Chinese Construction Industry with Data Envelopment Analysis (DEA) [J]. Engineering Construction and Architectural Management, 2010, 17(6)：598-614.

[25] 张水波，康飞. DBB 与 DB/EPC 工程建设模式下项目经理胜任特征差异性分析[J]. 土木工程学报，2014，47(2)：129-135.

[26] Da C L Alves T, Ravaghi K, LaScola Needy K. Supplier Selection in EPC Projects：An Overview of the Process and Its Main Activities [J]. Construction Research Congress，2016：209-218.

[27] Hu Jianxin, Ren Zhaomin, Shen Li-Yin. Impacts of Overseas Management Structures on Project

Buyout Management: Case Studies of Chinese International Contractors. [J]. Journal of Construction Engineering and Management Nov 2008, Vol. 134, No. 11, pp. 864-875.

[28] Wang Tengfei, Tang Wenzhe, Qi Dashan, et al. Enhancing Design Management by Partnering in Delivery of International EPC Projects: Evidence from Chinese Construction Companies [J]. Journal of Construction Engineering and Management, Apr 2016, Vol. 142, No. 4.

[29] A A O, S D A. Relative effectiveness of project delivery and contract strategies [J]. Journal of Construction Engineering and Management, 2006, 132(1): 3-13.

[30] Luu, T D, Ng, et al. Formulating procurement selection criteria through case-based reasoning approach [J]. Journal of Computing in Civil Engineering, 2005, 19(3): 269-276.

国际工程项目中的
清关流程研究与问题分析

文/朱星宇　崔瑜

　　摘要：在国际工程与贸易实施过程中,清关对工期和成本均有较大的影响,熟悉相关法律、法规及流程,了解可能存在的问题及规避措施,是确保清关工作顺利进行的关键。本文以东非共同体具有代表性的肯尼亚为例,分别从进口许可规定与制度、关税制度及通关流程、免税项目清关流程以及清关常见的问题及应对措施 4 个方面进行分析,对于在肯尼亚的中资公司以及即将进入东非共同体市场的中资公司均有借鉴意义。

　　关键词：国际工程项目；肯尼亚；清关

　　随着经济全球化,以及我国综合国力的不断加强,我国对外投资迅速发展。东非国家政局稳定以及经济迅速发展,使得肯尼亚、埃塞俄比亚等成为最吸引我国投资者的进入的国家之一,以东非工业最发达的国家肯尼亚为例,2008 年在肯尼亚中资公司从事国际工程机贸易公司数目为 32 家,而截止到 2011 年底已经增至 56 家。同时 2011 年中国企业在肯尼亚完成营业额 13.94 亿美元,新签承包工程合同额 11.74 亿美元,较 2007 年 4.34 亿元美金增长 221.20%,具体双边货物贸易额见表 A-1。而在国际工程及贸易实施过程中,物资设备的采购、管理水平直接影响或者决定项目的经济效益,物资设备的运输、清关会极大影响项目的工期进展。因此系统熟悉肯尼亚清关程序,了解清关中存在的问题和风险,对于在肯尼亚以及即将进入东非市场的中资公司均有很强的借鉴意义。

表 A-1　2004—2011 年中肯双边货物贸易额

（单位：万美元）

年份	进出口总额	中国向肯出口额	中国自肯进口额	中方顺/逆差额
2004	36576.31	34879.39	1696.92	33182.47
2005	47456.71	45691.50	1765.21	43926.29
2006	64545.58	62104.02	2441.56	59662.46
2007	95902.06	93090.90	2811.16	90279.74
2008	125100.00	121600.00	3500.00	118100.00
2009	130700.00	127700.00	3000.00	124700.00
2010	182539.00	178616.00	3923.00	174693.00
2011	242847.40	236870.70	5976.70	230894.00

本数据源自中华人民共和国海关统计年鉴。

A1　肯尼亚进口许可规定与制度

在肯尼亚从事进口业务,需要获得肯尼亚贸易部(Ministry of Trade,Kenya)颁发的贸易许可证,该部门在《贸易许可法》中规定了外国投资者不得投资经营的 70 种涵盖食品及工业品的特种产品(除获得特许证明之外)。同时,肯尼亚设置了以内罗毕、蒙巴萨、纳库如、基苏木、埃尔多雷特、锡卡为范围的"一般商业区域",外籍人员若要在"一般商业区域"以外从事商业活动,需要办理特许证明。为了保护民族工业,肯尼亚对进口商品划分为 4 类:1)最优先产品,如药品、原料、零配件、农用物资、重要设备,为出口商品所进口物资自动签发许可证;2)次优先产品,视外汇储备情况而定是否签发许可证;3)须经主管部门批准后签发许可证;4)本国可生产、有替代产品、奢侈品等,严格掌握发放许可证,此外根据商品性质确定许可证的有效期。

在取得贸易许可证之后,应对进口产品进行转船前认证,自 2005 年 6 月 30 日起,肯尼亚进出口商品检验检疫机构——肯尼亚标准局(Kenya Bureau of Standards,KEBS)对所有进入肯尼亚的商品均需验证符合肯尼亚标准,或得到由 ISO/IEC 17025 体系授权的实验室、国际实验室认可的合作组织或国际检验机构联盟签发的产品测试证明。因而,在进口物资设备装船之前,应在国内进行相应的质量测试,若进口商不能提供上述证明和报告,肯尼亚海关会将进口产品扣留在口岸并进行产品质量测试,相关费用由进口商承担。

A2　肯尼亚关税制度及通关流程

肯尼亚是世界上为数不多的仍使用单式税则的国家之一,自 2004 年肯尼亚、乌干达与坦桑尼亚建立了东非共同体海关同盟后,对外实行统一关税,对内则免税或执行较低的关税税率。自 2005 年 1 月 1 日起,三国对外共同实行三段式进口关税,即:对原材料和资本货物征收零关税;对半成品征收 10%关税;对成品征收 25%的关税。此外,该共同体还对部分小麦、糖、烟草及水泥征收 35%～55%的关税。除进口关税外,肯尼亚政府还向进口产品征收增值税,以及对酒、瓶装水和烟草等进口商品征收货物税。以机动车为例,具体计算方式如表 A-2 所示。

表 A-2　肯尼亚进口货物所缴纳税费的种类及计算方式(以机动车为例)

进口所缴纳的税费	计算方式
进口关税(Import Duty)	25%的 CIF 价格
货物税(Excise Duty)	20%的(CIF 与 Import Duty 之和)
增值税(VAT)	16%的(CIF、Excise Duty 与 Import Duty 之和)
进口报关费(Import Declaration Fee)	2.25%的 CIF 价格或者 5000 肯先令,按照较高的支付

注:1. CIF 价格指到岸价,一般包含成本、保险以及运费;
　　2. CIF 价格也可从目前的零售价推导出。

根据东非共同体海关管理法 2004(The East African Community Customs Management Act 2004)第 5 次修订版,规定了资本物、工厂设备和机器关税为零;用于加工再出口的材料及用于生产出口产品所需原材料的生产或在国内市场销售免税产品的生产,免除关税;同时世界银行、非洲开发银行等援助项目、政府出资项目,按照合同规定,为免税项目。免税项目相应流程将在后文中详细说明。

肯尼亚海关部门(Customs Service Department)作为肯尼亚国家税务局职能部门,是肯尼亚四大税收部门之一,由肯尼亚国家税务局副局长负责。肯尼亚进口通关必须由获得肯尼亚国家税务局资质的清关代理公司代为执行,其程序冗长,一般情况下,进口清关需要10个以上步骤,且办事机构分散,给办理通关手续造成很大不便。肯尼亚海关需人工审单,要求进口商提供多达20份的正副文本,文件处理缓慢,有时还会发生同一信息接受反复核查的情况。类似的情况还出现在所退税款的给付,以及申请减免工业制成品进口税费方面。进口一般货物,肯尼亚进口商需要所做事情程序如下:以工程承包商为例,在比价确定物资设备厂家后,联系货运代理,在国内办理产品质量测试,将提单、形式发票及装箱单交给肯尼亚清关代理,由清关代理清关并将集装箱运送至指定地点。而上述通关流程均需由进口商所聘请的清关代理完成,加之蒙巴萨是东非第一大港口,现进出口量早已超过其吞吐量,这为通关带来了更大的难度,因此选择组织机构健全、业务范围广泛、相关经验丰富的清关代理,是清关工作的重中之重,同时值得注意的是,应与清关代理签订责权分明的合同条款。

A3　免税项目清关流程

对于工程承包合同中规定的免除关税和/或增值税情况,由于清关流程较长,较难确定关税金额,除上述一般清关流程之外,还应申请免税函、办理清关保函,并在项目实施完后撤销相应保函。

(1) 免税函及清关保函办理流程

针对肯尼亚实施数目较多的 DBB 项目,在签订工程承包实施协议书(Agreement)以后,应尽快根据招标文件,准备实施工程所需要的物资和设备清单,分别提交至业主,业主主管部门以及肯尼亚财务部进行审核,通过后由财政部授予承包商 Master List,其中规定了承包商为实施该项目需进口物资设备的数量以及相应代码。值得注意的是,Master List 有严格的有效期,一般都不含缺陷责任期,同时由于业主的原因而导致的工期延长,也很难延长其有效期。此外,针对分包商为实施本项目而进口的物资设备,特别是免除增值税项目,应按照上述步骤申请服务类零税率(Zero Rate)函件。

本文以肯尼亚某机场项目为例,在签订协议书之后,承包商准备 Master List 申请清单提交至业主单位肯尼亚机场管理局(KAA),在获得业主工程师确认、KAA 总经理批准后由 KAA 提交至主管部门肯尼亚交通部(Ministry of Transport),经其审核通过后,由其起草申请函件,由常密签发,并附拟采购清单交至肯尼亚财政部,财政部进行最终审核,若确定满足相应的法规和政策,由二密签发,则授予承包商 Master List,一般整个周期在 2~3 个月。

在获得财政部的 Master List 及 Zero Rate 函件后,在每次进口相应大宗物资及设备时,承包商可按照与申请 Master List 相同的步骤对该批货物申请免税函(在获取免税函之前,承包商仍可进口物资设备,但无法获取对该批货物相关税费的豁免权,此外,必须在 Master List 的有效期办理免税函),由于免税函办理周期一般在 15 天~2 个月,因此根据《东非共同体清关管理法(2004)》及《东非共同体清关管理规定(2010)》(EAC Customs

Management Regulations 2010)，承包商可与保险公司协商，为该批货物办理相应额度的临时清关保函(CB1A 或 CB1，其中 CB1 在 2011 年以后已经禁止使用)，由于银行保函费用较高，该临时清关保函一般由承包商到与肯尼亚当地的保险公司洽谈，由当地保险公司开具。CB1A 清关保函有效期为 3 个月，若超过 3 个月若不进行撤销或者替换，海关部门有权利对承包商采取强制措施。具体的撤销流程将在后文进行论述。相应办理程序见图 A-1。

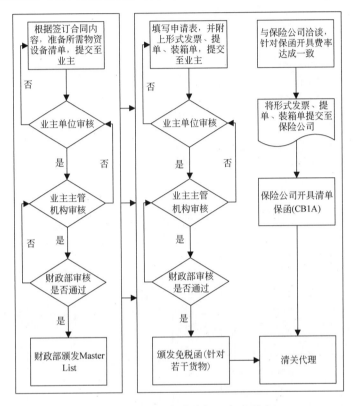

图 A-1　免税函及清关保函办理程序

　　一般而言，尽管很多项目为免税项目，但由于货物提单只能在货物发货后拿到，因此若采用空运的方式，则需比较滞港费与免税金额的大小，即若按照清关保函办理周期 3～4 天考虑，将 2 天的滞港费(空运免堆期在 1～2 天)与免税金额进行比较，若滞港费较高，则应缴纳关税，将物资或设备清出。而针对海运方式，一般不存在类似的问题。

　　(2) 清关保函一般撤销流程

　　1) 使用期小于 3 个月的物资清关保函撤销流程

　　承包商在取得对应批次物资或设备的免税函后，并在 CB1A 有效期内(3 个月)证实该物资已经完全使用于此免税项目，在取得该项目驻地工程师签字确认后，可按照申请免税函的相同步骤，申请办理撤销清关保函(CB1A)，在获得财政部批准后，将该审批文件交给清关代理，并协助清关代理向肯尼亚国家税务局海关部门提交撤销清关保函撤销申请，海关部门会归还保函原件，承包商或清关代理将保函原件交给开具该保函原保险公司即可。

　　2) 消耗性物资及设备清关保函撤销流程

　　针对使用期超过 3 个月的物资及设备，无法在 3 个月内直接撤销 CB1A，则需要将免税函复印件交至保险公司,继续办理 CB16 清关保函交至清关代理,以替换 CB1A。CB16 有效期为 12 个月,若满 12 个月物资仍没有用尽,或设备仍正在使用,则可更新有效期直至项目结束。在项目结束时,若物资用尽,可采用与撤销使用期小于 3 个月的物资清关保函撤销流程相同的措施进行撤销,若物资有剩余,则需对剩余数量物资进行缴纳关税;对设备若有残值,则按残值缴纳关税,若将设备转移至其他免税项目,则需要申请转场手续,手续程序与申请免税函流程相同。相应流程见图 A-2。

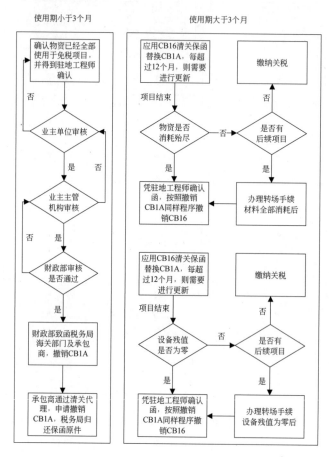

图 A-2 清关保函撤销流程

A4 肯尼亚清关常见问题及应对措施

在 2012 年 4 月至目前,肯尼亚国家税务局针对在肯尼亚中国工程承包企业进行了统一的查处,尤其针对过期未撤销 CB1A 清关保函进行处罚。下文将对在肯尼亚中资公司经常出现的问题进行讨论,并提出相应措施。

(1) 由于 Master List 过期导致无法办理免税函

由于上述提及的申请免税函程序复杂,中资公司经常由于人事更替或资料管理不善,而导致没有办理免税函,继任人员认为材料已经到场,无须再办理其他手续,因此未在 Master List 有效期内办理免税函,按照肯尼亚国家税务局的规定,若超过 Master List 的有效期,则无法办理免税函,按照相应程序也无法撤销 CB1A 保函。在此种情况下,承包商面临着补交关税以及缴纳高额罚金的风险。仅 2012 年底,因此而受处罚的在肯尼亚中资公司近 10 家。

对于这种情况,特别是在面对肯尼亚国家税务局海关部门处罚函件,甚至强制执行处罚函件时,承包商应积极搜集有利证据,进行申辩,避免缴纳全额关税及罚金。与此同时,可通过清关保函强制撤销(Bond-in-force Cancellation,B-I-FCancellation)方式进行撤销,具体步骤如下:①填写 C36 表格,并附上相关文件(一般包括财政部确认函、装箱单、发票、提单及 CB1A 保函),将上述文件提交至肯尼亚税务局相关官员;②若官员认为条件满足,可以撤销保函,反之则可以拒绝;③在官员批准后,可从海关系统中(Simba System)取消保函,承包商可得到税务局盖章确认。

(2) 报关及清关审计

肯尼亚关税计算标准为 CIF 价格,在申报 CIF 价格时,中资公司普遍存在为少交税款,并不按照货物真实价格进行申报,一般申报价格(形式发票)与实际价格相比均偏小。针对此种情况,肯尼亚海关部门对集装箱进行抽取,一旦发现申报价格偏低情况,不仅要求补缴差价税款,同时还会对承包商进行罚款。但对于免税项目而言,多报好处远大于少报,由于免税,适当报高并不会增加税费,反而可以计入项目成本,可以减少企业所得税。

针对免税项目,肯尼亚国家税务局海关部门每 5 年对以承包商名义进口的货物进行审计,主要审计内容为:进口程序是否满足相应流程;清关费用单据是否相符;免税项目进口的物资设备是否用于非免税项目。除个别问题以外,中资企业一般所面临的两个问题为:一是承包商无法针对免税项目和非免税项目提供每批进口货物的全套文件,尤其是采购货物的支付凭证;二是清关所用单据与最终单据内容不符,有漏交税款嫌疑。而针对此种情况,建议承包商财务部门管理清关文档,在支付供货商货款时,每批次尽量分开支付或在票据上标清;正式发票与形式发票金额尽量相同或相近;对每批次文档要建立独立档案。

A5　结论

综上所述,作为东非共同体成员国之一的肯尼亚,在清关上具有较强的代表性,因此国际工程承包商或进口商可以此为参考,特别是国际工程承包商在免税项目中,清关的流程较为复杂,涉及的参与方较多,其应在熟悉相应法律法规、制度流程的基础上,高度重视清关工作,并根据实际情况,制定内部文档管理制度、财务制度,以避免因上述提及的清关问题,对项目产生不利影响。

参考文献

[1]　A 普格尔·托马斯. 国际贸易[M]. 赵曙东,沈艳枝,译. 15 版. 北京:中国人民大学出版社,2014.

[2]　崔京生. 国际承包工程中的物资运输与清关[J]. 国际经济合作,1998,8:46—49.

[3]　何伯森. 国际工程承包[M]. 2 版. 北京:中国建筑工业出版社,2007.

[4]　The East African Community Customs Management Act 2004[Z]. 5th ed. Kenya,2011.

[5]　C 芬斯特拉·罗伯特,M 泰勒·艾伦. 国际贸易[M]. 北京:中国人民大学出版社,2011.

蒙特卡罗模拟在工程项目
风险管理中的应用

文／崔军　朱星宇

现代工程项目通常有投资金额大、持续时间长、技术风险高等特征，且在项目执行前期及过程中，具有非常多的不确定性因素，项目风险管理在工程管理中发挥着越来越重要的作用。而如何进行准确的风险分析，为后续的风险应对与管理提供准确的数据支持已成为日益关注的话题。工程项目风险控制目标包括进度、费用、质量和 HSE 等，而其中能够在前期进行定量分析的主要为与费用及进度相关的指标。本文从蒙特卡罗模拟定量分析方法出发，详细描述蒙特卡罗模拟的流程，最后给出项目前期的内部收益率、成本费用和工期具体实现过程。

B1　理论背景

B1.1　风险管理及蒙特卡罗模拟简介

风险管理中包括了对风险的度量、评估和应变策略，通过风险识别、风险估计、风险控制、风险监控等一系列活动来防范风险的管理工作。风险模型定量化分析主要是计算基本事件、危险事件发生概率的点估计和区间估计以及不确定性，在概率的意义上区分各种不同因素对风险影响的重要程度。概率统计的发展和应用使得风险管理定量分析成为可能。

作为常用的概率统计方法，蒙特卡罗方法广泛应用在项目管理以及金融计算等领域。在工程项目的可行性研究阶段，可使用这种方法作为项目评价的辅助手段，在执行阶段，也可使用该方法对项目费用及进度进行风险分析及敏感性分析。该方法将符合一定概率分布的大量随机数作为参数带入数学模型，求出所关注变量的概率分布，从而了解不同参数对目标变量的综合影响以及目标变量最终结果的统计特性。

B1.2　蒙特卡罗方法基本原理

蒙特卡罗方法利用一个随机数发生器通过抽样取出每一组随机自变量，然后按照因变量与自变量的关系式确定函数的值。反复独立抽样（模拟）多次，便可得到函数的一组抽样数据(因变量的值),当模拟次数足够多时,便可给出与实际情况相近的函数因变量的概率分布与其数字特征。

当应用蒙特卡罗方法进行工程项目风险管理分析时,应首先确定目标变量的数学模型以及模型中各个变量的概率分布。如果确定了这两点,就可以按照给定的概率分布生成大量的随机数,并将它们代入模型,得到大量目标变量的可能结果,从而研究目标变量的统计学特征。

B2　蒙特卡罗模拟在项目决策中的应用

在项目投资决策阶段,所使用的数据通常都是通过对未来情况进行预测或通过根据历史经验估算得来的,因此存在项目投资的不确定性,在一定程度上影响管理者的决策。而蒙特卡罗方法可以提供有效的项目风险度量技术手段,并能够定量地分析出项目所承担的风险及其概率分布,可应用于许多复杂的工程项目及决策期间风险分析。本文采用蒙特卡罗模拟软件为 Oracle Crystal Ball(中文简称水晶球),基于 Microsoft Excel 即可实现蒙特卡罗模拟。

B2.1　净现值及内部收益率

蒙特卡罗方法按照变量的分布随机选取数值,模拟项目的投资过程,通过大量的独立的重复计算,得到多个模拟结果,再根据统计原理计算各种统计量,如均值、方差等,从而对项目投资收益与风险有一个比较清晰的估计。判断一个项目是否可行的重要依据是净现值(NPV)及内部收益率(IRR),但是这两个指标都需要知道基年以后的现金流的大小。但由于无法精确地确定现金流量,即可能存在一定误差,因此可用蒙特卡罗模拟,对几年以后的逐年现金流(在一定频率)进行分析,以确定净现值及内部收益率。

假定一项目初始投资为 100 万人民币,项目寿命周期为 5 年,根据在当地同类型规模项目历史数据,项目收入成正态分布,约为每年 30 万元,现需判断项目投资方案的合理性。据此可引入因子 Z,设 Z 服从标准正态分布,第 $1\sim5$ 年的现金流量均为 $=30+30*Z$,对此模型进行蒙特卡罗模拟,则 $1\sim5$ 年的现金流量随着蒙特卡罗的模拟也随之发生变化,净现值模拟表 B-1 所示。假设模拟 5000 次,耗时 522.14 秒,如图 B-1 所示。

表 B-1　净现值模拟表

年份	Z	现金流量(万元)
0		(100.00)
1	0	30.00
2	0	30.00
3	0	30.00
4	0	30.00
5	0	30.00
NPV@10%		13.72
IRR		15.24%

图 B-1　蒙特卡罗模型运行数据摘要

　　经过运算可得图 B-2、图 B-3 关于净现值及内部收益率的频数直方图，并且可得到如表 B-2 所示的内部收益率预测值。决策者可据此进行风险分析，若基准收益率为 12.81％，则该项目收益率低于基准收益率的概率为 10％。

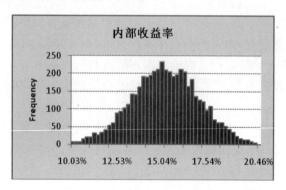

图 B-2　内部收益率频数直方图

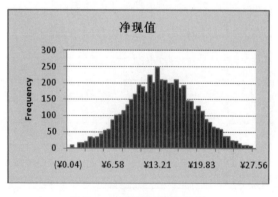

图 B-3　净现值频数直方图

表 B-2　内部收益率预测值

	预测值
0%	9.05%
10%	12.81%
20%	13.65%
30%	14.24%
40%	14.75%
50%	15.23%
60%	15.74%
70%	16.24%
80%	16.82%
90%	17.68%
100%	23.55%

B2.2　工程成本费用预测

　　一般而言,在工程投标报价阶段,均需要根据企业类似工程施工经验,或者相应定额进行报价分析,然而在实际施工中,一个单项工程或者工程量清单里的项目的费用往往是不确定的,即存在一定偏差,这种偏差就可能对工程造价带来一定的风险。运用蒙特卡罗模拟,可对工程项目的费用进行分析。

　　假设某一工程项目成本由项目管理、设计、设备、施工、其他费用及 HSE 6 部分组成,则需要请企业内部、外部专家或根据企业定额对这 6 部分每一部分进行研讨分析,确定最小值、最大值及最可能值,即满足统计分析中的三角分布。进而应用蒙特卡罗模拟按照三角分布对上述 6 部分进行模拟,模拟 5000 次结果如图 B-4 所示。由此可以看出,不同项目费用所对应的百分比。如表 B-3 所示,按照众专家综合意见,综合考虑各种可能发生的风险,项目成本低于¥71,559,974.31 的概率为 10%。

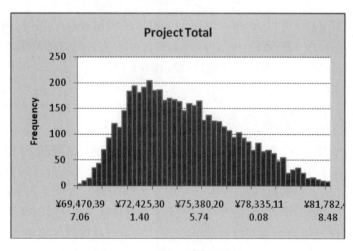

图 B-4　总费用预测频数直方图

表 B-3　项目成本预测表

	预测成本（元）		预测成本（元）
0%	69 347 276.04	60%	75 109 390.60
10%	71 559 974.31	70%	75 962 878.13
20%	72 271 884.28	80%	76 996 289.34
30%	72 925 344.13	90%	78 423 166.26
40%	73 584 101.73	100%	82 661 604.02
50%	74 315 745.42		

B3　蒙特卡罗模拟在工期管理当中的应用

工程项目中进度计划的制定取决于施工企业的技术水平、资源（人、机、材）分配等因素，而这些因素通常有着非确定性的特点，因此作为风险控制之一的进度风险，同时也影响项目经费与项目质量：当进度风险发生时，项目经费也会随之增加，同时项目质量也会受到影响；而一旦当工程进度失控，导致重大延迟时，可能会导致巨大的损失。因此，在现代风险管理中，一个重要的目标就是对项目管理中的进度不确定性进行评估。

B3.1　PERT 图

在工程项目中，PERT（Project Evaluation and Review Technique，计划评审技术）广泛使用于计划编制及相应分析手段上，简单地说，PERT 是利用网络协调整个计划的各道工序，合理安排人力、物力、时间、资金，加速计划的完成。其要求事件和活动在网络中必须按照一组逻辑法，即 PERT 图要求各工序必须按照一定的规则进行排序，以便把重要的关键路线确定出来。同时网络中每项活动可以有 3 个估计时间（最乐观的、最可能的和最悲观的3 个时间），用这 3 个时间估算值来反映活动的"不确定性"。同时还需要计算关键路线和宽裕时间。

对于非确定性的工程项目，PERT 图则无法给出准确的反映。同时，由于 PERT 图假设项目图中只存在一条关键路径，忽视了项目图中各路径中的交互关系，但在实际的项目中，影响项目完成的可能有多条关键路径，因此 RERT 图存在一定的局限性，但并不妨碍利用 PERT 图结合蒙特卡罗模拟进行工程项目进度风险分析。

B3.2　工期蒙特卡罗模拟系统实现

在应用基于 PERT 图的蒙特卡罗模拟时，应首先根据实际工序确定 PERT 图，然后对每项工序通过专家讨论的方式，确定该工序工期最小值、最大值及最可能值，进而根据每项工序的特征进行蒙特卡罗模拟，模拟出实际工期及关键线路。本文采用水晶球软件自带数据文件，并列举了 20 项工序，并规定了每一项工序的紧前任务以及工序工期的最小值、最大值及最可能值，据此可以画出该项目的 PERT 图。运用水晶球软件模拟 5000 次，可得到结果如图 B-5 所示，其中设预期或者基准工期为 263 天，则根据模拟，在 263 天内完成的概率不足 5%。此时，项目决策者需要知道哪些工序影响项目工期，即需要对工期进行敏感性分析。假设其他工序不变，而仅改变其中一个工序的工期，分别比较总工期的差别，则可得到工序 12 影响工期的程度最大,16、20、18、10 次之,因此在项目施工过程中,应采取一定措施,对这些项目进行重点分析。

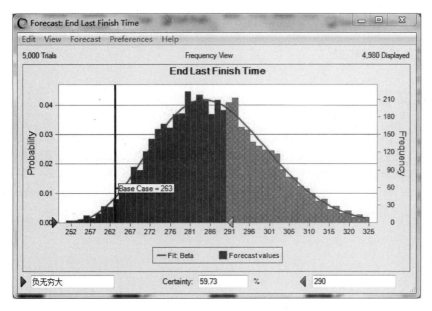

图 B-5　模拟工期直方图

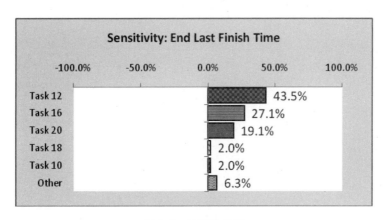

图 B-6　敏感性分析

B4　小结

现代工程项目实施面临着巨大的风险,近年来工程项目由于风险原因而导致失败的案例比比皆是。为了对项目进度风险进行评估,可以采用风险定量分析等手段。本文给出了蒙特卡罗模拟的详细实现步骤,并列举了实际案例加以分析。由于项目风险要素异常复杂,在风险定量分析中很难对各风险做出非常精确的估算,如果没有足够多及足够准确的经验数据作为支持,误差就会逐级累积放大,风险定量分析的结果就会由于误差太大而失去实际价值。因此,在具体使用中还需要足够的经验数据的输入,目前国际上较为流行的项目管理软件均已融入风险管理,如 Primavera Risk Analysis,Microsoft Project 水晶球插件,Asta

Powerproject,PRA 等软件均可实现对项目风险进行定量分析。

　　在我国项目开发执行领域,目前还缺乏规范而有效的风险管理技术和措施,主要还是侧重于通过项目中期评估的方式来监控项目进度,粗略评估项目风险。因此,需要在项目管理者中真正地广泛建立起风险管理的观念,建立系统定量的风险管理一体化管理体系,并做好经验数据库的采集与积累。

参考文献

[1] 方维. 基于蒙特卡洛模拟的项目风险管理方法研究[J]. 计算机与现代化,2012(4):33-36.

[2] 美国项目管理协会. 项目管理体系指南(PMBOK®指南)[M].5 版. 北京:电子工业出版社,2013.

[3] Jin Dezhi, Wang Zhuofu. Construction project schedule riskanalysis and assessment using monte Carlo simulation method[C]// 2010 IEEE International Conference on Advanced Management Science (ICAMS). 2010:597-601.